人类心理十万个为什么 | 总主编·卢家楣

婴幼儿心理
十万个为什么

张向葵　方晓义　桑　标　傅　宏◎主编

科学出版社
北　京

内 容 简 介

当前国家对科普十分重视，对心理普及又高度关注。《人类心理十万个为什么》丛书是我国首部旨在反映人类心理的大型科普丛书。该丛书暂分为三册，涉及孩子从出生到青少年期的三个阶段，分别为婴幼儿期、儿童期、青少年期，本书为该套丛书的第一本。

本书以婴幼儿为对象，共有150个主题，回答150个“为什么”问题。每个主题从一个案例出发，引出心理现象，并对现象给予科学说明，再从教育者角度提出权威、实用、有针对性的建议。150个主题涵盖了婴幼儿心理的方方面面，既包括婴幼儿成长中心理发展的现象、特点和规律，如认知、情感、意志、气质、性格、能力、兴趣、自我意识等，也包括婴幼儿面临各种生活课题时所出现的问题背后的心理学原理，如在身体发育、社会交往、学习活动、心理健康等方面面临的问题。

本书适合幼儿教师、家长及其他教育工作者与教育管理者阅读，也对关注婴幼儿心理的其他读者有重要参考价值。

图书在版编目(CIP)数据

婴幼儿心理十万个为什么／张向葵等主编. —北京：科学出版社，2017.9

（人类心理十万个为什么／卢家楣主编）

ISBN 978-7-03-054669-2

Ⅰ. ①婴…　Ⅱ. ①张…　Ⅲ. ①婴幼儿心理学-通俗读物　Ⅳ. ①B844.12-49

中国版本图书馆CIP数据核字（2017）第242108号

丛书策划：付　艳

责任编辑：孙文影　柴江霞／责任校对：何艳萍

责任印制：张克忠／封面设计：有道文化／插图绘制：冯　驭

联系电话：010-64033934

E-mail:edu_psy@mail. sciencep. com

科学出版社 出版

北京东黄城根北街16号

邮政编码：100717

http://www.sciencep.com

天津市新科印刷有限公司　印刷

科学出版社发行　各地新华书店经销

*

2017年9月第一版　开本：787×1092 1/16

2020年10月第五次印刷　印张：29 1/2

字数：700 000

定价：99.80元

（如有印装质量问题，我社负责调换）

“人类心理十万个为什么”丛书编委会

本书编委会

主　　编　张向葵　方晓义　桑　标　傅　宏

编　　委（按姓氏笔画排序）

王　元　王云强　王争艳　王丽娟　方晓义

冯晓杭　朱莉琪　刘　文　刘秀丽　安媛媛

张向葵　张明红　陈　陈　陈英和　林丹华

季秀珍　赵晓杰　胡清芬　洪秀敏　郭　娟

陶　沙　桑　标　盖笑松　傅　宏　雷　怡

丛书序

本丛书是受中国心理学会委托、中国科学技术协会资助，由近百位心理学专家撰写的我国第一套以“十万个为什么”命名的心理学科普丛书。

说起《十万个为什么》丛书，那是我们这一代儿时阅读到的非常好的科学启蒙读物，它引导我们接触科学、认识科学、热爱科学、走向科学。回首来时路，我们方才后知后觉，人总是愿意问“为什么”的。1961 年，首版《十万个为什么》丛书问世。这是影响了几代人的科普巨作，在我们心中留下了永不磨灭的美好记忆。它对自小培养国民科学意识和素质发挥了不可估量的作用。自那时起，《十万个为什么》丛书推出了多个版本，由最初涉及物理、化学、天文气象、农业、生理卫生、数学、地质地理和动物等科学领域的 8 册一套，发展到了 21 册一套，涉及的学科更为广泛，也极大地丰富了青少年的视野。但是，从始至今，这套丛书中却没有关于人类自身心理发展知识的独立单册。

原因何在？从我们心理学工作者角度来看，原因可能来自两个方面。一方面，人类心理的高度复杂性使这方面的科学研究相对滞后，从而制约了此类科普读物的编写。人类的心理极其错综复杂，或细致如发，或柔肠百转，或瞬息万变，或表里迥异，偶失察之毫厘，竟致谬以千里。作为心理现象一部分的意识（还有一大部分为无意识），究其起源，迄今未知，终成世界三大谜之一，被恩格斯誉为“地球上最美丽的花朵”，是最复杂、神奇的现象。由此可见，人类对自身心理的研究极为困难。尽管心理学的思想史源远流长，可追溯到 2000 多年前中国古代的孔子和古希腊的亚里士多德等先哲的思想，但心理学的科学史却十分短暂，《十万个为什么》丛书首版距科学心理学诞生仅 82 年，时至今日，许多心理现象还有待于深入研究。加上我国的心理学发展几经起落，直到1978年改革开放才迎来了自己的春天。心理学研究本身的薄弱也成了制约其科普读物编写的内在条件。另一方面，人们对心理学知之甚少，这方面的社会需求相对缺乏，从而迟滞了该类科普读物的应需而生。在开始接触心理学时，人们甚至还会将其与看相、卜卦相联系，颇带有几分神秘感，以至于心理学科在“文化大革命”时期被斥为伪科学而被打入“冷宫”。虽然之后有了自己的独立发展，但心理学也主要在师范类院校中作为课程而存在，没有形成普遍的社会需求，因而缺乏推动科普的外在动力。

值得欣慰的是，近几十年来，心理学得到极大的发展：心理科学的研究领域在不断扩大，从事心理学工作的队伍规模日益壮大，攻读的学生（包括本科生、硕士和博士研究生）人数迅速增长，研究课题和发表论文数量翻倍增加，呈现出欣欣向荣的景象。甚至有人在20世纪末预言，21世纪将是心理学的鼎盛发展时期。以我国来说，中国心理学会的分支机构已发展到了21个专业委员会和10个工作委员会，这个纪录还在不断地刷新。现有心理学教学科研的单位已超过340个，有硕士学位和博士学位授予权的高校和科研机构多达百个，每年召开几十场全国性的心理学学术会议，与国外心理学界的交流也日益频繁，产生了大量的合作研究的成果。随着研究方法的不断发展与改进，整个心理学界在心理现象的科学研究上取得了长足进步。研究的对象逐渐从低级向高级，从个体性向社会性，从单一向综合的心理现象拓展。特别是近十多年来，眼动追踪技术、事件相关电位（ERP）技术、功能性磁共振成像（fMRI）技术、功能性近红外光脑成像（fNIRS）技术等高科技手段在心理学研究中的运用，使心理学研究又从宏观领域拓展至微观领域，由行为层面、心理层面拓展至生理层面，特别是脑科学方面的研究为这磅礴的奏鸣曲谱写了新的乐章。

另外，随着时代的发展、生活品质的提高，人们认识自身心理的欲望也增强了。特别是社会节奏的加快、生活压力的上升，使得各种心理问题纷至沓来，寻求心理科学的援助，以缓解心理问题的社会需求也愈显突出。对全民的心理关怀甚至写入了中国共产党第十六次全国代表大会文件之中，习近平主席更是在全国性大会上强调心理关怀和心理学普及问题，并将这种科学普及提到与科学创新同样重要的高度。这一切为《十万个为什么》科普读物大家庭迎来新成员——人类心理分册提供了历史性的机遇。

正是在这样的大背景下，我们近百位心理学专家担负起时代赋予的使命，以我们数十年的专业素质与职业操守，来撰写这套《人类心理十万个为什么》丛书。本次出版的是涉及个体从出生到青少年的三个分册，分别是《婴幼儿心理十万个为什么》(0～6岁)、《儿童心理十万个为什么》(7～12岁)和《青少年心理十万个为什么》(13～18岁)。随着条件的不断成熟，我们还将推出其他分册。

本丛书从编写队伍到编写宗旨、内容、结构、框架、形式，具有以下六方面特色。

一、作者队伍强大

作者队伍的强大主要体现在两个方面。一是编写人员多。每个分册都有4位主编和约30位编委，三个分册共有近百位作者参加撰写，可以说是《十万个为什么》丛书中单学科参编人员最多的。二是专业水平高。近百位编委均具有副教授及以上职称，其中教授60余位。12位分册主编均为中国心理学会理事，其中有2位副理事长、7位常务理事；7位编委担任中国心理学会各专业委员会主任或副主任；编委中不乏长江学者特聘教授、国家级教学名师、博士点学科带头人。这样高水准的作者队伍为本丛书的科学性、专业性提供了有效保证。

二、编写宗旨鲜明

从组建作者队伍起，每位分册主编和编委都怀揣一个十分明确的宗旨，那就是通过科普图书的编写来体现心理学工作者对社会的奉献，并将这种意识概括为十六个字——“服务社会，福祉后代，利在当下，义在深远”，并以此激励自己认真完成中国心理学会的这一嘱托。为此，在编写准备阶段，我们进行了调研工作，及时了解民众对这方面知识的需求情况；编写过程中，我们召开6次分册主编会，深入研究编写中发现的各种问题，并先后在清华大学、北京师范大学、浙江师范大学、苏州大学、华中师范大学、上海师范大学6所高校开展撰写人员培训活动；所有编写人员在教学和科研任务非常繁重的情况下，仍然坚持认真撰写书稿，一遍又一遍修改，有的稿件甚至修改了10遍。有的编委平时没有时间，就利用节假日来撰写。甚至在大年夜全国人民举家团圆、围坐欢聚之时，有不少作者还在为稿件忙碌。在总主编的电脑上清晰记录着某分册主编给他发送稿件的时间——“2016年02月07日23：07”，那正是除夕之夜。

三、学科知识丰富

作为独属于心理学的《人类心理十万个为什么》丛书，本丛书力求具体、丰富而翔实，暂分为三个分册，涉及孩子从婴幼儿到儿童，再到青少年时期的种种问题。每个分册的内容都分为两大方面。

一是孩子的心理发展。本丛书以问题形式来阐明孩子在心理发展现象、特点和规律方面的心理学知识，即阐述个体心理发展问题，包括认知、情感、意志、气质、性格、能力、创造力、兴趣、理想、自我意识、价值观等方面的一些现象和规律性问题。诸如《婴幼儿心理十万个为什么》中的“宝宝边玩边自言自语，为什么？”“宝宝的记忆容易被改变，为什么？”，《儿童心理十万个为什么》中的“孩子对童话故事‘情有独钟’，为什么？”“孩子特别犟，为什么？”，《青少年心理十万个为什么》中的“孩子陷入‘我究竟是谁’的迷茫中，为什么？”“孩子有正确的价值观很重要，为什么？”等。

二是孩子的生活课题。本丛书以问题形式阐明孩子在生活中面临的诸多问题背后的心理学知识，包括身体发育、社会交往、学习活动、网络接触、心理健康、择校取向等。诸如《婴幼儿心理十万个为什么》中的“胎宝宝没出生前听到爸爸的声音就‘陶醉’，为什么？”“宝宝有时独自在角落里一个人‘发呆’，为什么？”，《儿童心理十万个为什么》中的“孩子容易受欺负，为什么？”“孩子不愿对父母说心里话，为什么？”，《青少年十万个为什么》中的“性格孤僻的青少年容易‘一网情深’，为什么？”“青少年要‘自杀’，为什么？”等。可以说，有这三册在手，读者可以更好地了解孩子这三个人生阶段充满生机和活力的成长过程。

四、内容结构创新

本丛书在内容组织上与以往的《十万个为什么》丛书不一样，这是由它的特殊性决定的。以往的《十万个为什么》丛书是对某学科客观现象的科学说明，不涉及“怎么办”的问题，如数学中的“为什么计算机要使用二进制？”，物理学中的“为什么大雁排队飞行会节约能量？”，化学中的“地球上的氧气会用完吗？”等问题便是如此。《人类心理十万个为什么》丛书涉及人，对于人的心理现象，我们不能仅仅停留在对其进行科学说明上，还要对各种现象提出应对性的建议，这样才能对读者有现实意义。例如，在说明了“宝宝口齿不清，为什么？”“孩子做事总是三分钟热情，为什么？”“网瘾少年难沟通，为什么？”等现象的心理学解释后，读者往往还迫切想知道“怎么办”。因此，我们做了一个大胆的开创，在所有“为什么”问题后都提出应对性的建议。诚然，本丛书只是科普读物，不是心理咨询读物，它的重点在于对心理现象进行科学说明，而不在于对“怎么办”进行操作指导。因此，建议部分不作为重点，而是以具有一定的启发性、操作性为宜，以免喧宾夺主。

五、内在框架严谨

虽然第一眼看上去，《人类心理十万个为什么》丛书的目录就是一些题目，内部没有分列标题，其实，所有“为什么”题目下的解说文章都有内在严谨的逻辑框架，包括现象、原因和对策三个部分，即问题提出、问题分析和问题建议。①问题提出部分，描述该问题的现象。先是“点”的个案描述，作为正文的导入，然后是“面”的整体概述，有时在这部分还融入有关该现象给孩子带来的影响，以引起读者的重视。②问题分析部分，阐述问题的成因、机制等，是正文的重点。有时可从表层（一般分析）和深层（进一步分析）两个层次加以阐明；也可从心理层面、行为层面、社会层面，直至生理层面，特别是在脑科学的深层面上予以科学说明。③问题建议部分，根据原因分析给老师和家长提出应对建议。各篇以此设置出精准而严谨的框架，更符合读者的阅读期待，特别是阅读的认知逻辑过程，帮助读者在阅读的同时构建一个顺畅的逻辑思维过程。

六、外部形式多样

为了增加可读性和乐读性，我们尽可能使版面活泼跃动，除正文外，每篇还有与正文主题有关的插图一幅、“名言录”一句和“心视界”一篇。插图以生动形象的方式反映主题，带有一点漫画的风格，更给人以轻松、愉悦的感受；“名言录”以名言的形式启迪深思，让读者有一种认知上的顿悟和升华；“心视界”则从多种角度进一步丰富和拓展内容：或延伸与主题有关的具体材料，或提供有关的佐证文献（相应的调查、实验、科学研究成果等），或简介有关的理论，或体验有关的小测试等。总之，本丛书力求以多种形式让读者在赏心悦目中获取心理知识、开阔心理眼界。

作为心理学的《十万个为什么》，这样一套丛书还是首次问世。首当其冲的，它发挥了科普读物的创新作用。正如习近平主席在全国科技创新大会、两院院士大会、中国科协第九次全国代表大会上的重要讲话中强调的：科技创新、科学普及是实现创新发展的两翼，要把科学普及放在与科技创新同等重要的位置。[①]更重要的是，不同于一般科普读物的知识讲解，本丛书旨在提高人们对心理现象的理解，特别是认识成长中的孩子的心理发展，从而提高养育、培育、教育孩子的科学性和有效性，这将有利于提高中华民族的心理素质。

丛书主创团队如下：总主编是卢家楣；《婴幼儿心理十万个为什么》分册主编是张向葵、方晓义、桑标和傅宏；《儿童心理十万个为什么》分册主编是刘电芝、邹泓、钱铭怡和周宗奎；《青少年心理十万个为什么》分册主编是卢家楣、李伟健、樊富珉和金盛华。参编人员由发展心理学、教育心理学、咨询心理学和社会心理学等领域的近百名专家组成。

本丛书在即将付梓之际，要感谢所有为丛书出版做出贡献的人们。

首先，要感谢中国心理学会对我们的信任、支持和鼓励。特别是中国心理学会原理事长杨玉芳研究员，是她将此重任交给我，并始终关心、指导我们的编写工作，几乎参加我们每一次的主编会议，还在经费上给予力所能及的支持。

还要感谢三个分册的主编，他们都是各自学科中的翘楚，在科研、教学和学术活动十分繁忙的情况下，仍义无反顾地参加本丛书的总体设计和分册的编委组织、稿件审阅、撰写与修改工作，为三个分册的出版做出了努力。这里特别要提到的是婴幼儿分册的主编张向葵教授和儿童分册的主编刘电芝教授，她们在后期担负起繁重的统稿、改稿、校对及定稿等工作，不辞辛劳、竭尽全力，为各分册的顺利出版发挥了极为重要的关键作用。

随后要感谢所有编委，这是一支专业化、高水准的庞大队伍，正是他们付出了努力，写出了一篇篇稿件，才为丛书的出版奠定了坚实的基础。

再要感谢同学们，跟着导师们完成资料的收集、整理，甚至某些初稿的撰写和润色工作，默默地在幕后付出了大量的智慧和精力，其中特别是陈叶梓、李志专、上官晨雨等博士还做了不少秘书工作。

还要感谢上海师范大学美术学院冯驭老师及其团队为丛书绘制所有的插图，使丛书

① 白春礼.加强科学普及 服务创新发展. http://theory.people.com.cn/n1/2016/0617/c83846-28454401.html [2017-09-20].

达到图文并茂的效果。

同时要感谢中国科学技术协会在丛书编写过程中给予的经费支持。

此外，在本书撰写过程中有不少专家学者和教师、家长热情询问出版情况，对本书表现出关切和期待，给我们以鼓舞和鞭策。为此，对关心此书出版的所有人士也一并表示感谢。

最后要感谢科学出版社及其领导，特别是为本丛书从策划到具体落实过程中付出智慧、辛劳和耐心的教育与心理分社分社长付艳及责任编辑孙文影，以及付出专业化、高水平努力的文字编辑、封面设计、版式设计人员。

古希腊人将苏格拉底的一句名言“认识你自己”镌刻在德尔斐神庙的门柱上，作为千载不变的神谕，这恰恰说明了自我认识的重要与困难，两千多年来已成为警世之语。其实，人类对自身心理的认识又何尝不是如此呢？因此，虽然我们为本丛书的出版全力以赴，不遗余力，唯望对读者有所裨益，对后代成长有所帮助。但终因心理现象的复杂和我们能力的有限，加上初次尝试，仅迈开求索历程的第一步，稚嫩乃至谬误等不尽如人意之处自当难免，敬请诸位批评指正，以冀不断改进，日臻完善。随着心理科学研究的不断推进和发展，对人类心理自我认识的不断深化和提高，心理科普之路将不断延伸和拓广，还有更多的科普高峰等着我们去登攀。

路漫漫，科普之途何其修远；心诚诚，上下求索乐在其中。

卢家楣

2017年9月

目 录

宝宝哭了，为什么？

佳佳只有 6 个月大，他总是会不分时间、不分场合地哭。有时候家长哄一哄，他就会很快停止哭泣，但有时这样做完全于事无补，佳佳反而哭得变本加厉。这常常弄得家长束手无措。宝宝为何哭呢？

刚出生不久的宝宝时常哭闹是一种非常普遍的现象。当语言还无法表达自己的心声时，笑和哭就成为他们主要的表达方式。宝宝的哭声含义丰富，在不同情况下传达不同的意义。为了能及时提供一个贴近宝宝心声的照顾，家长需要学会听懂宝宝的哭声。如果在宝宝哭闹时，家长没有敏锐地了解宝宝为什么哭，就很难顺利安抚宝宝的情绪，若安抚无效后再对宝宝失去耐性，一味采取忽视甚至责备的态度，就可能会导致宝宝和家长之间形成不安全型依恋关系。

那宝宝究竟为什么会哭呢？通常，宝宝哭泣的原因分为三类：生理需求、心理需求和病理状况。不同原因引发的哭泣，其表现是不一样的，主要体现在哭声特点、脸部及肢体活动上。

首先，宝宝哭闹最常见的原因是表达生理上的需求。生理需求种类繁多，宝宝哭的表现也是非常多样的。例如，如果宝宝饿了或渴了，哭声会短而有力，比较急促；如果宝宝累了，他的哭声虽然也比较有规律，但是音量明显就会比较小；如果宝宝所在的环境太吵、光线太亮或太暗等，他的哭声和动作就会显得烦躁不安。宝宝饿了、渴了、累了等需求容易被注意到，而对环境和光线的生理需求往往容易被忽视。宝宝从来到这个世界开始，他的感知觉就已经较为敏锐了，他可以感知到环境中的刺激并做出相应的反应。比如，宝宝一般偏爱暖色调及温柔的声音，如果将宝宝放在又吵闹又黑暗的环境中，他就会感到不舒服。

其次，宝宝哭闹较为常见的原因是表达心理上的需求。初生的宝宝偏好熟悉的人和物，如经常陪伴和照顾他们的大人、他们常玩的玩具、他们常穿的衣服和常用的毛毯等，宝宝从这些熟悉的人和物中可以获得安全感。一旦宝宝感受到了威胁，安全感没有得到满足，宝宝就会开始哭闹。这种哭闹并不难辨别，因为他们往往在哭的同时会伴有一些指向性的肢体动作，如头转向照料者、手伸向他需要寻求安慰的人或物等。

最后，宝宝生病时也会哭，这时他们的哭声通常比较尖锐而凄厉，并伴随握拳、蹬腿等动作，无论家长怎么抱或者哄也无法使他们安静下来。最常见的引发宝宝异常哭泣的病理状况有消化系统、呼吸道、皮肤等方面的疾病。

要懂得分辨以上几种类型的哭，家长需要长期与宝宝相处，在照顾宝宝的过程中多多留意宝宝的表现。以下建议可供参考。

- 如果宝宝是因生理需求而哭，那么在排查出具体原因后，应及时给宝宝喝奶、喝水或哄宝宝睡觉等，注意不能忽视宝宝对于周围环境的需求。

心视界

婴儿的哭声实验

有研究者将婴儿因饥饿、痛、生气而发出的哭声录下来，放给不知情的母亲听。当这些母亲听到因痛而发出的哭声时，她们都冲进房间去看自己的孩子是不是发生了意外，而听到另外两种哭声时，她们都不紧不慢地做出反应。由此可见，经常照顾宝宝的人是能够分辨宝宝的哭声所表达的意思的，起码能够从众多哭声中分辨出病理状况的哭。

● 如果宝宝哭是因为心理需求没有被满足，那么在宝宝哭后，家长不能让宝宝长时间等待，要及时去抱或安抚宝宝。

● 如果宝宝是因病理原因而哭，则要及时送医院检查。

● 虽然医学上认为啼哭有助于宝宝的呼吸系统和肌肉的锻炼，但不管宝宝是因为何种原因哭，家长都不宜长时间后才给予反应，更不能失去耐性而责备宝宝。

名言录

饥则为之食，寒则为之衣，疲乏劳苦则使之愉快，总之小孩子哭的原因不一，做父母的止哭的方法亦随机而变罢了。

——教育家、儿童心理学家陈鹤琴

宝宝总是哭闹不止，为什么？

朱朱已经3岁了，却还总是爱哭，动不动就哭起来。有时候，他吃饱了不安心睡，蹬蹬腿就开始哭，家长抱着就不哭，一放下就又哭个不停。要睡了哭，晚上睡到半夜也会突然哭起来，醒来还哭。有时候，朱朱哭得歇斯底里，家长却不知道怎么回事，无论搂抱还是喂吃的，统统没有用，一家人被朱朱折腾得心力交瘁。

宝宝偶尔哭一哭、闹一闹不算是坏脾气，可是有的宝宝每天会大哭大闹好几次，稍不满意就会眼泪汪汪，又踢又闹，而且似乎不管怎么哄都没有效果。宝宝长期哭闹不止，不仅会让家人心情烦躁，无法安心休息和工作，而且不利于宝宝发展良好的情绪管理及冲突解决能力。

那么，宝宝为什么总是哭闹不止呢？一般来说，宝宝爱哭的原因有两大方面：一是先天原因，二是后天原因。

先天原因指的是宝宝天生的气质比较敏感和爱哭。这是由基因遗传导致的。这种类型的宝宝情绪敏感性比较强，对别人来说无足轻重的小事，在这类宝宝身上却可能会成为一个比较大的触发点。例如，走路摔倒了，虽然没有受伤，但敏感的宝宝也会觉得很疼；即使是对突然的敲门声或铃声，敏感的宝宝也可能仿佛受到惊吓一般。不过，哭对敏感的宝宝来说并不全是坏事。哭是一种释放的方式，可以使他们感觉更轻松，但这并不代表长时间或高频率的哭闹对他们没有危害，毕竟在成长过程中宝宝需要学会更有效地调节自己的情绪，需要更勇敢地体验新的事物。

后天原因是指家庭教育方式的不恰当。有的父母很害怕宝宝哭，只要宝宝一哭，就

心视界

宝宝气质、母亲教养与宝宝情绪自我调节的关系

心理学研究表明，3 岁宝宝的气质、母亲的教养方式均与宝宝的情绪自我调节有关：在气质评分的平静维度得分越高的宝宝的情绪自我调节能力越好，而在敏感和回避维度得分越高的宝宝的情绪自我调节能力越差；在教养方式评分的回避维度得分越高的母亲，其宝宝的情绪调节能力越差，而在温和维度得分越高的母亲，其宝宝的情绪自我调节能力越好。此外，母亲的教养方式会对宝宝的气质与情绪调节能力的关系产生影响：对于低平静气质、高敏感、反应性强的宝宝，母亲采取高温和的教养方式会加强宝宝的情绪调节能力，母亲采取低温和的教养方式会降低其情绪调节能力；对于高平静气质、低敏感、反应性低的宝宝而言，不管母亲采取高温和还是低温和的教养方式，都不会影响宝宝的情绪调节能力。

会马上去满足他的需要，而这很容易强化哭闹行为，让宝宝感觉到用哭这种方法来达成心愿或目的非常行之有效。哭的有效性让宝宝逐渐放弃其他表达方式，更加习惯仅仅依靠哭来表达自己的需要，而这也会导致宝宝的语言表达能力得不到良好的发展。此外，有的父母对宝宝的态度太过严厉，或者经常忽略宝宝的基本心理需求，这样宝宝总体验到焦虑不安，也会形成爱哭的性格。

对于总是哭闹不止的宝宝，如果不及时进行干预和教育，宝宝将来可能会保持或形成过于敏感爱哭的性格，情绪调节能力变差，患情绪障碍的风险增高。因此，面对无休止地号啕大哭的宝宝，家长需要注意以下几点。

- 如果宝宝属于敏感爱哭的气质类型，请理解宝宝的敏感性。敏感的宝宝对疼痛的感觉比其他宝宝更强烈，家长不应该在他们哭时进行呵斥，应该更理解、体谅和鼓励他们，让他们学会坚强地面对疼痛等。
- 听到宝宝哭后可以稍微等一下，判断宝宝哭是出于什么原因，然后再去处理，不要不管什么情况都立即去满足宝宝的需求。
- 鼓励宝宝用语言替代哭闹来表达自己的感受和需要。比如，在宝宝饿时可以教宝宝指着饭说“饭饭”；在宝宝能够用语言而不是哭闹表达需求的时候，及时表扬和鼓励，增加宝宝表达的信心。

名言录

小孩子常常哭泣是不好的，我们应当设法把它免除才好。

——教育家、儿童心理学家陈鹤琴

宝宝喜欢面对面说话，为什么？

小宝快 1 岁了，他很喜欢面对面地坐在爸爸妈妈的腿上，听爸爸妈妈说话。每当爸爸妈妈这样跟他说话时，小宝的眼睛总是变得格外明亮，只见他紧紧盯着爸爸妈妈的脸，聚精会神地听着，很容易就笑起来。有时候他还会边听边用手摸爸爸妈妈的脸，表现出一副享受的神情。

宝宝出生后，他们的眼睛就开始“工作”了。宝宝在看身边事物的过程中，除了会感知事物的形状、大小、颜色等特征之外，还会筛选出他们喜爱和感兴趣的事物，继而投以更多的注视。这种区别看待事物的表现叫作“视觉偏好”。而在他们喜欢看的事物中，人脸持续“榜上有名”，如故事中的小宝面对父母的脸庞如此兴致勃勃。这种现象可称为“面孔偏好”。

尽管婴儿早期的视敏度和视觉对比敏感性尚未发展起来，但是他们已经能分辨面孔与其他事物的差别。同时，与其他刺激相比，婴儿更喜欢看人的面孔图像，喜欢与人面对面地互动。心理学家认为，婴儿之所以能够这么早就辨别不同人的面孔并产生偏好，既有先天的种系进化和遗传的影响，又有后天环境的作用。

一方面，面孔传达了多种社会交流信息，识别面孔具有重要的进化意义，因此，儿童心理学家认为，在人类的进化过程中，面孔识别的机制已储存在人类的基因中，即在

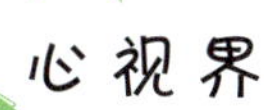

心视界

婴儿学话更喜欢看嘴唇

心理学家戴维·莱夫科维奇曾观察了1岁之前的母语为英语的婴儿分别看别人说英语或西班牙语时的注视行为。结果发现：当说话者说的是婴儿的母语即英语时，4个月的婴儿更多时候看着说话者的眼睛，6个月的婴儿看说话者的眼睛与看说话者的嘴的时间差不多，8个月和10个月的婴儿更多时候看着说话者的嘴，12个月的婴儿更久看说话者的眼睛；而当说话者说的是婴儿的非母语即西班牙语时，12个月大的婴儿也和其他婴儿一样，更多时候看着说话者的嘴。戴维·莱夫科维奇认为，盯着说话者的嘴唇是婴儿学习如何发出他们听见的声音的方式。

出生时大脑中就有特殊的面孔识别机制，这些机制在婴儿早期引导他们在众多刺激中分辨出面孔；另一方面，在出生后，随着面孔刺激经验的累积，婴儿逐渐产生对面孔的持续关注，在大脑中形成了相应的神经中枢，产生了“面孔偏好”。

除了视觉，听觉也是大脑获得信息的重要通道。早在胎儿期第6个月的时候，宝宝的听觉系统就已发展起来。在照料者与婴儿面对面交流时，婴儿不仅能看到照料者表情丰富的面孔，还能听到从照料者嘴巴发出的丰富语言。虽然婴儿还不会回答，但婴儿开始逐渐整合听觉信息与视觉信息。同步的、饱含丰富情感的动态语言，为婴儿已倾心的静态面孔更增添了很多魅力。因此，对婴儿来说，和照料者面对面的说话变成了那般令人欢喜的事。

面对面说话是增强父母与宝宝的情感联结的一种重要方式。在面对面说话过程中，宝宝也会模仿他人的表情、说话的语音语调等，逐渐习得情绪表达和语言表达的方式。因此，恰当的面对面说话能促进宝宝情感的表达和语言的发展。为了给宝宝创造一个良好的对话环境，充分发挥面对面说话的作用，家长可以参考以下几点建议。

- 多与宝宝说话，不管宝宝是否能听懂。交流时，尽量保持与宝宝平视，如蹲下来或弯下腰使自己与宝宝面对面，引发宝宝的交流兴趣。
- 交流时尽量做到句式简短、语速缓慢、语音清晰、语气温柔，让宝宝能清楚地听到自己说的话，吸引和保持宝宝的听觉注意力。
- 每次对着宝宝说完一句话就可以停顿一下，用充满爱意和期待的眼神看着宝宝，当宝宝有所反应时，立刻做出积极的回应，增加亲密的情感交流。

名言录

面部可以表达大量我们用于引导社会交往的信息。

——澳大利亚心理学家琳达·杰弗里

宝宝口齿不清，为什么？

幼儿园中班的晨晨懂事乖巧，但幼儿园老师发现晨晨有个问题，就是经常说话含混不清。她说的话大家经常听不太明白。比如，她对老师说："老机（师），咔（他）扛（抢）我的积木！"起初，老师以为晨晨只是说话有些撒娇，后来家长带她去医院检查，才发现晨晨存在发育性言语迟缓问题。

3～6岁是宝宝掌握母语发音的黄金时期。一般情况下，宝宝的发音会随着年龄增长变得越来越清晰，这与发音器官的成熟及练习有关。但是，也有个别宝宝发展缓慢，在同龄宝宝已能清楚地说话的时候，他们仍发音含糊，让人听不懂他们在说什么。即使家长纠正过好多次，有的宝宝仍说不好。口齿不清阻碍了宝宝正常的社会沟通，不利于宝宝与他人建立良好的社会交往关系。

宝宝口齿不清的原因有很多，包括生理缺陷、心理因素及社会环境因素。

首先，值得注意的是，宝宝发音不清晰可能是由生理结构异常造成的。口齿不清的生理结构异常主要是指发音器官的构造或感知异常。发音器官的构造异常包括上前齿异常突出，超过下牙齿，使得说话时上下唇难以接触，还包括舌系带（俗称舌筋）过紧或过短、唇腭裂、咬合不正等。发音器官的感知异常，如口腔感受过于敏感或迟钝，过于敏感是指非常排斥异物进入口腔，而迟钝常表现为容易不自觉地流口水，这些会妨碍宝宝有效地运用口腔肌肉。除此之外，发音不清的宝宝也可能存在听觉器官缺陷，听力问题会阻碍宝宝接收声音刺激，不能准确分辨语音，进而造成发音不准。

其次，宝宝口齿不清有可能是由智力发育迟缓或退缩等心理原因导致的。智力发育迟缓的宝宝可能存在语言发育落后的问题，开始说话的时间较晚，发音也不清晰，通常还伴有认知、动作等方面的发育迟缓，如对外界反应迟钝、运动发育晚等。而有的宝宝可能过于害羞，对于在其他人（尤其是大人）面前说话感到很大的压力，不敢说话，说话时习惯性地不把嘴巴张开，由此影响了正常发音。

最后，不能忽视的是，宝宝成长的语言环境等因素也会影响宝宝的发音。比如，如果家长本身就有发音不准的问题，那么宝宝不能轻松地习得准确的发音，因为家长没有为宝宝提供良好的发音示范。此外，家庭中的照看者对宝宝说两种或以上的语言或方言，也会给学说话的宝宝造成困惑或干扰。

家长都希望有一个口齿伶俐的宝宝，希望宝宝能准确地表达自己的想法，与人进行正常的沟通。面对口齿不清的宝宝，家长应该采用正确的方法。下面提供几点建议。

- 及时发现。2 岁以下的宝宝发音不是很清楚，没有很大的问题，但一般 3 岁宝宝的发音应比较清楚了。如果这时候宝宝仍经常发音含糊，家长应加以注意，避免耽误矫正时机。

- 生理检查。当宝宝口齿不清时，家长应带宝宝去医院做全面的检查，如检查口腔与舌、检查听力等，看宝宝是否存在生理上的异常，如果有就及时让宝宝接受治疗。

心视界

双语学习

在宝宝出生后的第 2～3 年中，双语家庭宝宝的语言习得能力会比单语家庭宝宝的语言习得能力发展得缓慢一些，但是到了 4 岁或 5 岁时，双语家庭的宝宝不仅能够赶上单语家庭的宝宝，还能掌握两种语言。对此，一些研究者指出，虽然刚开始时宝宝语言发展慢，但既然后来两种语言宝宝都能说得好，那么从一开始家长就应当自然地对宝宝使用两种语言，不过他们建议，一个家长始终说一种语言，另一个家长始终说另一种语言。

● 有意识地纠正。家长可针对宝宝发音问题，准备一些有这类发音的实物图片，和宝宝一起看图片，练习发音。示范的时候要发音清晰、语速缓慢，让宝宝多看示范者的嘴型，保持耐心。如果宝宝羞于开口，要多多鼓励、表扬。

● 丰富语言环境。经常与宝宝进行交流或进行游戏，刺激并保持宝宝对语言的好奇心和敏感性。教宝宝说话时，尽量使用同一种语言，并保证发音的准确性和一致性。

名言录

假如一个人考虑到人类语言的魅力，那么他就必定会承认一个没有掌握正确口语的人是低级的、不完美的；如果不特别注意完善口头语言，就很难想象教育的美学观念。

——意大利幼儿教育学家蒙台梭利

宝宝说话结结巴巴，为什么？

妞妞 1 岁左右就能说会道，但是不知道为什么到了 2 岁半左右就开始有些结巴。有一天，妞妞在地上捡起一个苹果，拿给妈妈看。妈妈问妞妞：“你给我什么呀？”妞妞回答：“是……是……是……苹……苹……苹果，这……这……这……是给妈……妈……的苹……苹……果。”妈妈听了皱了皱眉头，说：“再说一遍！”妞妞小心翼翼地看看妈妈，又说道：“是……是……是……苹……苹……苹果。”

2 岁左右的宝宝偶尔说话结巴其实很常见。从 2 岁开始，宝宝的语言迅速发展，词汇量不断增加，但他们还不能轻松自如地组织语言，在说话时容易出现停顿和重复。不过，随着年龄的增长、语言运用能力的提高，绝大部分宝宝逐渐能够流畅地表达。而有些宝宝的结巴现象越发严重，成为“口吃”患者，面临较大的社会交流问题。如果受到别人的嘲笑，口吃的宝宝也更容易变得自卑起来。了解宝宝说话结巴的原因，可以防患于未然。

2 ～ 5 岁宝宝说话结结巴巴，排除因语言飞速发展伴随而来的一种正常的语言不流利现象外，还可能由生理、模仿、压力等因素导致。

首先，如果宝宝的直系亲属有口吃，那么宝宝有口吃的可能性比其他宝宝高很多。已有研究发现了人体内与口吃相关的三组基因，这些基因可能通过改变大脑的结构而使人更容易口吃。孕期或分娩时的生理损伤、大脑性麻痹、躯体或神经功能失调等因素也可能造成宝宝说话结巴或口吃。

其次，2 ～ 5 岁的宝宝模仿能力强，当他们经常看到说话结巴的人或与说话结巴的人接触时，宝宝可能会认为那样说话很有趣，有意无意地进行模仿。久而久之，习以为常，

结结巴巴地说话变成了宝宝的一种习惯。

最后，心理压力过大也会增加宝宝说话结巴的可能。例如，在宝宝学习语言的过程中，说话断断续续、重复、停顿时有发生，但是，有些家长的态度过分严苛，绝不容许宝宝的这些表现出现，给宝宝造成了很大的心理压力。这使得宝宝在家长面前说话时更容易紧张，害怕说错，形成可怕的“心理预期”，即“待会儿说话时，千万别停顿了”。越关注“心理预期”，宝宝的心理压力越大，也越容易说错。另外，如果宝宝遇到一些负面的生活事件，如父母离异、家庭成员过世、被欺负、被嘲笑等，也有可能因心理压力过大而说话结巴，甚至口吃。

由此，当宝宝说话结巴时，家长既不能掉以轻心，又不必小题大做。为了帮助宝宝流畅地表达，避免或改善说话结巴，家长可以参考以下一些建议。

- 分清严重的口吃与偶尔说话结巴的表现，避免给宝宝贴标签。认识到语言学习期间出现的不流利表达是一种正常现象，而当宝宝持续结巴时，可以去医院检查是否存在

心视界

关于口吃的不同观点

以精神分析学派中弗洛伊德的心理分析理论为基础的观点认为，如果儿童在成长过程中产生了心理障碍，或是某种心理需求无法得到满足，他们就会以各种方式减轻焦虑体验，而口吃是其中的一种方式。语言学派的观点认为，口吃是因为说话者的语言编码出现了问题。还有的观点认为，语言表达准备不充分也是口吃的原因之一。

生理病理原因，如果有，及时进行治疗。

- 不允许宝宝模仿口吃的说话方式。当宝宝说话结巴是出于模仿行为时，家长要及时且坚决地进行制止，告诉宝宝这是对别人的不尊重，说话结巴并不是令人欢喜的事。
- 理解宝宝的语言表达愿望，给宝宝充分表达的机会。当他们在表达自己的想法时，不管他们说得如何断断续续、如何重复，家长可先耐心倾听，不要急于打断，不要随意指责，避免给宝宝造成太大压力。
- 给宝宝创造一个良好的语言环境。在日常生活中，多跟宝宝交流，并完整、流畅地跟宝宝说话，以帮助宝宝学会组织语言。

名言录

口吃是表达欲与抑制欲冲突中最显而易见的临床表现之一。

——美国诗人伊莱·西格尔

宝宝出现沉默，为什么？

因为父母忙于生意，瑶瑶才满月就被送回老家。瑶瑶 1 岁多时，爸爸妈妈回老家看她，只见瑶瑶长得胖嘟嘟的，极少哭闹，谁见都说乖。可是，没几天，瑶瑶的妈妈就觉得女儿似乎乖得过头了。虽然瑶瑶没有什么生理疾病，但是逗她也不笑，跟她说话也没有什么反应，更别说主动与父母互动了。

乖巧的宝宝总是惹人爱，很好抚养，可是有些宝宝太“乖”了，乖到往往不哭也不闹，对大人的话没有反应抑或反应很慢。这种“乖宝宝”很可能是所谓的“沉默婴儿”。沉默婴儿并没有什么器质性病变，但他们不善于用表情和啼哭来表达自己的情感、饥饿或其他不适，因此，即使他们饿了、病了，也不易被人察觉。时间久了，他们可能表现出体格发育迟缓、智力发育低下等问题。长大后他们往往存在离群、孤僻等性格缺陷，难以进行正常的人际交往，有较高的患孤独症的风险。

那么，是什么样的原因导致宝宝如此“沉默”呢？

一个最主要的原因是，宝宝缺乏足够的母婴交流，没有与母亲建立起良好的依恋关系。早期依恋是婴儿和其照料者（一般是母亲）之间存在的一种特殊的情感关系，是一种生理、心理上的纽带。通常，母婴之间的依恋关系在宝宝出生后就开始萌芽。从母亲给宝宝第一个拥抱、第一个亲吻起，宝宝逐渐与母亲建立起情感的联结；宝宝 6 个月以前，会向母亲笑、哭、咿咿呀呀从而吸引母亲的注意；1 岁的时候，宝宝就会表现出更明显的亲近行为，如抗拒母亲的离开、迎接母亲的回来、受到惊吓时寻求母亲的保护等。在宝宝与母亲建立这种关系的过程中，宝宝学会“对话”，能根据母亲的声音、表情和动作给予反馈，也能主动发起互动行为。若从小缺乏良好的交流，宝宝没有与照料者（尤其是母亲）建立起亲密的关系，宝宝就容易形成冷漠的性格，变得沉默不语。

另外，不良的家庭环境氛围也容易“孕育”沉默的宝宝。比如，家庭中矛盾、冲突不断，经常存在激烈的争吵，宝宝受到忽视或粗暴的呵斥等，都会给宝宝带来很大的压力，若宝宝天生比较敏感、胆小，更会增加宝宝的焦虑体验。在不安和恐惧中，宝宝变得不愿或不敢表达，逐渐沉默起来。此外，若家庭成员有人格异常等精神障碍，宝宝出现沉默的概率也比一般宝宝高。

可见，和宝宝建立良好的交流及亲密的关系是让宝宝避免沉默、积极互动的关键，而母亲在这一过程中有着重要作用。以下建议可供参考。

- 在条件允许的情况下，选择母乳喂养。母乳喂养是母亲和婴儿建立亲密关系的开端，有研究证明，母乳喂养的婴儿与母亲建立起安全依恋关系的比例要远远高于非母乳喂养的婴儿。

- 通过各种感觉通道与宝宝亲密接触。例如，母亲应多抱抱宝宝，头几个月尽量和宝宝睡在一起，让宝宝熟悉母亲的体味；经常与宝宝对视，对宝宝微笑，抚摸宝宝等。

心视界

选择性缄默

有的宝宝在已经会讲话的时候，却突然在某些场合不能开口说话，这种现象叫作选择性缄默。儿童期选择性缄默症的发病时间多在 3～5 岁，它是一种心理障碍。除了不愿意说话外，它的其他特征都符合社交恐惧症的诊断标准，如害羞、行为退缩、见到生人毫无表情等，因此，更多研究者认为它有可能是一种社交恐惧症。引发选择性缄默的原因可能是精神疾病遗传、性格敏感孤僻、发育成熟延迟及有情感创伤经历等。只要能够及时治疗、坚持治疗，选择性缄默症的儿童一般都可以恢复正常的社交功能。

- 借助给宝宝喂食、清洁大小便、洗澡等活动，与宝宝进行交流。在与宝宝说话时，最好面带笑容并辅以手势或身体动作，表情可以夸张一些，语气温柔，并且鼓励宝宝多给予反馈。
- 改善家庭关系，用理解和鼓励代替苛责，营造温馨的家庭氛围，给宝宝提供一个舒适的家庭环境。

名言录

婴儿和孩童应该与母亲建立一种温暖、亲密且持久的关系，在这种关系中婴儿和孩童既获得满足，也能感到愉悦。

——英国心理学家约翰·鲍尔比

宝宝词汇贫乏，为什么？

妮妮是个活泼可爱的小女孩，由于爸爸妈妈工作忙，她一直和奶奶一起生活。虽然已经满 2 周岁了，但是她只会喊“爸爸”“妈妈”“奶奶”，会在不想要某样东西的时候说“不要”，其他的几乎都不会表达。每当妮妮想喝水时，她只是一个劲地用手指着水杯，即使教她说“我要喝水”，她也不肯说，甚至很不耐烦。

从咿呀学语开始，宝宝一直在不断学习说各种词汇。不同宝宝的词汇量发展可能存在差异。比如，当同龄宝宝已能熟练地使用很多词汇的时候，有的宝宝还只能说常用的几个词，新词汇发展很慢，正如故事中的妮妮。这种宝宝词汇贫乏的现象并不少见，但它并非总是能得到家长的重视。词汇发展是宝宝语言发展的标志。若与同龄人相比，宝

宝表现出词汇发展的迟缓或停滞，这意味着宝宝语言发展的落后。词汇的贫乏，不利于宝宝自如地表达自己，妨碍宝宝与他人之间有效地交流。

一般而言，宝宝在 1 岁左右开始会说一些简单的音节，但词汇表达的能力还比较弱。2 岁左右是宝宝词汇快速发展的阶段，这时，宝宝的词汇数量增加，词类范围增大，对词语的理解越来越精确。因为词汇发展是一个以生理发展为基础的学习过程，所以，如果宝宝出现词汇贫乏的情况，那么宝宝可能是在学习或生理环节出现了问题。

首先，宝宝词汇贫乏的一个常见原因是智力发展迟缓。智力发展迟缓的宝宝存在明显的认知和运动能力缺陷。一方面，他们在认识事物、发现事物规律、加工和记忆视听觉信息等方面存在困难，从而无法完成输入、编码、加工、储存和输出词汇信息这一复杂的认知过程；另一方面，运动能力，尤其是精细活动的能力是宝宝独立探索和增加与别人沟通的机会的重要基础，而运动能力的缺陷会阻碍宝宝获得足够的外界交流刺激，从而影响词汇量的发展。

其次，不恰当的家庭养育方式也会使宝宝词汇贫乏。丰富的语言刺激环境是宝宝语言学习的“温床”，而有的家长在养育过程中很少与宝宝进行语言交流，或总是使用“这个”“那个”等指示词来代替具体的实物名称，使得宝宝只接收到有限的语言，宝宝自然也就只能习得较少的词汇了。还有些家长对宝宝发出的非言语信号的反应太过直接，比如，当宝宝用手指一下某个东西，家长就直接拿给宝宝，而不教或不要求宝宝用言语表达，没有激发宝宝强烈的语言表达动机，也没有为宝宝提供充分练习的机会，由此，即使宝宝能听懂词汇，也可能不会或不愿说。

最后，宝宝词汇贫乏也有可能是由生理因素造成的。听力障碍、大脑损伤导致的语言理解障碍、身体发育迟缓等都会阻碍宝宝的词汇学习。

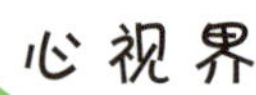

宝宝的词汇

研究发现，虽然 8～9 个月的婴儿还不会说话，但当听到成人说“灯”时，他们会抬头瞧天花板，这说明他们已经知道“灯”这个词的含义。1 岁左右的婴儿在刚刚开口说话时，通常只能用单个词表达自己的意思。比如，想让妈妈抱，他们就会伸出双手说“妈妈”或者说“抱抱”。

对学前宝宝的词类研究表明，宝宝先掌握实词，后掌握虚词。宝宝掌握的实词数量在 3～4 岁时增长迅速，掌握的虚词数量则在 4～5 岁时增长迅速。在实词中，宝宝最先和大量掌握的是名词。在 3～6 岁宝宝的词汇中，名词所占的比例最大，为 51% 左右；其次是动词，占 20%～25%；再次是形容词，大约占 10%；其他实词及虚词所占的比例最小。

词汇贫乏可以弥补吗？答案是肯定的。若宝宝的词汇贫乏是先天的生理因素导致，可以寻求医学帮助，而家庭养育方式的改善要靠家长的努力。当宝宝词汇贫乏时，家长可以做以下尝试。

- 如果宝宝除了词汇贫乏，还存在反应迟钝、哭声异常、表情呆滞、语言理解困难或运动能力落后等现象，应尽早带宝宝去医院检查。

- 经常主动和宝宝说话，给宝宝创设丰富的语言环境。可以多带宝宝到大自然中去，让宝宝在观察和体验中学习新的词汇；还可以给宝宝阅读图书，和宝宝一起念童谣、唱儿歌，与宝宝一起进行表演、复述、创编故事等活动。

- 鼓励宝宝多用语言而不是手势等表达自己的意思，如在宝宝学着说了“水”或“喝水”后再把水杯递给宝宝。肯定宝宝的表达尝试，增加宝宝表达的自信心和主动讲述的意愿。

- 可以通过摆弄实物或实物卡片等帮助宝宝建立词汇和实物的联系，或者通过动作表演等帮助宝宝学习动词。如果是抽象词汇，可以尽量解释给宝宝听，在不同语境中重复使用，使宝宝从语境中猜测到这个词的意思。

名言录

语言是科学的唯一工具，词汇是思想的符号。

——英国作家塞缪尔·约翰逊

宝宝边玩边自言自语，为什么？

2 岁多的小爱有个有趣的习惯，那就是经常一边玩一边自言自语。有一天，小爱准备画画，于是她开始寻找蜡笔，一边找一边嘀咕着："蜡笔，我要找蜡笔！咦，蜡笔到哪里去了？"找到蜡笔，小爱开始画画了，她边涂色边自言自语道："这是小兔子的耳朵……眼睛……""这朵花涂什么颜色呢？"

一般地，宝宝从 2 岁开始就喜欢自言自语了。宝宝自言自语的内容有一定的规律：一种比较常见的自言自语是说问题语言，它通常是宝宝在遇到新奇事物或者不知道该怎么办时自我表达的疑问。比如，要搭积木，宝宝可能会说："做一个什么好呢？"另一种比较常见的自言自语是说故事或游戏语言。游戏时，宝宝经常会想自己要先做什么，再做什么，这原本是一个内部思考的过程，但是宝宝可能会把自己要做的一件件事情，像讲故事一样说出来。比如，玩过家家时，宝宝可能会说："我先给娃娃穿上衣服……然后洗脸刷牙……好，现在我们一起去散步吧……"不过，有的时候宝宝自言自语的内容也可能与当前情境并没有直接的联系，而只是宝宝的"突发奇想"。

心理学家认为，2 岁的宝宝喜欢自言自语，这是宝宝语言和认知发展过程中的正常表现。

首先，苏联心理学家加里培林认为，宝宝自言自语是因为宝宝正处于心智技能发展的第三阶段，即有声言语阶段。心智技能或智力技能指的是一种借助内部语言在人脑中进行的认知活动方式。成人在思考时，通常使用的是内部语言，这种不出声音的内部语言有利于更加高效地思考。使用内部语言进行认知加工是逐渐发展起来的。加里培林认为，每个人的心智技能形成有五个阶段——T 活动的定向阶段、物质活动或物质化活动阶段、有声言语阶段、无声的外部言语阶段和内部言语阶段，即经历了一个从依赖实物、实物图片等具体事物思考，到可以借助出声的外部语言思考，再到无声的乃至简化的、自动的内部语言思考的过程。在有声言语阶段，宝宝运用出声语言对认知活动进行描述和记忆，使智力活动脱离了外部的物质。随着语言调节能力的增强，宝宝 6 岁以后，自言自语现象会逐渐减少。可以说，宝宝嘟嘟囔囔、自言自语的时期是宝宝的外部语言向内部语言转化的时期，是宝宝认知活动的一个必经发展阶段。

其次，苏联心理学家维果斯基还指出了宝宝自言自语的功能，认为宝宝自言自语是宝宝自我引导及对行为的自我调节等发展过程中的普遍现象。因为宝宝的思维能力还没有发展成熟，在完成一些比较复杂的认知过程时，宝宝需要借助语言这一工具来组织思考和认知。也就是说，宝宝自言自语是为了指导自己的行为，同时这也有助于宝宝将外部的行为与事物内化和记忆。举例来说，宝宝在跟玩偶娃娃玩的时候，说“我要帮你梳头发”等，可以引导自己给娃娃梳头发的行为，梳头结束后宝宝也可能重复说，而这是为了内化和记忆自己给娃娃梳头发的过程。

心视界

宝宝自言自语的起源

宝宝自言自语的过程是宝宝运用语言指导自己的思维、调节自己的行为的过程。那宝宝的自言自语究竟源于何处呢？心理学家维果斯基将宝宝自言自语的话称为自我言语，并认为宝宝的自我言语主要来源于成人。在宝宝会使用自我言语之前，宝宝是受更有经验的成人的语言，即社会言语的指导的。慢慢地，宝宝开始模仿成人的这种指导性语言，将其转化为自我言语。有研究支持维果斯基的自我言语起源于成人的观点。比如，之前宝宝在和父母玩游戏时接收到的社会言语越多，之后宝宝在自己玩游戏时出现的自我言语越多。

可见，宝宝的自言自语具有积极意义，它是宝宝指导自我行为的一个“利器”，帮助宝宝克服困难，从容应对一个个认知挑战。当然，学会借助更多无声的内部语言思考是宝宝认知发展的目标。因此，面对宝宝的自言自语，爸爸妈妈不必担心，可在尊重宝宝行为的基础上加以引导，帮助宝宝更好地实现从外部语言向内部语言的转化。以下建议可供参考。

- 宝宝边玩边自言自语时，不要制止宝宝，随宝宝自由发挥，有时还可以跟着宝宝说。
- 在和宝宝一起玩时，可以鼓励宝宝出声思维，问一些引导性的问题，如“你想做什么？”“你现在在做什么？”“接下来要做什么？”“为什么你要把它搭成这个形状？”等。
- 宝宝 6 岁以后，自言自语的现象会逐渐消失，所以，如果到了 8 ～ 9 岁，他们还总是自言自语，那么家长就要特别注意了，这可能是一种病态，应带他们去医院检查，及时治疗。

名言录

语言是赐于人类表达思想的工具。

——法国喜剧作家莫里哀

0～1岁是宝宝语音发展的主要时期，为什么？

馨儿半岁时能叫“8—8—8—8—”，这让馨儿爸爸高兴极了，而妈妈很是羡慕。妈妈有时候甚至会生气地对爸爸说：“宝宝是我身上掉下的肉，她第一个会叫的人应该是我才对！”爸爸不反驳，只是偷着乐。从那以后，妈妈只要一有机会就对着女儿大声地说“妈妈—妈妈—妈妈”，希望她叫一下自己。

宝宝出生后的头一年，从只会笑和哭逐渐发展到可以发出简单的音节，成长的每一步总能给家人带来欣喜，尤其是当宝宝开始叫“爸爸妈妈”的时候，他们体会到初为父母的骄傲，但刚开始时宝宝说出来的更多的是无意义的音节，而且他们并不会跟着大人说。不过，0～1岁是宝宝语音发展的主要时期。1岁之后，宝宝就能更多地、主动地发出有意义的音节了。语音的发展，为宝宝进一步的词汇学习奠定了良好基础。

那么，为什么0～1岁是宝宝语音发展的主要时期呢?

0～3个月的宝宝。首先，宝宝的听觉较敏锐，对语音较敏感，有一定的辨音能力。宝宝先具备区别语音与其他声音的能力，接着获得辨别不同话语声音的能力。也就是说，宝宝虽然不会说话，但这时的宝宝已经能够分辨人说话的声音和其他声音，也能基本分辨爸爸的声音、妈妈的声音等。其次，成人在与宝宝面对面进行“交谈”时，宝宝会产生交际倾向。比如，爸爸妈妈在和宝宝讲话的时候，宝宝能运用声音、动作或者表情来回应。最后，这个阶段的宝宝能发出一些简单的音节，多为单音节，如“a”“ei”“hai”等。

4～8个月的宝宝。首先，宝宝能辨别一些音色、语调和语气的变化，如男声和女声、熟悉的声音和陌生的声音、愤怒的声音和友好的声音等，还懂得简单的词、手势和命令。不过，宝宝往往并不是真的理解成人的话，而是根据成人说话时不同的手势和语调判断出来的。其次，在与成人交往中，宝宝初步习得一些交际规则。比如，对成人的话语逗弄给予语音应答，仿佛开始进行说话交谈；在用语音与成人“对话”时，宝宝出现与成人轮流“说”的倾向，即成人说一句，宝宝接着发几个音，待成人再说一句，宝宝再接着发几个音；当成人和宝宝之间的一段“对话”结束后，宝宝会用发音来引起另一段“对话”，从而使这种交流延续下去。最后，宝宝开始能发出连续的音节，如“ma-ma”“bu-a bu-a”“ge-ge”等，但是这些音节往往是宝宝自己发着玩的，不具有任何意义。这时也会出现“小儿语”，它听上去好像是宝宝在表达自己的意思，但是具体在说什么内容谁也听不懂。

心视界

宝宝语音发展的阶段

从出生到1岁左右，宝宝的语音发展可分成三个阶段。一为非自控音阶段（出生～20天）。此时的宝宝大约能发出7个辅音、5个元音。较早出现的辅音是发音部位靠后的喉音，然后是双唇音、喉壁音和小舌音，浊辅音出现较多而清辅音较少；较早出现的元音是不圆唇的低元音和发音部位稍高的前元音。二为咕咕声阶段（21天～5个月）。此时宝宝发展的辅音主要是舌音，特别是出现了边音 /l/ 和舌尖后的卷舌音 /ts/、/s/，但是没有出现舌尖前音和舌面音；元音中，除了 /y/ 和两个舌尖元音之外，其他汉语所需要的元音都已经出现了。三为牙牙学语阶段（6个月～1岁）。宝宝的发音形式变得丰富，连续发音节奏感增强，而且会模仿成人的语调，发音也逐渐偏向成人语言中的词。

9 ～ 12 个月的宝宝。首先，宝宝开始真正理解成人的语言。例如，对宝宝说："妈妈在哪里？"宝宝能够将头转向妈妈。其次，宝宝的语言交际功能开始扩展，宝宝能将一定的语音与实体联系起来，能执行成人简单的指令。最后，宝宝能发出更多的连续音节，近似词的发音增多，宝宝会说出第一个有意义的单词。

所以，宝宝到了 1 岁就能够在真正意义上开始说话了。为了保证宝宝在 0 ～ 1 岁期间获得良好的语言发展，建议家长注意以下几点。

- 宝宝刚出生时不会说话，但他们已经能够感知和辨认外界的声音，因此，不要忽视这段时间与宝宝的"对话"，让宝宝多熟悉家长的声音和语调，为宝宝将来的语言发展奠定基础，也可以增强亲子之间的情感联系。
- 宝宝的语言能力刚刚开始发展，不用操之过急地去刻意增加宝宝的词汇发音，只需要保证自然的日常对话即可。
- 尽可能给宝宝营造舒适安静的家庭环境，避免家中太过嘈杂。

名言录

在人世间所能听到的最崇高的赞美歌，就是从孩子的嘴里发出来的人类灵魂的喃喃的话语。

——法国作家雨果

1～2岁是宝宝词汇发展的主要时期，为什么？

隆隆学说话真是个令人吃惊的过程，好像昨天他还只会叫“妈妈”，而今天就蹦出许多词，甚至一些短句，连家人都不知道他是从哪里学来的。不过，有时旁人根本无法听懂他要表达的是什么意思。比如，隆隆能清楚地说“我要吃饼干”这样的话，但是他着急、生气的时候却只是一边踢闹，一边说着“啊呜！啊呜！”，让人摸不着头脑。

1岁以上的宝宝语言发展速度很快。虽然宝宝只会说一些简单的词语，但他们说的话更清晰了，表达的意思更明确了，与大人们的交流更有趣了。不过，很多时候宝宝还不能完整地表达自己的意思。其实，1～2岁正是宝宝词汇发展的主要时期。在1岁之前，宝宝已经发展了良好的语音基础，而且能讲个别词汇。接着，宝宝能理解和清楚地说更多的词汇。词汇的发展，为宝宝进一步的语句学习奠定了良好基础。

那么，为什么1～2岁是宝宝词汇发展的主要时期呢？

1岁至1岁半的宝宝。首先，宝宝对语言的理解能力迅速发展。此时宝宝能够理解的词义非常多，但是会说的话比较少。其次，宝宝会给常见的物体命名。比如，宝宝可能把汽车叫成“车车”，把皮球叫成“球球”等。最后，宝宝会继续讲“小儿语”，常用省略音、替代音（如把“哥哥”说成“de de”）和重叠音。随着宝宝发音器官的成熟，宝宝慢慢可以比较标准地发音。

1岁半至2岁的宝宝。首先，宝宝的语言理解逐步摆脱具体情境的制约，词语理解能力不断提高。比如，宝宝原先只在看到有饭来了时才能理解“吃饭”的含义，现在宝宝

心视界

宝宝的词汇量

国内外研究表明，各年龄段宝宝掌握的词汇量大体上呈现如下规律：1岁之前，宝宝的词汇量在10个词以内；1岁至1岁半时为50～100个词；1岁半至2岁时能达到300个词左右；2岁至2岁半时为600个词左右；2岁半至3岁时为1100个词左右；3～4岁时为1600个词左右；4～5岁时为2300个词左右；5～6岁时为3500个词左右。

能够脱离“有饭来”这个情境，只要听到“吃饭”，就能够明白是要吃饭了。其次，宝宝能掌握的词汇数目和种类与日俱增。许多研究表明，宝宝先掌握实词，后掌握虚词，而实词中最先掌握的是名词，其次是动词，最后是形容词。而这个年龄段的宝宝掌握的名词居多。宝宝掌握新词的速度突飞猛进，处于“词语爆炸”阶段。同时，宝宝不仅能够有意地学习词汇，还会在无意中掌握不少词汇。之前听到的词，宝宝也有可能先把它记住，在过了一段时间后才说出来，甚至连照顾宝宝的大人都不记得宝宝什么时候接触过这个词语，心理学家把这种情况称为“延迟模仿”。最后，这个年龄段的宝宝处于以双词语为主的阶段，双词语增长速度加快，如会说“妈妈抱抱”等。这样的词语简单好记，有的时候家长也会不自觉地跟宝宝说“小儿语”，如说“宝宝吃饭饭”等，这都增加了宝宝习得双词语的机会。

可见，1～2岁的宝宝是高效的词汇学习者，迅速增大着他们的词汇量。为了保证宝宝在这个阶段获得良好的语言发展，家长需要注意以下几个方面。

- 虽然宝宝在这个时期的词汇有飞速的发展，但不要急于让宝宝说太多，以免造成宝宝的负担。
- 宝宝最能记住的往往是与自己身边的环境相关的词语，因此，在教宝宝词语的时候，可以先从身边的名词教起。例如，可以多带宝宝去逛公园、动植物园等，边玩边教宝宝给物体命名。
- 在跟宝宝说话时，不要一味使用“小儿语”，如对所有的东西都以双词语命名等，以免等到宝宝的语言进一步发展的时候，还要帮助宝宝纠正这些词语。

名言录

有小孩的父母，即使对家畜等，也不可使用粗野的语言。

——日本教育学家木村久一

2～3 岁是宝宝语句发展的主要时期，为什么？

多多快 3 岁了，她活泼好动，性格外向，平时最喜欢做的事情就是叽叽呱呱说个不停。虽然多多能说完整的句子，但她经常“颠三倒四”，说出的句子不合语法或逻辑。比如，她会说“我吃饭不想”“妈妈回来了上班”等，很是好笑。

2 ～ 3 岁的宝宝除了在词汇量方面不断发展之外，更为明显的是语句的发展。这时候的宝宝开始可以成句地说话，甚至可以讲比较长的句子，而不再像 2 岁以前那样需要人人的辅助才能说清楚。但是，他们刚开始能够表达语句，在语言规则的使用上还不够系统和熟练，因而很多时候他们还不能准确地表达完整的句子，说起话来时不时出现颠三倒四等现象。不过，2 ～ 3 岁的确是宝宝语句发展的主要时期。下面分两个时间段进行说明。

宝宝的语句发展特点

宝宝的语句发展呈现出如下几个特点。

1）句型逐渐完整。比如，从说简单句到说一些复合句，从说陈述句到说祈使句、疑问句、感叹句，从说没有修饰的句子到可以说简单的修饰句等。

2）句子结构和词性的使用逐步分化，句子变得严谨而灵活。比如，原本宝宝会把“嘀嘀叭叭”既当作名词“汽车”，又当作动词“开车”，慢慢地宝宝就会进行纠正。

3）句子的含词量增加。3岁左右宝宝说的句子能包含4～6个词，随着年龄的增长，包含的词汇会越来越多。

2岁至2岁半的宝宝。首先，他们基本上能理解成人所说的句子。其次，宝宝的语音逐渐稳定和规范，发不出的语音逐渐减少。再次，宝宝开始能运用多种简单句句型，复合句也初步发展。简单句结构比较简单，如“宝宝睡觉”“找妈妈”“阿姨给宝宝糖”等；复合句则是结构比较复杂的句子，如“妈妈生气了，而不是我生气”。宝宝说的疑问句也逐渐增多，一般地，这个阶段是宝宝的疑问高峰期，他们常常喜欢问为什么。最后，宝宝在说话时常常使用接尾策略，即不管实际情况如何，只选用问句末尾的一些词语作答。比如，如果问宝宝：“你喜欢妈妈还是爸爸？”宝宝就会回答：“喜欢爸爸。”而如果问宝宝：“你喜欢爸爸还是妈妈？”宝宝则会回答：“喜欢妈妈。”

2岁半至3岁的宝宝。首先，宝宝对新词感兴趣，词汇量继续迅速增加。宝宝可以从话语中学会很多新词，这些新词也帮助宝宝学会说更完整的句子。其次，宝宝能归纳概括出抽象的句子规则，常表现出系统整合的语言内化能力，即当一种新的语言现象出现后，宝宝总是试图用已经知道的语法去理解它，然后吸收和整合新的语法。最后，这个阶段的宝宝能说出完整的句子，出现了多词句和复合句。言语功能呈现出越来越丰富、准确的趋势。但是，宝宝说话往往不流畅，表达时常有“破句现象”，而这主要是因为此时宝宝的思维速度往往超过了他们的说话速度，想说的太多又一下子说不出来，于是说的话变得不连贯或者颠三倒四。

语法规则的获得、句型的丰富，使得宝宝能逐渐成为一个规范的、熟练的说话者，在社会交流中游刃有余地自我表达。为了保证宝宝在2～3岁获得良好的语言发展，建议家长注意以下几个方面。

- 不必担心宝宝说话不通顺或表达不清，鼓励宝宝尽量表达，并从旁引导和纠正，提高宝宝说话的积极性和信心。

- 耐心地倾听宝宝说的话，切忌盲目打断。宝宝在这个阶段刚刚能够表达比较完整的句子，他们的每次说话都是在不断地尝试和修正，耐心倾听有利于宝宝改正不恰当的表达，学习正确语句的表达方式。
- 尽量使用符合语法规则的、完整的句子而不是词汇或短语跟宝宝说话，并有意地使用多种句型。
- 多和宝宝一起阅读故事，问开放性的问题，促使宝宝使用完整的语句。

名言录

一切学问没有速成的，尤其是语言。

——文学翻译家傅雷

宝宝早期不接触语言，后天语言发展缓慢，为什么？

印度“狼孩”卡玛拉从小就离开人类社会，在狼群中生活了 8 年，深深打上了狼性的烙印。虽然她后来回到人类社会，接受了专家的教育与训练，但她花了 2 年才学会站立，4 年才学会 6 个单词，到 17 岁时她的智力仅仅达到 4 岁儿童的水平，仅知道一些简单的数字概念，只能讲简单的话。

在宝宝的早期发展过程中，存在着学会某些行为或获得某些能力的关键时期。在这些时期，宝宝处于一种积极的准备和接受状态，如果这时得到了充足的环境刺激，宝宝的行为与能力会得到非常有效的发展。在关键期或敏感期之后，宝宝的能力也可继续得到发展，但其发展速度或效果远不及之前，相同的发展需要耗费更长的时间。一般来说，3 岁前是宝宝口语发展的关键期。在 6 ～ 7 个月，宝宝发出咿呀学语声，18 个月开始出现词语爆炸现象，而 24 个月左右是语句的爆发期。“狼孩”卡玛拉在出生后的 8 年里，与狼群生活，没有接触到人类语言，错过了语言发展的关键期，虽然之后她接受了专业的训练，其语言功能有所发展，但发展程度非常有限，发展速度十分缓慢。

关键期的存在，与大脑神经系统中突触的形成密切相关。智力发展和脑的发育密不可分。大脑神经系统的基本组成单元是神经细胞，也称之为神经元，每个神经元都包括树突、胞体和轴突，一个神经元的轴突末梢与另一个神经元的树突相接触，形成了突触节点。各种认知活动都依赖于神经元突触间化学信号的传递。在婴儿期和学步期，大脑的神经纤维以惊人的速度增加，建立了很多突触，尤其是在 0 ～ 2

岁，宝宝大脑皮层的听觉、视觉和语言功能突触的形成非常迅速，而环境刺激对突触的存活具有重要作用。那些接受了周围环境信号刺激的神经元保存突触并继续建立新的突触，形成更精细的联结系统，为宝宝发展更复杂的能力提供生理基础；而很少接受相应刺激的神经元很快失去突触。研究发现，通常，大约有 40% 的突触在儿童期到青春期被“剪除”。因此，对语言发展而言，早期语言环境刺激至关重要。如果宝宝周围的环境没有足够的语言刺激，神经元得不到充分的刺激，大脑就无法建立系统的功能联结。错过了突触形成的顶峰时期，之后再想建立突触连接就没有那么容易了。

为了营造适合宝宝年龄特点的早期养育环境，在宝宝关键期内提供适合的早期教育，这里还有一些小建议。

● 尊重宝宝的成长规律，欣赏宝宝的成长。观察并享受每一周、每一月出现的发展新事实，不要总是想“下一步应该发展什么”，和宝宝一起充分体会每一阶段的乐趣，同时期待下一步的变化。

心视界

双生子爬梯实验

著名心理学家格塞尔曾对一对双胞胎进行爬梯训练研究，让刚刚学会站立的哥哥在出生后的第 48 周就开始学习爬楼梯，每天训练 15 分钟，而让弟弟等到其基本的走路姿势较稳定了的第 52 周时才开始练习爬楼梯，结果哥哥经过了 6 周，到第 54 周时，可以独立爬楼梯，而弟弟只用了 2 周，也是到第 54 周时，就能独立爬楼梯了。格塞尔后续的一系列研究验证了此结果，他也得出了“最佳教育期”的结论。研究表明，发展是同时受生理和心理成熟制约的，只有在生理成熟到一定程度时，教育才能发挥出最佳的效果。

● 为宝宝创造一个安全、丰富的物理环境，鼓励宝宝自由探索、勇敢尝试，接触多种感官刺激。在宝宝发出请求信号时予以协助、指导，如告知物体的名称，描述物体的特征等。

● 不可忽视早期丰富的语言环境的重要性。多和宝宝进行面对面的言语交流，及时回应宝宝的每一个交流信号，多和宝宝一起唱儿歌、童谣，讲故事等，让宝宝接受丰富的语言刺激。

名言录

一个人不论干什么事，失掉恰当的时节、有利的时机就会前功尽弃。

——古希腊哲学家柏拉图

宝宝“能文不擅武”，为什么？

莉莉马上就 2 岁了，最近她学话特别快，每个星期都能学会说 10 多个新词语，还开始连着两个词说话。比如，以前想要玩具汽车时她只会说“车车”，现在会对着妈妈说“妈妈汽车”，有时候还会说“妈妈抱”。虽然莉莉的语言发展不错，但是在动作方面她就不行了，很多宝宝都能金鸡独立、解纽扣了，她却连拍球、抓球都做不好。

宝宝的语言发展和动作发展都是宝宝智力发展的主要领域，它们均遵循着从简单到复杂的规律。但是，它们的发展并不同步。不同宝宝在同一领域的发展会存在个体差异，同一个宝宝在不同领域的发展也可能出现不均衡的现象。比如，有的宝宝可能动作发展正常，但语言发展迟缓；而有的宝宝可能语言发展得很好，但动作发展迟滞。故事中的莉莉就是出现了发展的不均衡。

一般地，宝宝的语言发展主要包括宝宝理解和运用语言能力的发展。宝宝在大约 2 个月的时候开始发出“咕咕”声，4 个月后开始咿呀学语。婴幼儿言语发生的时间主要在 10 ～ 14 个月，这期间，宝宝平均每个月掌握 1 ～ 3 个新词。此后，婴儿掌握新词的速度显著加快，平均每个月掌握 25 个新词，这就是 19 ～ 24 个月时的“词语爆炸”现象。莉莉正处于这个阶段，她开始说诸如“妈妈汽车”“妈妈抱”之类的双词句，并逐渐生成语法。在 2 ～ 3 岁，宝宝能说出三词句子并开始能更完整地说句子了。

而宝宝动作的发展可以分为大动作发展和精细动作的发展，前者主要指身体四肢动作的发展，后者主要指手部动作和手眼协调能力的发展。动作发展的顺序遵循头尾原则，即从头部往下延伸，头、颈、上身动作的发展先于下肢动作的发展；动作发展的顺序还遵循近远原则，即从身体的中部延伸到边缘部分，躯干和肩膀动作的发展先于手和手指动作的发展。比如，大运动从抬头发展到坐、站、走、跑、跳；手的动作从无意识的抓握发展到用手指捏东西、穿衣、扣扣子等。在大动作技能上，2 ～ 3 岁的宝宝走路有节奏感，能够跑、跳；在精细动作上，他们能穿、脱简单的衣服，拉拉链等。

抚养者给宝宝营造的环境会影响宝宝在语言和动作方面的发展。如果抚养者经常与宝宝说话，给宝宝提供多种语言信息，如主动告知词语的意义等，使得宝宝能接受充分的语言刺激，那么其语言就会得到更好的发展。而在动作发展方面，大部分的动作技能是在日常游戏等活动中掌握的，宝宝通过自己的眼睛观察周围的世界，通过自己的小嘴和小手不断探索不同的东西，对自己感兴趣的事物，他们用手、用脚甚至借助大人的帮助去尝试。如果父母给予的保护过多，不让宝宝自主探索周围环境，也不给宝宝自己尝试完成穿衣服、搭积木等活动的机会，那么宝宝的动作技能就可能得不到充分发展。因此，当抚养者营造的环境不平衡时，如关注语言学习环境而忽视物理探索环境，宝宝的发展就很容易变得不均衡了。

另外，充足、合理的营养及足够的睡眠时间是宝宝大脑发育和身体发育所需的基本物质基础。一些客观因素也可能会影响宝宝的动作发展，有研究发现，冬季出生的宝宝开始爬行的时间比其他季节出生的宝宝开始爬行的时间平均提前 2 ～ 4 周。

为了促进宝宝的智力的均衡发展，这里有一些小建议。

- 保证宝宝的营养及充足的睡眠时间。
- 提供丰富的探索环境，让宝宝自主地玩不同颜色、不同形状的东西等，在安全的范围内鼓励宝宝尝试自己走路、自己拿东西等。

在游戏中发展智力

心理学家认为，游戏能够帮助宝宝解决生活中的问题，而且有计划的成人指导的游戏更对宝宝的智力，尤其是创造性思维的发展有重要作用。因为当宝宝独自无法完成某个任务的时候，他人的指导和鼓励能够使宝宝完成任务；宝宝和成人一起玩游戏，能够激发宝宝高水平的象征活动；那些了解游戏发展的成人，通过调整自己的游戏行为，也能够给宝宝提供富有挑战性的游戏互动。所以，父母与宝宝一起玩游戏的时候，要根据宝宝的发展水平，提出稍微高出其水平的要求，并给予一定的指导，让宝宝的能力在游戏中不断成长。

- 增加手部动作的训练，如玩手指游戏等，这有助于宝宝大脑的发育。
- 提供丰富的、充满关爱的语言环境，经常与宝宝对话，与宝宝一起进行游戏活动。
- 不仅要关注宝宝动作和语言方面的发展，还要关注宝宝的情绪和社会交往等方面的发展。

名言录

人类的智力是靠经常增加的知识来培养的。

——英国博物学家托马斯·亨利·赫胥黎

宝宝对音乐超敏感，为什么？

天天 4～5 个月的时候就特别喜欢听各种声音，如打鼓声、拍球声、脚步声，甚至爬到洗衣机旁听洗衣机的声音。有时候他哭得很厉害，只要妈妈放一些音乐，或者轻轻哼一段简单的旋律，他就会很快安静下来。

宝宝从小就显露出自己的偏好，如偏好亮颜色的东西、爱看动画、喜欢听儿歌等，而有的宝宝的偏好似乎表现为一种能力。比如，有的宝宝对音乐超敏感，他们能区分各种乐器发出的声音，能分辨不同的音调，能快速记忆一段音乐，甚至立即哼唱出来。故事中的天天偏好打鼓声、拍球声、脚步声等，这些声音的共同之处是有一定的节奏，可见，4～5 个月的天天已经表现出独特的对音乐节奏的敏感性了。还有的宝宝对色彩、线条超敏感，甚至很小的时候就能创作出令人赞叹的画作。

心视界

多元智能理论

1983年，美国哈佛大学心理学家加德纳提出一个智力的多元结构理论——多元智能理论。该理论认为，智力除了通常所关注的语言智能与数理逻辑智能之外，还至少包括在音乐家等身上突出表现出的音乐–节奏智能、在画家等身上突出表现出的视觉–空间智能、在运动员身上突出表现出的身体–运动智能、在哲学家等身上突出表现出的反思智能，以及在政治家等身上突出表现出的社会智能。每个人所具有的7种智能的水平及表现形式不同，在任一方面智能上获得杰出发展的个体，都可叫作高智力的人。多元智能理论告诉家长和老师，要尊重宝宝的独特性，给予宝宝发现和发挥优势智能的机会。

上述有不凡表现的宝宝很可能是所谓的超常儿童，他们在智力的某个认知过程或领域有着超乎同龄人的表现。从认知过程上看，智力是个体认知方面的各种能力的综合，包括感知能力、记忆能力、想象能力和思维能力。天天对音乐节奏的感知能力就很强。从智力的成分或领域上看，美国心理学家加德纳认为，智力可分为音乐智力、言语智力、逻辑智力、视觉智力、身体智力及人际交往智力等。天天对音乐很敏感，可能是因为他具有很高的音乐智力。音乐智力是指感受、辨别、记忆、改变和表达音乐的能力，表现为个人对音乐的节奏、音调、音色和旋律的敏感，以及通过作曲、演奏和歌唱等方式表达音乐的能力。音乐智力较高的宝宝满月后对各种物体的声音（如钟摆声、洗衣机声、摇铃声等）很感兴趣，听到音乐会马上停止哭闹；他们的发音比同龄宝宝较早，百日之内基本上能发出简单的a、i、e、u、o这5个拼音元音音节；1岁左右能全神贯注地聆听乐曲，并能对欢乐、悲哀等曲调做出反应；3岁以内基本上能辨别高音、中音、低音音域，并能唱歌和自行弹奏乐曲，具有非常强的音乐模仿能力和辨音能力。

宝宝在音乐或其他方面的超常能力很可能是通过遗传得到的。如果父母在智力的某一方面发展水平较高，那么这种特点可能也会遗传到宝宝身上。根据调查，在巴赫、海顿、莫扎特等20位音乐家中，有12位出生于音乐世家。另一项对普通人的调查发现，父母双方音乐才能均较高的孩子，其音乐才能大多数也趋向于较高水平。

不过，天赋只是造就天才的一个重要因素，而不是全部。后天教育也至关重要。宝宝具有某一方面的天赋，并不代表这种天赋一定会让其成为这一方面的专才。对于展现出天赋的宝宝，家长最需要做的是顺应宝宝的兴趣，在最自然的状态下，引导宝宝朝这个方向再迈进一步。对于宝宝天赋的开发与教育，有以下几点建议。

● 了解宝宝的智力特点，因材施教。每个宝宝都是一个有潜能的个体，家长要认识和了解宝宝的智力结构特点，找出宝宝在哪些方面存在天赋或潜能，为宝宝创造发展潜能的条件，给予适合自己宝宝特点的培养方式。

● 尊重宝宝的意愿而不强求，设置合理的目标。如果在教育过程中发现，某个目标对宝宝来说压力太大，就尽快调整教育方案，避免对宝宝造成伤害。

● 只要宝宝有一点点进步，就及时地给予表扬和鼓励，帮助宝宝树立自信心，使宝宝保持愉快的情绪和积极的心态。

名言录

任何天才都不能在孤独的状态中发展。

——德国诗人、剧作家席勒

宝宝左右脑发展不协调，为什么？

辉辉今年2岁半了，他特别喜欢摆弄积木，能把积木做成各式各样的东西，如小塔、火箭、城门等。他也很喜欢拍皮球，一连能拍好几下。但在说话方面，他的表现让人担忧。他不乐意说话，只能说简单的常用词，不能准确地用句子表达自己的意思。比如，他想玩玩具时，常跑到妈妈跟前，喊一声“妈妈”后就指着放玩具的架子，示意妈妈帮他拿，而不说其他的话。

辉辉的语言发展相对滞后，而空间、动作等方面能力发展得很好。还有的宝宝的情况可能与辉辉正好相反，如擅长语言表达，但方向感等很差。这其实都是左右脑发展不协调的表现。人的大脑分为左右两侧，左右两个半脑中间连着胼胝体，它负责在两个半脑之间传送信息。左右脑的功能有所不同，通常，左半球主要负责语言能力，右半球主要负责空间能力。辉辉的语言能力发展迟滞是左脑功能发展不足的表现。左右脑发展的不协调与大脑的自然发育规律有关。

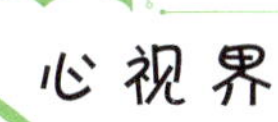

左右脑失去联系会怎样？

人的左右脑是通过胼胝体的连接而协同工作的，如果左右脑失去了联系，人会怎么样呢？对裂脑人，通常是因治疗癫痫而被切断胼胝体的患者的研究发现，由于左右脑不再协同工作，裂脑人可以轻松地做到左手画圆，右手画方。当把一个东西放在眼睛被蒙上的裂脑人的右手中时，他能说出他摸到的是什么，而当东西被放在裂脑人的左手中时，他就无法用语言表达出来了。这是因为语言功能是由左脑负责的，而对裂脑人来说，其身体左侧的感觉只会传到右脑，而无法经由胼胝体传到负责语言的左脑。可见，左右脑既有分工，又有合作，才能将大脑的功能发挥得淋漓尽致。

在婴儿期，宝宝的大脑具有很强的可塑性。在宝宝出生后的头两年，宝宝大脑中的神经元之间会建立起几十亿个新连接，也就是突触，这远远超出了所需要的数量。就像果农为了增强果树的生命力，会修剪多余的树枝一样，大脑在一定意义上也是通过去掉多余的神经元来增强整体的能力。最经常被宝宝的生活经历所刺激的神经元和突触得以存活下来，继续发挥功能，而那些不经常受到刺激的神经元会失去其突触，这些神经元成为后备军，用于弥补大脑损伤或支持大脑新的技能。

随着大脑的发育，宝宝的左右脑开始分化，逐渐控制着不同的身体区域，涉及不同的功能，形成大脑偏侧化。对于大多数人，左脑控制着身体右侧及与语言能力相关的功能，如说话、阅读、言语听觉、思维、推理和积极情感的表达，被称为“抽象脑”或“学术脑”；而右脑控制着身体的左侧及非言语领域的功能，如空间关系理解、图案和绘画的鉴赏识别、音乐和消极情感的表达，被称为“艺术脑”。大脑的偏侧化也意味着宝宝开始偏爱使用某一侧的身体部位。在分工的基础上，大脑的左右半球也通过协同活动来实现各种心理过程。比如，左脑可以用优美的语言分析右脑识别的图像，右脑则可以把左脑纷繁复杂的语义信息组织成图画。事实上，很多有杰出贡献的人都能充分使用左右脑。比如，爱因斯坦是一位出类拔萃的科学家，他既具有严密的逻辑思维，又善于运用形象思维，他的很多想法首先是以图像等形式呈现，然后才被翻译成语句和数学符号。

可见，左右脑功能的分化是一个自然的现象，而大脑接受的刺激类型会塑造分化的程度。如果宝宝缺乏语言刺激，就可能导致左脑没有得到很好的发展，会出现故事中辉辉那样的状况，左右脑的发展出现很大程度的不协调。而充分开发左右脑，对发展高水平的思维能力具有不凡的效果。为了促进宝宝左右脑的均衡发展，家长可以参考以下几点建议。

● 经常性地给予言语刺激，为宝宝熟练使用语言创造丰富的环境，开发左脑。比如，多和宝宝说话，和宝宝一起“读书”，利用益智图卡教宝宝看图识字等。

● 让宝宝尝试练习使用左侧身体，如用左手拿东西、拍球等，促进右脑开发。

● 鼓励宝宝多运动，增强宝宝身体的协调能力和对空间的知觉能力，如可以和宝宝一起玩投球、踢球、走迷宫等游戏。

● 有意识地增加宝宝左右脑的协同活动，如让宝宝涂鸦作画，同时鼓励宝宝用自己的语言描述图画的内容等。

名言录

人的大脑和肢体一样，多用则灵，不用则废。

——桥梁专家、教育家茅以升

宝宝识字早不一定智力高，为什么？

4 岁多的阳阳识字很早，他从 1 岁时就开始学认字，2 岁多时能认得几百个字，现在已经能认 2000 多个字了。亲戚邻里都夸阳阳是个神童，父母也觉得自己的孩子比一般孩子更聪明。因为好奇，父母带着阳阳到专业机构进行评估，结果发现，阳阳的智力水平仅中等偏上，属于正常范围，并未达到“天才”的程度。

阳阳小小年纪就已经认识很多字，报纸和电视上也常常报道一些识字“神童”，他们在识字方面有着超乎平常的表现。还有的宝宝很会背书，如能完整、流畅地背《三字经》和很多首古诗等。宝宝的这些超常表现常常让人觉得他们的智力超群。但事实上，他们可能并不是真正的天才或神童。早期识字能力并不能完全代表宝宝的发展水平，也不能代表孩子的智力情况。这是为什么呢？

其实，智力是一种综合性的能力，它不仅体现在语言能力上，还体现在记忆、推理等能力上。国际通用的韦氏儿童智力测验量表包括言语量表和操作量表两部分，需要儿童回答一些常识性问题，也需要儿童完成走迷宫、图画补缺等任务。由于婴儿的语言还没有充分发展，他们不能很好地理解或回答复杂的问题，因此婴儿智力测验往往是给他们呈现一些刺激，诱发他们做出反应，从而观察宝宝的行为。常用的婴儿智力测验是格赛尔发展顺序量表，它适用于 4 周至 6 岁的婴幼儿，主要通过动作、顺应、言语和社会应答四个方面对宝宝的行为进行测查。其中，动作是指爬、走、跑、跳的能力及使用手指的能力；顺应指的是对外部刺激的分析综合能力，比如，给宝宝看圆洞和方洞，看宝宝能不能把圆形和方形的积木放进相应的洞里；言语是指语言理解和表达的能力；社会应答是指生活能力（如大小便）及与周围人交往的能力。宝宝的智商为这四个方面的综合结果。而识字的早晚和多少只可体现言语方面的发展，无法全面体现宝宝的智力水平。

当然，早期识字在一定程度上的确能够促进宝宝的智力发展，如促进观察力和注意力的发展。首先，汉字是图形文字，宝宝记忆汉字时是将字作为图形记忆的，而不是如成人一样按照偏旁、部首、笔画和音形义关系等记忆。为了区分不同的汉字图形，宝宝需要一定的视觉敏感性（指分辨刺激物差别的能力，如在图案条纹很窄的情况下，仍能看清它是有条纹的图案）和敏锐度（指分辨明亮强度差别的能力）。其次，识字也能够促进注意力的发展。宝宝跟成人学识字，其必要条件是宝宝与成人间的联合注意。联合注意指的是个体追随另一个体的注意，使两个个体同时注意同一物体的过程，它大约出现在宝宝 1 岁时。在学习识字的过程中，宝宝需要追随成人的注意，同时保持自己对字形、字音的注意力。持续的练习，可以增强宝宝调控自己注意的能力。

心视界

联合注意的价值

联合注意是互动的个体调控自己或他人的注意，使彼此注意同一事物的过程，这其实是一种社会行为。大量研究表明，孤独症儿童在参与及发起联合注意方面都存在缺陷。也有研究发现，联合注意对语言能力的发展有着很好的预测作用。因为联合注意表明了一种有意的交流，这种交流的主动性提高了交流的频率和质量。对宝宝来说，无论是被动的联合注意，如家长发起联合注意，对事物进行命名，还是主动的联合注意，如宝宝向家长指着自己感兴趣的某物，让家长提供相关信息，都可以增加宝宝对词语的输入，有效促进语言的学习。

在现实生活中，很多家长过于关注宝宝在认字方面的培养。一方面，这可能使宝宝其他方面的发展受到忽视或限制。宝宝的智力不一定只能通过认字来发展，其他活动也能够促进宝宝智力的发展。另一方面，过高的认字要求可能会给宝宝带来压力，让宝宝对识字甚至学习产生恐惧。不过，宝宝如果早期有一定的识字量，之后可能就更容易适应小学学习，形成较高的学业自信心。

综上所述，教宝宝识字对宝宝的智力发展有一定的促进作用，但需要注意的是，识字早并不意味着智力高，家长应该采用一种科学的、符合宝宝心理特点的识字教法，而不是求成心切地强迫宝宝学习。以下是对家长的一些建议。

- 让宝宝在阅读中学习识字。先有口头语言的习得，再进行书面语言的学习。
- 合理安排宝宝的识字学习过程及目标。识字活动应该在宝宝精神饱满、情绪愉快的时候进行。
- 创设良好的识字阅读环境。比如，在宝宝的活动场所开设图书角，增添有趣的墙饰，吸引宝宝主动接触文字。
- 精心选择识字和阅读材料。依据宝宝的兴趣特点，让宝宝学习生活中常见的或新颖的知识内容。

名言录

无论掌握哪一种知识，对智力都是有用的，它会把无用的东西抛开而把好的东西保留住。

——意大利画家达·芬奇

宝宝“大器晚成”，为什么？

托马斯·爱迪生是美国著名的发明大王，他一生中光是在专利局登记过的发明就有1328种，包括对世界影响极大的留声机、摄影机、钨丝灯泡等。但是，爱迪生曾是老师眼中的“笨小孩”。他总喜欢问老师一些怪问题，如“为什么2加2等于4而不等于8？”，让老师极为恼火。入学才3个月，小爱迪生就被撵出了学校。

爱迪生这样的发明家，在小时候曾经被老师误认为是笨小孩，而他其实并不笨。在生活中，的确有些宝宝总是显得比别的宝宝笨拙，他们可能反应有些迟钝，语言发展滞后，学习能力较差。但是，随着年龄增长，他们可能显现出卓越的才能，获得杰出的成就。可见，这样的宝宝只是发展比较缓慢而已，并不是真的存在智力缺陷问题。那么，这究竟是为什么呢？

神奇的期望效应

1968年，著名心理学家罗森塔尔交给一所小学的校长和相关老师一份学生名单，告诉他们经过测验，这些学生天赋很高，未来肯定有很大的发展前途，并请校长和老师保密。结果，8个月后，那些在罗森塔尔所列名单上的学生果真个个成绩有了较大进步，验证了罗森塔尔的预言。而事实上，那些学生都是罗森塔尔随机挑选出来的，是老师在期望的影响下有意无意对那些学生流露出的特别关注让他们脱颖而出。这种现象被称为期望效应。老师的期望可以对学生产生神奇的作用，家长的期望对宝宝也如是。

首先，智力是不断波动的。有研究者曾对140个2岁半至18岁的儿童青少年进行定期的智力测验，发现儿童的智商并非一成不变，研究中有超过一半的儿童的智商发生了很大的波动，平均波动的范围在20分以上。这意味着宝宝的智力即使这一刻落后了，下一次也可能上升到正常水平。研究还发现，儿童智商的波动并不是杂乱无章的，在不同时期内，他们的智商或者一直升高，或者一直降低。

其次，宝宝智力的发展受到先天遗传和后天环境的双重影响。一方面，宝宝是否聪明和父母赋予的遗传基因有关。研究发现，被领养儿童的智力与他们生父母的智商的相关程度要远远高于与他们的养父母智商的相关程度。另一方面，宝宝的智力发展与宝宝所处的成长环境有关。良好的教养环境可以提高宝宝的智力水平，反之亦然。有些研究者追踪研究了一些儿童的智力发展情况，这些儿童离开不良家庭环境而被拥有良好教育背景的父母领养，研究发现，这些被领养儿童的绝对智商比其生父母高出10～20分，而且到了青少年期，他们的学业成绩也保持很高水平。爱迪生被撵出学校后，其母亲不相信爱迪生是低能儿，采用良好的方法悉心教育爱迪生，可以说，母亲的良好教育是后来爱迪生才智发挥的重要促进因素。对于婴幼儿而言，成长环境尤其重要，有研究表明，父母参与宝宝活动的时间、给宝宝提供适当的玩具和材料的数量，以及宝宝每天得到多种刺激的机会，最能够正向预测宝宝未来的智商和学业成绩。

因此，宝宝早期发展的缓慢可能只是暂时的，家长对其抱有的信心、鼓励、支持及良好的成长环境可以帮助宝宝追上甚至超过成长的一般步伐，而家长的忽视、不良的教育环境可能会使宝宝真的发展迟滞。那么，家长具体可以怎么做呢？这里提出以下建议。

- 用发展的眼光看待自己的宝宝，不要给宝宝贴上“笨孩子”的标签，这种标签会让宝宝形成“我就是笨小孩”的错误信念，导致他们遇到困难时就轻易放弃。

● 多多鼓励宝宝，支持宝宝，及时看到宝宝的每一点进步。在宝宝遇到困难时，给宝宝克服困难的勇气和信心。

● 全面了解宝宝的发展情况，发掘宝宝的优势和特长，并加以培养。学业并不是宝宝发展的全部，宝宝的人际交往能力、运用语言文字的能力等都是发展的重要方面。

● 为宝宝的成长创造刺激丰富的环境。多和宝宝交流、讲故事，为宝宝提供类型多样的玩具，陪宝宝玩游戏，鼓励宝宝主动探索周围的环境，这有利于刺激宝宝的大脑发育，培养宝宝的主动性和好奇心。

名言录

宝宝提出的问题越多，那么他在童年早期认识周围的东西也就愈多，在学校中越聪明，眼睛愈明，记忆力愈敏锐。要培养自己宝宝的智力，那你就得教给他思考。

——苏联教育家苏霍姆林斯基

宝宝说话晚，为什么？

冬冬是个小男孩，今年2岁半了，身体长得很结实，一脸机灵样。他会跑，会跳，会自己吃饭，就是说话比同龄宝宝晚。冬冬 1 岁 7 个月的时候才会叫“爸爸”“妈妈”，现在说话的时候还只是一个字、一个词地往外蹦，但是他能听懂大人说的话。

在生活中，像冬冬这样的宝宝并不少见。他们和同龄宝宝相比，开口说话的时间较晚，在别人能流畅地成句讲话时，他们也许还只能说单个的字或词，即使他们在身体发育方面表现得很好。随着年龄增长，有些宝宝慢慢能和同龄宝宝一样说话了，而有些宝宝的情况并没有好转，严重的在上了幼儿园后，仍然连简单的语句也不会说。很多宝宝尽管不能很好地说出话来，但是能理解别人说的话，可以按照父母的指示做出正确的反应。这种情况涉及语言的一种分类。

有研究者从表达和理解的角度，将语言分为表达性语言和接受性语言：表达性语言是指能够自己说出来的语言，接受性语言是指能理解的语言。很多说话晚的宝宝只是表达性语言出现得晚，而接受性语言不存在什么问题。根据公认的国际标准，若宝宝在 2

岁左右的时候，表达性言语水平明显落后于同龄宝宝 6 个月，则这样的宝宝可被评定为迟说话儿童。2 岁宝宝中，表达性语言迟滞的发生率为 7% ～ 18%。

宝宝说话晚，其主要的原因包括以下两个方面。

一方面，生理方面的原因。诸如脑外伤、耳聋或发音器官的异常等疾病都有可能导致宝宝说话晚，不过这种情况一般比较少见。更常见的是，宝宝的语言中枢发育较晚，尤其是运动性语言中枢发育迟缓。另外，迟说话现象与遗传因素存在一定的关系。有报告指出，迟说话现象有家族史，且更容易出现在家里排行最小的宝宝身上。此外，需要引起重视的是，迟说话也有可能是孤独症的早期表现。

另一方面，家庭语言环境因素。在宝宝成长的环境中，丰富的语言刺激是保证宝宝语言中枢正常发育的一个重要因素，况且 1 岁之前是宝宝语音发展的主要时期。在这个重要时期，如果家长忽视了与宝宝的交流，很少和宝宝说话，宝宝没有得到充足的语音刺激，那么便不能形成很强的语音意识，开口说话的时间会延迟。另外，在有些家庭中，家庭成员使用多种方言或语言，这可能会增加宝宝形成一致的语音意识的难度，容易使宝宝产生混淆和困惑，因而造成说话较晚的现象。此外，在最初尝试开口说话的时候，如果宝宝得不到及时的回应，或者家长总是急于替宝宝说，那么，即使宝宝在正常的时间内开口说话，之后也可能突然驻足，迟迟不再说话。

可见，说话的早晚，是宝宝语言发展存在的个体差异，这种差异源于生理和环境因素的共同作用。如果确定宝宝没有孤独症或其他生理方面的问题，家长为宝宝提供丰富的语言刺激，能促进说话晚的宝宝开口说话，避免说话迟转变为真正的语言发展障碍。具体地，家长可以参考以下几点建议。

- 注意发音和用词的准确性，尽量说标准的普通话，适当减缓语速。

心视界

孤独症儿童的语言特点

社会交往障碍、语言障碍、兴趣与行为异常是孤独症的三个主要症状。其中，语言障碍是孤独症除社交障碍之外的第二大症状，其主要表现如下。

1）主要使用非交流性言语，也称为自我中心言语。自我中心言语有三种表现形式：重复别人的话；喃喃自语；集体独白，也就是不顾及他人，大声地说自己想说的话，而往往答非所问。

2）严重缺乏主动的询问和交流性语言，对别人的问话往往没有回应，或应答简单。

3）语调呆板，重音不对，无节奏变化。说话时像木偶一样机械化地、一字一顿地说，有的还用自己“特有的”声调说话。

● 增加与宝宝的对话交流，在宝宝还不能开口说话时，允许宝宝通过非言语信号保持沟通，如使用手势、眼神等进行交流。

● 在宝宝有说话的迹象时，鼓励宝宝使用自己的语言表达意愿，不要着急替宝宝说出来或直接满足宝宝的愿望。

● 适当增加练习。例如，给宝宝听简短的、节奏感强的儿歌，鼓励宝宝跟着唱；选择宝宝感兴趣的故事进行亲子共读，多次重复讲述之后，鼓励宝宝慢慢讲出来。

名言录

我的信念是把最好的留着别说。

——美国诗人沃尔特·惠特曼

宝宝智力发展受环境影响，为什么？

在印度北部有很多贫民窟，出生在这些贫民窟的宝宝通常体格偏瘦，患病率较高，生活环境很不好。大约80%的宝宝的父母存在酗酒和吸烟问题，绝大多数宝宝都遭受过家长的虐待。这些宝宝也出现一些智力和情感发展问题。例如，他们通常要到正式步入社会之后才学会解决普通孩子能够解决的数学问题。

智力是一个综合性的概念，国内学者一般认为，智力指的是个体认知方面的各种能力的综合，包括感知觉、记忆、想象和思维等。虽然在心理学界，智力的具体概念内容还没有完全统一，但确定的是，智力并不是一成不变的。调查表明，那些在生活环境很差的贫民窟长大的宝宝，其智力的发展速度通常显著落后于其他宝宝。这虽然是一种比较极端的状况，但它可以说明，宝宝的智力会受到后天成长环境的影响。那么，为什么宝宝的智力发展与环境有关呢?

依据心理学家卡特尔的智力结构理论，智力分为流体智力和晶体智力：流体智力是随神经系统的成熟而提高的认知能力，如知觉速度、记忆等，它会随年龄增长而降低；晶体智力是在社会文化经验中习得的认知能力，如言语理解、判断力等，它不随年龄增长而减退。而宝宝神经系统的成熟、社会文化经验的积累都与宝宝成长的环境密切相关，所以，成长环境不仅会影响宝宝的流体智力的发展，还会影响宝宝的晶体智力的发展。

首先，大脑发育是智力发展的生理基础，而营养充足是大脑神经系统正常发育的前提。从出生后到学龄期，宝宝脑内神经元之间的联系不断增多。营养不良或营养不均衡会阻碍神经纤维的发育和髓鞘化，从而妨碍大脑的功能，影响宝宝的智力发展。

其次，环境中刺激的种类与数量会影响宝宝的智力发展。研究表明，那些生活在刺激丰富的环境中的小白鼠走迷宫的成绩好于生活在刺激贫乏的环境中的小白鼠走迷宫的成绩，而且前一组小白鼠的脑皮层厚度也显著大于后一组。这说明，个体接触的环境刺激越丰富，智力发展越好。心理学研究发现，宝宝不喜欢重复注视同一个物体，喜欢新颖的物体。如果环境中包含多样的刺激，就能诱使宝宝乐于探索周围的环境，从而接触多种刺激，建立或巩固神经元之间的功能联结，促进智力发展。

最后，环境中的社会交流因素也会影响宝宝的智力。依据心理学家维果斯基的观点，人的智力是在与他人的社会交往中不断发展的。宝宝在遇到不能解决的问题时，成人通常在旁边给予指点，这种成人和宝宝互动的模式，帮助宝宝学会知识，促进智力的发展。

心视界

婴儿智力发展的相关研究

宝宝的智力发展受环境影响，甚至产前期或产期的环境因素也会影响宝宝智力的发展。比如，母亲在孕早期发生高烧、宝宝在出生时发生窒息是阻碍宝宝智力发展的风险因素。一项针对 2 ～ 12 个月婴儿智力发展的研究显示，孕周、出生时的体重、每天睡眠的质量与婴儿的智力发展水平相关。此外，研究还发现了婴儿智力与出生胎次的关系，头胎婴儿的智力发展好于其他胎次婴儿的智力发展。不过也有研究者指出，头胎婴儿的这种智力优势可能只是表现在第一年中。

维果斯基还指出，语言对智力的发展也具有促进作用。而宝宝语言的发展离不开环境的作用，它是在宝宝与他人的交流中发展起来的。因此，社会互动对智力发展至关重要。

可见，贫民窟的宝宝存在智力发展问题，很大程度上是因为他们没有一个有利于智力发展的环境，物质生活条件的艰辛不能保证他们大脑发育所需要的营养，无法为他们提供接触丰富刺激的机会，不良的社会交流也阻碍着他们智力的发展。

既然环境因素对宝宝的智力发展如此重要，那么，家长如何为宝宝创造一个促进智力发展的环境呢？家长不妨参考以下建议。

- 确保宝宝能获得充足和均衡的营养，保证大脑的正常发育，满足宝宝智力发展的最基本的生理需求。
- 给宝宝提供多样化的玩具及参与多种活动的机会，如参观博物馆、参与职业体验活动等。
- 多和宝宝一起玩游戏，在宝宝需要帮忙时给予指导，也鼓励宝宝和其他宝宝一起玩，增进良好的社会互动。

名言录

给我一打身心健全的婴儿，我可以把他们训练成为其中任何一种人物——医生、律师、艺术家、大商人，甚至乞丐或强盗。

——美国心理学家华生

1岁前的宝宝大脑损伤后语言可恢复，为什么？

洋洋因为有先天性的癫痫，在11个月的时候做了脑部手术，导致大脑额叶出现局部损伤。3岁前，洋洋表现出一定的语言问题，比如，和同龄宝宝相比，他在词汇和语法上都发展得比较迟缓。但是，随着年龄的增长，他和同龄宝宝的差距越来越小，到5岁左右时，他的语言能力已经恢复到了正常的范围，看不出有什么语言问题。那么，这是为什么呢？

洋洋的这种令人惊奇的恢复能力源自大脑的可塑性。洋洋的脑损伤发生在1岁以前，心理学家对脑可塑性的研究发现，在1岁以前出现的脑损伤可能出现可塑性的效果，早期脑损伤引发的语言障碍可能仅是发育上的迟缓而非持久性障碍。所以，洋洋由于早期脑损伤表现出的语言发育迟缓，到5岁时就消失了。

什么是大脑的可塑性呢？大脑可塑性是指大脑对环境的潜在适应能力，即大脑改变其结构和功能的能力。年龄越小，大脑的可塑性越好。宝宝的大脑具有高度的可塑性，他们的神经细胞对环境的影响非常敏感。如果宝宝接触到的刺激丰富，有多样的新体验，其脑内突触连接数目及突触密度就会显著增大；反之，如果剥夺宝宝的早期经验，会导致中枢神经系统发展停滞，甚至出现萎缩现象，严重的会造成永久性伤害。在宝宝 3 岁前，这种可塑性最好，所以外部环境的刺激的丰富性，能够帮助宝宝的大脑发育，为宝宝后续的发育打下基础。

为什么宝宝的大脑具有可塑性呢?

在生命的早期，大脑的体积、重量及复杂性都以一种惊人的速度生长，母亲怀孕的最后 3 个月和婴儿出生后的前 2 年被称作“大脑发育加速期”。在宝宝大脑迅速的生长过程中，会形成大量的神经突触连接，这些突触连接是大脑传递信息的基本通路。处于发育之中的宝宝，其大脑拥有的突触连接比成人更多，相应地可以接收到外部世界的任何感觉和刺激。随着宝宝不断学习新知识，接受外界带来的刺激，大脑神经连接和神经网络逐步形成，这些神经连接使得脑细胞间相互联系，以便完成特定的任务。在宝宝发育过程中，有些突触被不断刺激从而发挥功能，而有些突触没有受到适当的刺激，在接下来的发展中就会慢慢消亡。因此，宝宝的早期经验非常重要，决定了宝宝脑内形成的神经连接的种类和数量。

虽然成人大脑也具有一定的可塑性，但生命早期脑的可塑性与成年后的可塑性存在差异。与成年脑相比，新生脑拥有不计其数的神经元和突触，其中大部分属于没有特定功能的回路，而成年脑的神经元和突触早已存在稳定的系统，只是为了某些目的而简单地重构，就如同建造一栋楼，新生脑还是一片空地，而成年脑已搭建好了脚手架。开篇案例中的洋洋，在产生脑损伤的情况下并未表现出成人在同源区损伤时那样严重的失语或理解障碍，而是基本恢复了语言功能，正是因为洋洋的大脑存在很强的可塑性，发展出了语言的其他组织形式来应对早期的局部脑损伤，如半球内神经网络的重组或两侧半球间同源区的转移，这种惊人的恢复能力使得洋洋的语言能力恢复到了正常范围。

心视界

大脑损伤后的功能恢复

大脑损伤后的功能恢复，体现了大脑的可塑性。但是，大脑的可塑性并不是完美的。大脑损伤后，其功能是否能恢复与损伤的时间、损伤的位置、损伤的范围等有关系。一般地，大脑损伤发生的时间越晚越不容易恢复；与左脑损伤后的语言功能恢复相比，右脑损伤后的空间功能恢复要难些；大脑损伤的范围越大，功能恢复的难度越大。即使对于非常年幼的宝宝，大脑损伤后，某些功能恢复了，大脑的整体功能也不容易达到完全正常的水平。这就是研究者指出的“拥挤效应”，当某一脑区额外接管了受损脑区的功能时，这个脑区的信息加工速度等就变慢了，难以有效地完成复杂的活动。

宝宝的大脑的大小和功能都会受到后天经验的影响与制约，在突触形成的高峰期，对宝宝的大脑进行恰当的刺激是至关重要的。那么，家长该如何利用宝宝大脑的可塑性来让自己的宝宝发展得更好呢？下面就给出一些建议。

- 给宝宝提供一个具有各种各样的丰富刺激的环境。比如，宝宝的房间可以布置得颜色鲜艳、图案丰富一些，给宝宝准备一些有意思的小玩具，唱儿歌给宝宝听等。
- 多和宝宝说话。和宝宝聊天，用愉快且清晰的声音慢慢地对宝宝说话，如“宝—宝—好—漂—亮”，让宝宝接收有趣、丰富的信息。
- 多与宝宝一起做一些小游戏。比如，听声找人的游戏、抓痒的小游戏、模仿、翻书等，通过爬、抬头、翻身、双手传递等训练宝宝的肢体动作。
- 注重宝宝的全面发展。对宝宝的视觉、听觉、嗅觉、味觉等各方面均要给予适当的刺激。

名言录

大脑的力量在于运动而不在于静止。

——英国诗人蒲柏

宝宝总是“怕怕”，为什么？

艾艾2岁半了，最近总是把“怕怕”一词挂在嘴边。她一听到楼上楼下的门响就说“怕怕”，听见自家门响也喊“怕怕”；夜深人静的时候，她说“怕怕”，夜里醒来还喊“怕怕”。有时家人问她怕什么，她也说不清楚。为什么艾艾总是“怕怕”呢？

随着年龄的增长，宝宝的语言逐渐丰富起来，他们能够用越来越多的词语表达自己的情绪和感受。而在这些词语中，“怕怕”有着较高的频次。就像故事中的艾艾一样，很多宝宝听到突然响起的门铃声、突然开门或关门的声音就说“怕怕”；有时宝宝久久地盯着门或窗帘，忽然说起“怕怕”来，一脸受到惊吓的神情。宝宝怎么那么容易害怕呢？

婴幼儿期的宝宝主要是用视、听、触、嗅等多种感觉来认识他们身边的多彩世界的，他们目不暇接地接收新鲜刺激，然而，这些刺激对于“初来乍到”的宝宝并非总是适宜的。比如，突然的噪声、疼痛、身体忽然失去支撑或坠落等刺激都会成为宝宝口中

心视界 害怕与杏仁核

杏仁核是加工害怕的关键区域。害怕时表现出的面部表情、心跳、呼吸、行为抑制等反应都受到杏仁核的控制。研究发现，恐惧的产生有两条神经通路：第一条为高级神经通路，感觉信息先传到丘脑，再经过大脑视觉皮层的精细分析，最后传到杏仁核，产生害怕反应；第二条为低级神经通路，即感觉信息传到丘脑后，不经过大脑视觉皮层的精细加工，就直接传至杏仁核。年幼的宝宝的大脑皮层正在发育中，可能更多地采用第二条低级神经通路，因此害怕反应的产生很迅速。

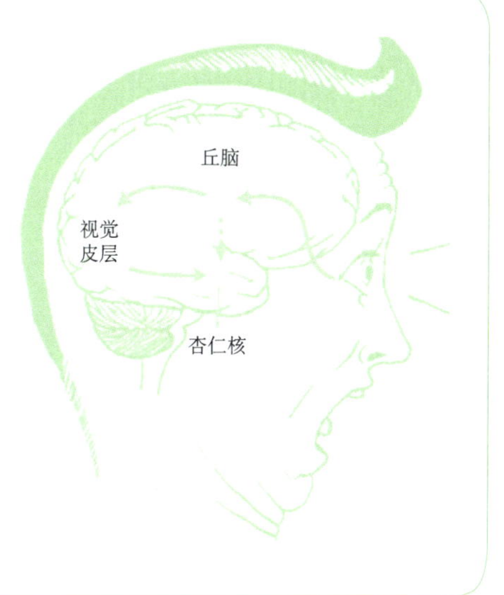

“怕怕”的对象。而害怕其实正是个体面对危险或潜在危险时产生的逃避性反应，是一种具有防御功能的情绪反应。适当的害怕可以保护宝宝避开危险，免受伤害。年幼的宝宝的大脑皮层发育尚不成熟，他们很难准确地判断出刺激物的危险程度，因而在面对那些应接不暇的不适宜刺激时，就会经常性地表现出害怕。

在新生儿期，宝宝的害怕常常来自外界较强的刺激，尤其是较高强度的声音，如敲门声、打雷声、大音量的说话声。随着宝宝长到六七个月，他们开始逐渐害怕陌生人，害怕来到陌生的环境。总之，1 岁以前，宝宝的害怕主要来自周围环境的突然改变。1 岁半左右，与看护者的分离和与陌生人的接触是宝宝害怕的重要对象，如宝宝听到“你再哭，妈妈就不要你了”等类似的话时会很害怕地哭闹。2 岁左右，宝宝开始害怕黑夜和某些动物，如大狗和昆虫。随着宝宝想象力的发展，3 岁左右，宝宝开始害怕水、影子、门背后的空间、怪物等。可以说，宝宝害怕的对象是随着宝宝年龄的增长而变化的，也与宝宝的早期经验和想象力的发展有着千丝万缕的联系。

实际上，害怕也能通过后天学习获得。例如，心理学家华生和雷诺曾做过一个实验研究，他们让一名 11 个月大的小男孩艾尔伯特玩白鼠，起初他一点儿也不怕，后来，实验者在他玩白鼠的时候，就敲打钢棒，发出刺耳的响声。这样进行多次以后，艾尔伯特只要一看到白鼠，即使没有伴随刺耳的响声，也表现出极度的害怕，即形成了条件性害怕；此外，艾尔伯特不仅害怕白鼠，还开始害怕与之类似的物体，如白兔、棉花，甚至连圣诞老人的面具也害怕了。

生活中，家长对宝宝探索世界的过度限制、对危险的过度预期及不恰当的引导示范等都是宝宝“怕怕”的“导火线”。比如，打雷和闪电都是很正常的自然现象，一些家长却借此吓唬宝宝，如果不听话就会有鬼怪出现，导致宝宝极度害怕；医院陌生的环境、陌生人和打针的疼痛本来就会让宝宝害怕，而一些家长在宝宝淘气时用“不听话就去打针”来恐吓宝宝，使宝宝的“怕怕”“雪上加霜”。还有的家长经常大惊小怪，面对害怕的事物时，也总是惊恐万分，反应过大，这无意中都给宝宝树立了害怕的榜样。

虽然害怕具有防御功能，但若宝宝经常性地经历害怕事件，其大脑的正常发育就可能会受到影响。此外，如果宝宝在早期经常体验到的害怕情绪没有得到足够的重视或防范，可能其在日后会成为宝宝形成某种恐惧性神经症的源头，如动物恐惧症、场所恐惧症、密集恐惧症、社交恐惧症等。因此，家长要正视宝宝的“怕怕”，及时帮助宝宝处理害怕的情绪，促进宝宝情绪的健康发展。那么，家长应该怎样做呢？以下的建议可供参考。

- 相信宝宝所表现出的害怕是真的，不要以忽视或完全无所谓的态度对待。
- 鼓励宝宝说出所害怕的事物，耐心倾听，并安抚宝宝。比如，对宝宝说：“妈妈知道你很紧张，妈妈和你在一起。有妈妈在，就会赶走‘怕怕’。”
- 陪伴宝宝共同阅读有关天黑、打雷等的科普读物，帮助宝宝了解日常生活中的自然现象。
- 当宝宝害怕某些动物时，可以告诉宝宝：“没关系，你不伤害它，它不会伤害你的。”平常还可以教宝宝如何轻轻地抚摸小动物等。
- 不要将恐吓当作教育宝宝的“帮手”或“法宝”。比如，在宝宝不听话时不要用警察抓人、鬼怪吃人等话来约束或吓唬宝宝。

名言录

恐惧离我们尚远的时候，我们感觉到它，而当它真正临近了也就不感到那么可怕了。

——法国寓言诗人拉封丹

宝宝总是“暴跳如雷”，为什么？

2岁半的小宝经常发脾气。比如，在游乐场、商场等公共场所，每每要离开或者没有买到心爱的玩具时，小宝就不高兴，有时尖叫、跺脚、挥舞手臂或踢打，有时还在地板上打滚、摔东西，严重时甚至气得背过气去。小宝为何如此“暴跳如雷”呢？

发脾气在学步儿期宝宝的身上很常见，是宝宝强烈地表达消极情绪的一种方式。一般地，宝宝发脾气的过程持续1～5分钟，可分为四个阶段：第一阶段为前症状阶段，是宝宝内部酝酿的过程；第二阶段为对抗阶段，它以一系列混乱的行为为特点，宝宝此时完全被情绪淹没，表现出大叫、踢打、冲撞等；第三阶段为哭泣阶段，宝宝痛哭或者抽泣，在这个阶段，宝宝的脾气开始逐渐消退；第四阶段是发脾气的结束，称为和解阶段，通常宝宝接受父母的某种安慰，如一个拥抱，或者赢得父母的一个保证，如“给你买玩具”等，至此一切恢复平和状态。

心视界

宝宝发脾气的情况调查

国外心理学家的一项调查发现：87%的家长报告说自己的宝宝有发脾气的现象；21.3%的宝宝每天发1次脾气，37.3%的宝宝每周1次，30.7%的宝宝每月1次，只有10.7%的宝宝每年发1次脾气。也有调查发现：生命的第二年是宝宝发脾气的高峰时期；在18～24个月，87%的宝宝会发脾气，在30～36个月，发脾气的宝宝的比例增加到了91%，到了42～48个月，其比例则下降到59%。此外，往往与女孩相比，男孩发脾气的比率要高。研究还指出，宝宝越早表现出发脾气的行为，在后期发脾气的频率越高。

宝宝发脾气是有条件的。第一，在需要得不到满足时，如肚子饿了、活动受限（如被强行放在安全座椅上）、被要求穿衣服、正在玩的玩具被收走了、被强制睡觉、父母答应的承诺无法兑现或者与预期有较大差距时等，宝宝通常会通过发脾气来满足自己的需要。第二，当累了、困了、身体不舒服或生病的时候，宝宝会比较容易发脾气。第三，当宝宝进入一个陌生的地方时，环境的变化可能会让宝宝无所适从进而发脾气。很多宝宝像故事中的小宝一样非常容易在商场等公共场所发脾气，这些脾气其实传递了一些信号。在商场等地方，宝宝经常不能随着自己的性子自由玩乐，容易被父母拒绝买充满诱惑力的东西等，宝宝的需要没有得到满足；公共场所里人多、空气不好，宝宝会觉得不舒服；环境中的各种刺激无法掌控：这些都容易激惹到宝宝。

而之所以在学步儿期，宝宝总是发脾气，是因为学步儿期是个体发展的一个重要过渡期。在此时期，宝宝的自我调节能力尚未发展起来，他们还没有掌握转移注意力等自我调节的策略，只知道发脾气。只有到3岁以后，宝宝才逐渐发展出一些情绪调节的方法。此外，宝宝的语言表达能力十分有限，这限制了宝宝及时、准确地与家长沟通自己的内心感受。而在宝宝的语言能力发展起来之前，发脾气实际上是宝宝使用的一种原始的沟通形式。

如果宝宝发脾气的频率太高，抑或每次持续15分钟或更长的时间，就可视为严重的发脾气行为。这种发脾气行为可能导致不良的发展后果，特别是发脾气行为一直持续下去的话可能引发心理病理问题。此外，发脾气也容易成为宝宝收获良好人际关系的绊脚石。因此，家长要高度重视宝宝的情绪问题，帮助宝宝有效调控情绪，合理宣泄情绪，促进宝宝的身心健康成长。以下给出几点建议。

- 2遍法则：告诉宝宝规则只讲2遍。避免没完没了的唠叨和解释，也不要接受宝宝的讨价还价，以免纠缠不清。
- 5分钟法则：命令发出后，等待5分钟，给宝宝缓冲、思考和顺从的时间。

- 明确告诉宝宝要做什么，如“现在请安静”，而不是不能做什么，如“别吵”，并真诚地表扬宝宝的适宜行为。
- 当宝宝不讲道理地发脾气时，可把宝宝送到他们自己的房间或者另外一个固定的地方，如之前与宝宝约定的“安静毯”上，直到他们缓和下来为止。
- 平常多注意教宝宝用合适的话来表达自己的意愿和情绪，引导宝宝通过语言、游戏、运动等方式发泄不良情绪，保持轻松愉快的心情。

名言录

对孩子的要求，如果没有充分的理由加以拒绝，就应该给予满足；如果有不答应这种要求的理由，那就不允许他耍赖。一旦拒绝，就不要改变。

——德国哲学家康德

宝宝新入园爱哭闹，为什么？

3岁的点点上幼儿园了，但他几乎每次都是哭着去的。每当妈妈要离开幼儿园的时候，点点总是哭着抱着妈妈，不愿松手。进了幼儿园后，点点整天情绪糟糕，极易哭闹。即使不哭不闹，他也一直显得很紧张，不说话，独自呆坐着。

很多宝宝在刚入幼儿园的时候，总出现哭哭啼啼的情况。有的宝宝紧紧抓着家长的手不放，甚至使劲拽着家长往外走；有的宝宝看着家长离去的背影哭着、喊着，说“我要回家”；有的宝宝纵使“乖乖”坐在了座位上，也可能下一秒就放声大哭起来。幼儿园小班里便经常“听取哭声一片”，宝宝那激动的情绪真是久久难以平复。为什么上个幼儿园，宝宝就这般哭闹呢？

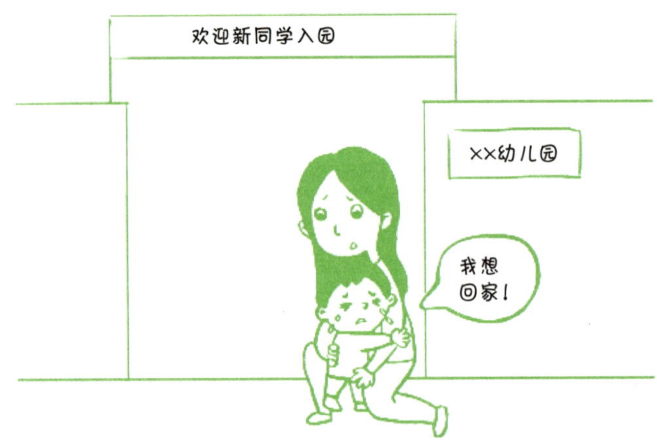

对年幼的宝宝来说，初入幼儿园是他们人生中的第一次大挑战，因为这意味着一次重大的环境改变，宝宝要进入一个陌生的环境，要离开熟悉的家长，接触陌生的同学和老师，这会强烈地激发宝宝的分离焦虑。宝宝的分离焦虑，即宝宝在与父母（或其他重要看护人）分离或面临分离的威胁时表现出的恐惧、紧张、烦躁、焦虑不安等情绪，在行为上表现为大哭、发脾气、不停地纠缠等，宝宝的目的就是回避环境的改变。可见，上述那些表现其实都是宝宝带有一定自我保护功能的正常反应。分离焦虑一般在宝宝6～8个月时开始出现，14～18个月时达到顶峰，这种情况可能会反复或者持续到4岁，特别是宝宝进入幼儿园的阶段，其分离焦虑强度又有所提高，不过其强度和持续时间也因人而异。即使宝宝较大了，每当与妈妈或爸爸分离时，还是会出现一些哭闹行为，这也是正常的。

而家长的过度保护容易加重宝宝的分离焦虑。幼儿园生活需要宝宝有一定的自理能力，但有些家长总是包办宝宝本可以自己做到的事情，如总是喂宝宝吃饭、抱宝宝上厕所、给宝宝刷牙等，这种养育行为会导致宝宝缺乏基本的日常生活自理能力，使得宝宝在幼儿园里容易受到较多的挫折。幼儿园生活还需要宝宝遵守一些基本的规则，但有的家长总是无原则地原谅宝宝的过错行为，或过度满足宝宝的各种需要，使其习惯了为所欲为，这同样会造成宝宝难以适应幼儿园的各种要求，而产生较大的压力。这些挫折和压力将加重宝宝的分离焦虑。

此外，宝宝的分离焦虑可能是家长自身焦虑表现的一个反映。有的家长把宝宝送到了幼儿园，自己恋恋不舍、焦躁不安，甚至眼泪汪汪。情绪是可以相互感染的，家长的一个眼神、一个表情、一个手势，甚至说话的快慢和声音的高低，都是向宝宝传递情绪的信号，并极容易感染宝宝。所以，一个焦虑的家长也在无形之中增加了宝宝的压力，使宝宝更难以被安抚和平静下来。

心视界

分离焦虑症

分离焦虑症是一种常见的、发病年龄最小的焦虑障碍，它与正常的分离焦虑有很大区别，主要表现在行为的严重程度上。有分离焦虑症的宝宝在离开亲密的看护者时，会表现出极端的痛苦，甚至担心自己会被人拐走，仿佛永远见不到亲人一般。这些宝宝即使还没有到分离的时间，当预料到要分离时，也立即会出现过度的反应。有些宝宝甚至会出现呕吐、头疼等一些躯体症状。这种强度过大的焦虑反应持续时间也比较长，并且严重妨碍了宝宝正常的活动。

如果宝宝总是处于分离焦虑的状态，并且焦虑过度，就可能形成分离焦虑症。分离焦虑症是学龄前宝宝最常见的情绪障碍之一，会极大地危害宝宝的身心健康。家长理解分离焦虑并掌握一些应对策略，可以帮助宝宝缓解分离焦虑。以下是一些小建议。

- 帮助宝宝对幼儿园建立积极预期。比如，讲讲幼儿园吸引人的地方，有小朋友一起玩、有活动区、有新奇玩具等。平常不要用“不听话就送你去幼儿园”之类的话或幼儿园的老师来吓唬宝宝。
- 提前练习分离。比如，可以安排妈妈短暂的出差，安排宝宝去奶奶、姥姥家过夜等。
- 形成一个“告别”的仪式。比如，可以是很简单的一个吻、爱心手势或击掌、拉钩等，也可以给宝宝准备一些能够起到安慰作用的物品，如妈妈的手帕、写着“宝贝，我爱你”的小纸条等。
- 在分离的时候，家长不要情绪激动，要保持冷静、面带微笑、语气平静而坚定地和宝宝说再见。
- 耐心倾听宝宝从幼儿园回来后述说的感受等，并安慰宝宝，及时表扬宝宝在幼儿园里的点滴进步。

名言录

我慢慢地、慢慢地了解到，所谓父女母子一场，只不过意味着，你和他的缘分就是今生今世不断地在目送他的背影渐行渐远。

——作家龙应台

宝宝闯祸后会"百爪挠心"，为什么？

2 岁半的虎妞最近有点小情绪。每每不小心打碎了小碗、洒了牛奶、弄坏了玩具，或者闯了其他的祸，她就立刻局促不安起来，脸憋得通红，一会儿就撇着嘴哭了，满脸痛苦、难受的表情。明明爸爸妈妈还没有批评她，虎妞怎么就哭起来了呢？

很多 2 岁之后的宝宝在自己闯了祸后，就像虎妞一样非常难受。他们知道做错了事，或深深低着脑袋，或用手捂住自己的脸，或伤心地哭起来。有的宝宝在犯错之后紧张不安地试图挽救，如赶忙去抓地上的水，想把洒了的水抓回盆里；有的宝宝神情悲伤地向大人道歉、承认错误，说着说着可能就眼泪汪汪了。很多时候，大人还没做出什么，他们就已经那样"百爪挠心"似的了。这是为什么呢？

其实，这是宝宝在内疚呢！当宝宝觉察到自己的行为给他人带来了不便或伤害等时，宝宝可能就会产生内疚这种痛苦反应。不像高兴、恐惧、悲伤和愤怒这些在生命最初几个月就明显表现出来的基本情绪，内疚情绪出现得相对较晚，宝宝最早能够初步表现出内疚的年龄大概是 22 个月。随着年龄的增长，宝宝对内疚的理解和表达会不断丰富。

正如前面所述的，年幼的宝宝可能只知道低头难受，而稍大一点的宝宝还会出现主动坦白等行为。

宝宝内疚情绪的出现依赖于两个重要的认知能力的发展。首先，规则意识的形成是产生内疚情绪的基础。随着年龄的增长，宝宝逐步了解规则和标准的意义，进而遵守规则。例如，宝宝会学习到有关安全、尊重他人、遵守家庭惯例等的规则。有了规则意识，宝宝才知道要根据规则来判断什么行为是对的，什么行为是错的。也就是说，在宝宝的脑海里，开始有了“错误行为”的概念。其次，自我意识能力的发展是产生内疚情绪的前提。内疚是一种负性的、复杂的自我意识情绪。自我意识的发展是宝宝产生内疚的必要条件，而宝宝自我意识的真正获得是在 2 岁左右。只有有了自我意识，宝宝才会形成“我”这个概念，进而在此基础上开始进行自我评价，如评价自己的日常行为表现。同时，得益于上述规则意识的发展，2 岁左右的宝宝开始能根据某些规则评价“我”的行为的“对错”。这样宝宝才知道“我”在某些情境下做出了违反规则的“错误行为”，意识到“我错了”，继而才可能体验到内疚，表现出“百爪挠心”之态。

除了犯错后痛苦的情绪体验，内疚常常还会使内疚者做出某种补偿行为，即采取某种方式弥补被伤害者等。比如，宝宝犯错后，在接下来的一段时间内会表现得特别乖巧和顺从。因此，内疚有助于宝宝遵守行为规范等。然而，宝宝并不是体验到越多的内疚就越好，因为长期的内疚体验容易导致宝宝适应不良，出现焦虑、抑郁等问题。由此，父母只有恰当地对待宝宝的内疚，才可以帮助宝宝进行适应性的自我调节，不断激发宝宝的亲社会行为和道德行为。以下的建议可供参考。

心视界

宝宝内疚的表现

宝宝的喜、怒、哀、惧等基本情绪可以直接“写”在他们的脸上，但内疚作为一种复杂的自我意识情绪却不能。那么，当宝宝内疚时，他们会有哪些表现呢？有研究者通过对家长和老师进行访谈，以及观察 2 ～ 3 岁宝宝在犯错后的行为表现，得出了宝宝内疚的四大指标。这四大指标分别是：①目光回避，内疚的宝宝不敢与对方有直接的眼神交流，他们常常低着头，可能也会偷瞄对方；②消极的情绪状态，内疚的宝宝情绪低落，常表现出局促不安；③身体紧张，内疚的宝宝身体僵硬，有的会紧张地咬手指等；④弥补行为，内疚的宝宝会承认错误、道歉或想办法弥补自己的过失等。

● 避免直接的批评和毫无根据的指责，避免生硬地要求宝宝负责任。比如，不要说“都是因为你，如果不是你，我早就……”之类的话。

● 避免对宝宝的小错表现出极大的失望，倾听和理解宝宝做出错误行为的原因。

● 给予宝宝肢体上的关爱。比如，拥抱或者亲亲宝宝，说“妈妈知道你不是故意的，下次小心地慢慢做就好了啊”等。

● 鼓励宝宝用行动弥补自己的过失，如帮忙收拾撒到地上的东西等；还可鼓励宝宝勇敢地向他人道歉，说“对不起”等。

名言录

我们要像对待荷叶上的露珠一样小心翼翼地保护儿童的心灵。

——苏联教育家苏霍姆林斯基

宝宝犯错后“执迷不悟”，为什么？

3岁的蕾蕾又和小朋友吵架了。每每发生冲突，动手打了小朋友时，蕾蕾先是死活不承认自己打人了，然后又开始赖其他小朋友，非说是小朋友先抢了她的玩具或说是小朋友先打的人，最后扭头就跑。总之，蕾蕾就是不肯承认错误，更不愿意向小朋友道歉。

犯了错却坚决不肯承认错误的现象在两三岁之后的宝宝身上很常见。有的像蕾蕾一样不由分说地推脱或给自己找各种借口。比如，把别人推倒了，随口就说别人是自己摔倒的；打碎了花瓶，想都不想就说是猫咪打碎的。有的宝宝不说话，不搭理人，或家长问什么就摇头，家长多说两句，很可能开始哭闹不休。在这些时候，他们往往也红着脸，或目光回避，急着想逃离“犯错现场”。但不管怎样，他们就是“死不认账”，给人“执迷不悟”之感。这是为什么呢?

这其实是宝宝的羞耻感在“作怪”。宝宝在两三岁就开始能够体验到羞耻的情绪了。随着年龄增长，宝宝在感到羞耻时外在表情、动作会减少，内心体验会增强。虽然宝宝的羞耻感和内疚一样，是宝宝在犯错情境下体验到的一种消极的、复杂的自我意识情绪，但羞耻感是与无能感和自卑感有关的。这是因为，不同于内疚情绪的产生，宝宝羞耻感的产生不仅依赖于规则意识和自我意识能力的发展，还依赖于归因能力的发展。

心视界

表扬不当也会引发羞耻？

批评会引发孩子的羞耻感，但常常被忽视的一点是，不合适的表扬也会使孩子感到羞耻。心理学家曾做过一个实验，将小学生分为三组，让他们进行某种比赛，在比赛过程中，对第一组进行针对个人品质的表扬（“你真聪明”），对第二组进行针对行为的表扬（“你刚才做得真棒”），对第三组不进行表扬。结果表明，当输掉比赛时，个人品质受到表扬的那组孩子的羞耻感最强烈，这可能是因为失败让这些孩子感觉到“我并不聪明”，而其他孩子只是感觉“我刚才没有做好”。由此可见，不合适的表扬反而会弄巧成拙，引发孩子产生本不该有的羞耻感。这给家长的启示是，无论是表扬宝宝还是批评宝宝，都要注意针对宝宝的具体行为，而不要针对宝宝的个人品质。

规则意识的发展使得宝宝能评判是非，自我意识的发展使得宝宝能对“我”的行为进行评价，这两个因素的出现会让宝宝在犯错后能意识到自己的错误。但这时候宝宝可能只是感到内疚，若要体验到羞耻，宝宝必须进一步做出消极的、指向自我价值的归因，即不仅觉得自己的行为做得不对，还认为那是因为自己无能或人格有问题，怀疑自己的个人价值。也就是说，若在宝宝有归因的能力时，仍“就事论事”，不把行为的后果与自己的能力、人格等联系在一起，他们也可能只是感到内疚而已。通常，那些生来有缺陷、经常被否定或经常感到自己不受欢迎的宝宝更倾向于采取消极的、指向自我价值的归因方式，因而更容易感到羞耻。当宝宝体验到自己的无价值感时，为了回避这种痛苦的感觉，就可能采取隐瞒的应对方式，否认自己的错误，找理由为自己开脱，从而让自己心里好受些。所以，像蕾蕾那样“执迷不悟”的宝宝可能并非真的执迷不悟，他们已经意识到了自己的错误，只是在“奋力躲避”无能等消极归因导致的自我指责。

羞耻感与宝宝的心理健康有直接的关系。一方面，同内疚一样，适度的羞耻感也能促使宝宝做出符合社会规范和父母期待的行为，有利于宝宝社会化的发展。另一方面，在羞耻体验中宝宝也可能一味选择逃避和退缩，如果过度使用这些策略，一遇到困难或问题就否认、回避，这样就会导致宝宝成长中的适应不良；羞耻感涉及对自我的消极评价，容易使宝宝自卑。所以，在宝宝产生了一定的羞耻感后，家长应引导宝宝从羞耻感中解脱出来，不要让宝宝一直沉浸在痛苦之中。

如何让宝宝从羞耻感中受益，而不是为羞耻感所伤呢？以下是几点建议。

- 引导而不是强迫宝宝承认错误。比如，对宝宝说：“妈妈知道你已经知错了，是不是不好意思告诉我？你可以点点头，或者握握手表示。”

● 如果宝宝不愿意当时承认错误，在事后可以帮助宝宝一起回忆错误行为，告诉宝宝父母期望他下次怎么做。

● 用温和的语言启发宝宝的羞耻感，如“这样做是羞羞的”“这种行为是不受欢迎的”，而不要用“你怎么不知道羞啊！”“丢死人了！”之类的话斥责宝宝。

● 让宝宝知道是“我的行为不好”，而不是“我不好”。比如，对宝宝说：“你一向是个懂事的孩子，今天是你的做法不对。”

● 平常不要总是拒绝宝宝，尤其不要否定宝宝的价值。比如，不要对宝宝说“你真笨！”“你一点用都没有！”之类的话，要让宝宝感到自己是被爱的，是受人欢迎的。

名言录

人有耻，则能有所不为。

——宋朝理学家、思想家朱熹

宝宝也会“察言观色”，为什么？

2 岁多的炯炯会“察言观色”了。每每想吃糖的时候，他就会看妈妈：如果妈妈没有生气，他就大饱口福，尽情往嘴里塞；如果妈妈眉头紧锁，脸色阴沉，他就不提吃糖的事。如果妈妈伤心了，炯炯会表现得特别乖，不哭也不闹。这么小的宝宝就能根据大人的面部表情调整自己的行为，这是为什么呢？

面部表情是人类的一种非言语信号，是内在情绪状态的外在表现。人类有六种基本情绪，它们分别是高兴、愤怒、悲伤、恐惧、惊讶和厌恶。每一种情绪都有相对应的面部表情。根据面部表情，人们可以推测出他人的情绪状态。其实，2 岁左右的宝宝就已经较好地发展出这种面部表情识别的能力了。他们能够读懂他人的面部表情，知道他人是喜是悲，可以像故事中的炯炯那样“察言观色”。

作为情绪理解能力的重要组成部分，宝宝面部表情识别能力的发展经历了一个过程。在生命之初，3 个月的宝宝能够分辨一系列静态的面部表情，如快乐、生气、悲伤、害怕和惊讶等；6 个月的宝宝能注意到母亲动态的面部表情；到 7 个月时，宝宝就可以分辨母亲的面部表情，并能够将高兴等积极情绪的表情归类到一起；到 8 个月左右，宝宝开始有能力分辨恐惧、愤怒等消极情绪的表情；到 1 岁时，宝宝就可以表现出对几种基本面部表情的理解；2 岁左右的宝宝已能较准确地识别他人的面部表情了。

人类进化论的鼻祖达尔文曾在《人类和动物的表情》一书中指出：人的情绪和表情是天生的、普遍的，人们能够识别来自不同文化、种族的人的情绪和表情。也就是说，宝宝的表情识别能力是与生俱来的。此外，宝宝最初是通过自身的情绪体验从而理解他人的面部表情的。但是，喜、怒、哀、惧等不同的面部表情与大脑的不同区域相关，而各个脑区的发育在婴幼儿期并不平衡，这会导致宝宝对不同类型表情的识别和理解的时间不同。一般地，大脑右半球调整与生俱来的简单情绪，而左半球调整社会性的习得的刺激情绪。

宝宝也在与他人的接触经验中逐渐提高面部表情识别的准确性。因此，社会交往经验的质量会影响宝宝的面部表情识别能力。比如，安全型亲子依恋的宝宝有可能与父母一起体验和讨论各种情绪，这有助于宝宝在不断体验各种情绪的过程中加强对面部表情的识别能力。而宝宝早期受忽视或虐待的经历会阻碍宝宝面部表情识别能力的发展。受忽视的宝宝与看护人之间的互动较少，宝宝很少有机会观察和整合面部表情，因而可能存在一定的面部表情识别缺陷。研究发现，身体受虐的宝宝可能只对愤怒这种具有威胁性的表情刺激最为敏感，对其他情绪线索的识别能力较低。

心视界

婴儿更偏好快乐表情

在心理学研究中有一个“静止面孔”的范式，它主要用来考察婴儿情绪交流的特点。在这个实验程序里，成人保持特定的面部表情不动，不做其他任何行为，尤其不对婴儿的信号做出回应。实验者观察婴儿对成人不同的面部表情会做出什么反应。研究发现，当成人对婴儿摆出微笑的表情而不是一个中立或者消极的表情时，2 个月的婴儿会保持微笑和凝视。由此可见，婴儿比较偏好快乐的表情。最新的研究也表明，宝宝最先能够较好识别的情绪是高兴，其次是愤怒和悲伤，最后是恐惧、惊奇和厌恶。

准确地识别他人的面部表情是人际交往中不可或缺的能力，它对形成良好的人际关系、适应社会具有非常重要的意义。面部表情识别障碍将严重影响宝宝的人际交往和社会互动，它也可能是宝宝患有孤独症谱系障碍的一个表现。

因此，家长应该及时掌握宝宝表情识别能力的发展轨迹，帮助宝宝学会“察言观色”。以下几条建议可供参考。

- 与宝宝建立亲密的亲子关系，避免忽视和虐待。
- 日常练习，如给宝宝呈现带有表情的绘本图片，引导宝宝对高兴、伤心、生气和害怕等面部表情进行判断。
- 多在宝宝面前表达自己的情绪，同时需要注意用准确的词汇来表达，并指出产生情绪的原因，比如说：“我感觉到很生气，因为宝宝今天没有听妈妈的话，打了其他的小朋友。”
- 鼓励宝宝参加集体活动，让宝宝在集体活动中感受和识别他人的表情及相关的情绪线索。

名言录

观察对于儿童之必不可少，正如阳光、空气、水分对于植物之必不可少一样。在这里，观察是智慧的最重要的能源。

——苏联教育家苏霍姆林斯基

宝宝会“感他人之所感”，为什么？

2 岁半的明明虽然活泼好动，可并非一个“神经大条”的孩子，他对他人的感受非常敏感。昨天，妈妈和他一起看绘本故事，其中有一页图片是，柳树爷爷被一个年轻人撕下了树皮。明明看着看着就要哭出来了，还伤心地说：“柳树爷爷真可怜，它一定很疼，很伤心。”

2 岁半的明明似乎很心软，听到悲伤的故事，他的情绪便会受到感染，甚至伤心流泪。生活中，很多宝宝也像明明一样，会“感他人之所感”。比如，在看到别人哭泣的时候，他们有时会不自觉地跟着一起哭；稍大些的宝宝在看到母亲悲伤时，也顿时神情悲伤起来，还会主动去拍拍母亲的背或抱抱母亲等。宝宝这种“感别人所感”的现象在心理学上叫作共情。

共情源于个体对他人情感状态的理解，是对他人当时体验到的或将会体验到的感受产生了相似的情绪情感反应。它是一种情绪能力。新生儿在听到其他宝宝的哭声时会不由自主地哭起来，这种情绪感染是共情的最初形式，也称作“原始共情”，它是宝宝在受到他人情绪影响时，产生的类似反射性的行为。1 岁左右的宝宝在观察到他人情绪苦闷的信号时，他们的情绪也会被感染，会感到不愉快。此外，因为他们还不能区分他人和自己的情绪体验，所以他们还会表现出一些自我安慰的行为。比如，当宝宝目睹同伴因摔倒受伤而哭泣时，宝宝可能把自己的手指放在嘴中或把头埋在妈妈的怀里，而这些行为都是宝宝自己受伤后会做的。到 2 ～ 3 岁时，宝宝能够区分自己和他人的情绪状态，也能够更好地控制自己的情绪体验了，这时候宝宝会逐渐将注意力转向他人而不是自己。比如，他们可能会去抱抱受伤的同伴或把自己的玩具给哭泣的同伴玩等。随着认知能力的发展，宝宝的共情反应会越来越恰当。

来自神经生理学的证据表明，共情可能是一种从哺乳动物的亲代养育行为进化而来的古老能力。除了生物因素外，文化、家庭养育环境等也会影响宝宝共情能力的发展。比如，有研究发现，东方儿童可能会比西方儿童表现出更多的对悲伤的共情。大卫・豪提出，共情依赖于经验，它是关于一个人所感受过的、所听过的和所接受过的经验。宝宝先通过被父母所认识和理解，才能去认识和理解自己，进而去理解他人。科恩也提出，早期被忽视、被虐待和依恋困难的经历是宝宝缺乏共情的重要原因。科恩称安全依恋是父母给孩子的“黄金内部容器”，它使得宝宝能够弹性地发展，更好地发展出对他人的共情能力。

共情可以帮助宝宝更好地理解和预测他人的情绪和行为，促进宝宝发展出更多的亲社会行为，如安慰、帮助、分享等。因此，共情在人际交往中扮演着非常重要的角色。不过，宝宝不恰当的共情很可能演化为宝宝的个人痛苦。父母可以对宝宝的共情能力进

心视界

共情的神经机制

对于年幼的宝宝来说，共情是自动产生的、无意识的加工。当宝宝观察他人的情感表现时，共情的相关脑区就自动被激活，进而产生共情反应。其神经网络主要包括前脑岛、前扣带回及镜像神经系统。其中，镜像神经系统位于大脑的额下回的背部区域和顶下小叶的头部区域，在共情中有着非常重要的作用。研究发现，宝宝之前的经验对镜像神经系统的激活有着很大影响，只有宝宝在之前被抚养的经历中体验过相似的动作或至少有过相似的目标，那么之后他人的动作和情绪才能自动激活宝宝的镜像神经系统。

行恰当的保护和引导，促进宝宝发展出更成熟的共情。以下是几点建议。

- 努力去认识并理解宝宝的各种情绪情感，让宝宝感受到被理解、被共情。宝宝只有被深深地理解过、共情过，他在未来才能更好地去理解他人，对他人产生共情。
- 通过阅读绘本或进行角色扮演游戏等，引导宝宝换位思考，理解他人的处境，体验各种不同的情感。
- 当宝宝单纯因为情绪感染而哭时，体贴地安慰宝宝，而不要笑话宝宝，并给宝宝讲他人哭泣的原因，帮助宝宝区分他人与自己的情绪。
- 当宝宝感受到他人的悲伤时，引导宝宝去抚慰他人的悲伤。比如，看到摔倒哭泣的小朋友，告诉宝宝小朋友需要何种帮助，并鼓励宝宝主动上前帮助小朋友，用言语安慰小朋友等。

名言录

通过同情去理解并且经受别人的痛苦，自己也会内心丰富。

——奥地利作家茨威格

宝宝常常说“瞎话”，为什么？

3岁的跑跑最近常常说“瞎话”。从幼儿园回家后，他总给妈妈讲一些幼儿园里发生的“稀奇古怪”的事。有一天，他告诉妈妈，喜羊羊到幼儿园和小朋友一起玩了。询问细节后，妈妈发现跑跑在“现编”。还有一天，他跟妈妈说，一个坏人到幼儿园来抓小朋友，被自己打跑了，而其实那天幼儿园的生活很平静，并没有什么突发事件。

在幼儿期，宝宝像故事中的跑跑那样说“瞎话”的现象十分常见。他们总是“无中生有”。比如，宝宝可能会对小伙伴们说：“我见到外星人了！”“怪兽咬了我一口！”他们甚至还能绘声绘色地描述事情的经过。除了这般不着边际，宝宝也常常颠倒事实。比如，明明只是妈妈和宝宝去动物园了，宝宝却兴高采烈地说：“我和爸爸妈妈一起出去玩了！”宝宝为什么说瞎话呢？他们是在撒谎吗？

事实上，如果仅仅把谎言理解为与事实不相符的话，那么上述说瞎话的宝宝是在说谎，但是，他们说的这种谎言是一种“无意谎言”，之所以称为“无意谎言”，是因为他们并不是有意识地说这样的话去骗人。一方面，学龄前期的宝宝的想象力发展得十分迅速。比如，在看了关于外星人的动画片

心视界

宝宝也会被想象吓到

宝宝有丰富的想象力，而当他们想象的内容越深刻时，他们可能就越会觉得想象的东西会实现。所以，宝宝在听到恐怖的故事、看到恐怖的电视节目后，常常害怕故事或电视中的场景会在现实生活中发生。即使有时宝宝知道想象的东西是假的，他们也会被自己的想象吓到。比如，有研究者给 4～6 岁的宝宝呈现两个空盒子，请宝宝想象其中一个盒子里面有一个妖怪，想象另外一个盒子里面有一只小狗。结果发现，很多宝宝愿意把手伸进想象有小狗的空盒子，却不敢把手伸进想象有妖怪的空盒子。

或故事后，他们可能会天马行空地幻想其中的人物或情节，想象自己与人物们发生的事，但是他们难以划清想象与现实之间的界线，因而之后会把这种想象和现实混淆在一起，不着边际地对别人说“我见到外星人了！”等。另一方面，宝宝的记忆能力还未发展成熟，他们的记忆不够精确，因而他们倾向于用想象来填补或勾勒自己的记忆，之后把自己的想象当作事实，说出颠倒事实的话。

而不着边际也好，颠倒事实也罢，在很多时候，宝宝说这种无意谎言是他们无意地通过想象来表达和满足自己内心的渴望的一种方式。比如，宝宝说“我把坏蛋打跑了！”，一方面是宝宝的想象，另一方面可能反映了宝宝对勇敢的渴望；而当宝宝很想得到某个玩具或到某个地方去玩时，他们也可能会不自觉地向同伴说自己已经有了这个玩具或生动地描绘自己出去玩的快乐情境。

可见，宝宝说这种瞎话、谎话并不是为了欺骗他人，而是源于认知能力的发展和局限，是他们发展过程中的一种正常现象。正是由于他们难以区分想象和现实，所以他们在说那样的瞎话时还自以为“若有其事”。随着他们的认知能力的发展，特别是记忆力的增强，宝宝的无意谎言会逐渐减少直至自然消失。不过，经常说无意谎言也可能不利于宝宝的社会交往，毕竟“无中生有”并不是一种适宜的表达方式。为了既不抹杀宝宝丰富的想象力，又帮助宝宝更快地告别无意谎言，家长可以参考以下几点建议。

- 当宝宝说无意谎言时，不必担心，更不要责备宝宝，不要给宝宝贴上“说谎”“骗子”等标签。
- 当宝宝单纯发挥自己的想象而“不着边际”地说话时，可耐心倾听，并询问细节，任凭宝宝想象。
- 当宝宝因记忆模糊而颠倒事实时，可亲切地用事实证据告诉宝宝他记错了。

- 平常可多借助生活中的小事训练宝宝的记忆准确性。比如，多问宝宝诸如“今天我们去奶奶家做什么了”“今天我们在动物园看到的小鸟是什么颜色的”一类的问题，并和宝宝一起得出正确答案。
- 敏感地觉察到宝宝通过无意谎言传达出的需求，及时和宝宝交流彼此的内心感受。

名言录

人的幻想是没有止境的，儿童的幻想更是无边无际。

——苏联作家高尔基

宝宝常常骗大人，为什么？

5岁的跳跳最近总是要求妈妈买玩具，且每次不是直接说自己想要这个玩具，而是说老师要求小朋友带这个玩具到幼儿园去或者幼儿园的小朋友都有这个玩具。但其实跳跳是在说谎，幼儿园的老师并没有提出那样的要求，其他小朋友也并不是都有跳跳想要的玩具。

跳跳想要妈妈给自己买玩具，就有意地对妈妈说谎。之所以说跳跳“有意”，是因为跳跳知道自己说的不是事实，他的目的就是欺骗妈妈。这种“有意说谎”的现象在4岁以上宝宝的身上很常见。比如，有些宝宝明明是自己打翻了水杯，却说是风刮倒的；明明是自己想吃糖，他们却说是客人想吃糖；等等。宝宝不仅会自行突发奇想地编出谎话来，还很容易接受别人经意或不经意的提示说谎。比如，宝宝不想起床，妈妈随口问了句是不是不舒服，宝宝可能就立即顺着妈妈的话，骗妈妈说自己肚子疼等。那么，宝宝为什么常常骗大人呢?

宝宝有意识地说谎，很少是为了伤害他人，更多的是源于以下几种动机。

第一，自我保护。比较常见的是宝宝在做错事后，为了逃避家长或老师的批评或惩罚而说谎。说谎的主要形式是否认自己做的事情或为自己做的错事找理由。比如，宝宝说“书不是我撕破的”“今天不用上幼儿园，因为老师病了”“我快渴死了，所以才喝了桌上的果汁”等。说这些话的宝宝认为，如果自己说实话，就会受到家长或老师的惩罚，而说谎可以有效地避免给自己带来不愉快的后果。

第二，满足自己的愿望。故事中的跳跳就是出于这种动机而说谎。宝宝常常有一些想要得到的东西，如某个玩具，但他们觉得如果直接要，大人不会轻易满足自己的愿望，于是他们就对家长说“老师要求每人都要有”“小朋友们都有了”之类的谎言来使自己的要求显得合理一些。而有的时候，宝宝并不是为了物质要求说谎。比如，他们会通过骗家长说自己不舒服、自己很害怕，或者自己在幼儿园表现得特别好等来获得家长的陪伴或关注。

第三，取悦或避免伤害他人。区别于上述两种从自身利益出发的动机，第三种动机是从他人利益出发的，因而具有一定的亲社会色彩。这样的谎言即俗称的“善意的谎言”。比如，在面对“喜欢爸爸还是喜欢妈妈”这样的问题时，宝宝可能为了让妈妈更高兴，就在妈妈面前说“喜欢妈妈”，为了让爸爸更高兴，就在爸爸面前说“喜欢爸爸”等。

从上面的分析不难看出，宝宝之所以能够说“有意谎言”，是因为宝宝能够理解他人的行为或心理状态，如知道自己说实话或说谎话后大人分别会有什么样的反应，认为大人会相信自己所说的话等。一般地，宝宝理解他人心理状态的能力在 4 岁时已得到较好的发展，因此，“有意谎言”也多见于 4 岁以上的宝宝身上，而随着认知能力的进一步发展，宝宝的谎言也会变得更加丰富和“逼真”。

心视界

说谎的宝宝比较聪明？

有人说，说谎的宝宝比较聪明，真的是这样吗？

一方面，宝宝的说谎行为有多种类型、多种原因，因而很难笼统地对“说谎”与“聪明”的关系做出判断；另一方面，的确有研究表明，宝宝说谎的策略与其某方面的认知能力密切相关。比如，与 3 岁宝宝相比，4 岁宝宝在说谎时更有策略，且宝宝谎言的“高级”程度与宝宝推测他人内心状态的能力有着密切关系。这是因为如果宝宝想提高谎言的可信度，他们在说谎时就需要考虑到听者已经知道的东西及对各种谎言的接受程度等，进而策略性地调整自己说谎时的语言、动作或表情等行为表现。

而宝宝之所以常常选择用谎言来实现自己的上述动机，很可能与家长或老师的行为和态度有关。比如，家长或老师太过严厉，使得宝宝非常害怕受到责罚，权衡之下选择说谎；又如，宝宝可能看到大人经常说谎，于是就模仿这种行为。

宝宝的“有意谎言”是一种真正意义上的、以欺骗为目的的谎言。不过，虽然是欺骗，但它有时也具有亲社会性，并在一定程度上反映了宝宝认知能力的发展。当然，若宝宝在任何情况下都说谎，养成了说谎的习惯，这势必会阻碍宝宝对社会生活的适应。因此，为了避免宝宝过多依赖说谎来达到自己的目的，家长可以注意以下几点。

- 不给宝宝说谎的暗示或诱导。比如，明明知道宝宝是因为懒惰而不想起床时，不要问宝宝是不是不舒服等，以免让宝宝找到说谎的借口。
- 平常不要对宝宝过于严格。当宝宝因为避免惩罚等而说谎时，告诉宝宝允许宝宝犯错，但勇于承认和改正错误才是值得肯定的行为。
- 及时满足宝宝内心合理的渴望和需要。当宝宝为了满足自己的愿望而说谎时，先表示自己理解宝宝的愿望，并指出宝宝是在说谎，希望宝宝以后用更真诚的方法直接地表达内心的愿望，然后满足宝宝的合理愿望。
- 以身作则，不给宝宝树立随意说谎的榜样。当家长是为了避免伤害他人而说谎时，告诉宝宝自己这么做的想法，允许宝宝模仿这种“善意的欺骗”。

名言录

我要求别人诚实，我自己就得诚实。

——俄国作家陀思妥耶夫斯基

宝宝心中“有鬼”，为什么？

4岁的东东最近突然不肯自己睡觉。每晚入睡时，他都要妈妈陪在身边，并且不让关灯。有时夜里醒来，他也会因为周围的黑暗而怕得哭起来。东东说，他怕“鬼”会来吃了他，因为电视剧里的“鬼”就是在什么也看不见的夜里跑出来的。

怕“鬼”在3～5岁的宝宝身上是十分常见的现象。很多这个年纪的宝宝会害怕动画片里的妖怪、电影里的怪兽或者阴暗的角落和壁橱，而且一些宝宝的这种恐惧相当强烈，常常会因为害怕而不能安心地玩，或者不敢独自睡觉。有些宝宝的这种恐惧持续的时间不长，一两周后就会消失。但也有一些宝宝会在相对长的时间里处于比较强烈的不安中，影响了正常的生活。

宝宝的这种恐惧感，即心中的“鬼”，是想出来的，不是真实的存在。心理学上将这种想出来的“鬼”称为想象性恐惧。想象性恐惧是指孩子害怕一些自己想象出来的东西。这种恐惧在不同宝宝身上的表现是有差别的。有些宝宝的恐惧有明确的指向性，如害怕某个特定的魔鬼或怪兽。有些宝宝的恐惧没有明确的指向性，并不是害怕某个形象，而是表现为怕黑、怕壁橱等。如果问他们怕什么，他们常常说不清楚。那么，为什么宝宝会心中“有鬼”呢?

儿童心理学研究发现，宝宝心中“有鬼”这个现象与想象性恐惧、儿童丰富的想象力及较弱的“想象—现实”分辨能力有关。幼儿期的宝宝认知能力和生活经验都比较缺乏，其前额叶皮层的发育也不够成熟，因此难以在想象的事情和现实世界之间划分出清晰的界线。所以，他们在听童话故事或看动画片时，并不能理解里面的人物和情节是虚构的、在现实世界中不可能存在。这样，当他们接触了有鬼怪内容的动画片或故事之后，就会认为那些吓人的情节会发生在自己的生活中，从而产生恐惧情绪。特别是，有些节目或故事中对于恐怖情节的渲染鲜明、生动，具有很强的感染力，给宝宝留下了深刻的印象，使他们的恐惧感更肆无忌惮地游走出来吓唬宝宝。此外，宝宝的恐惧感也受他们观察到的周围成人的表现的影响。有些时候，宝宝看到电视节目中出现的妖怪，并没有理解它的可怕之处，但他们看到电视中的其他人很怕它，自己周围的亲人也表现出害怕的样子，就会对它产生恐惧。比如，有些爷爷奶奶喜欢用妖怪、鬼神来吓唬宝宝，将其作为一种教育手段，这就更容易使宝宝产生恐惧情绪，进而导致恐惧感。

想象性恐惧是宝宝发展过程中十分常见的现象，持续时间较短的、程度并不严重的心中“有鬼”“怕鬼”“怕妖怪”并不需要特别的关注，但如果这种情况持续的时间比较长，可能会影响宝宝的安全感的形成，也会形成较强的恐惧情绪。所以，建议家长在日常生活中注意以下几点。

心视界

孩子在怕什么?

2000 年，荷兰心理学家针对 4 ～ 12 岁的孩子进行了一项“恐惧调查”。结果发现，75.8% 的孩子说他们会感到害怕，21.6% 的孩子害怕动物，12.6% 的孩子害怕想象的生物（妖魔鬼怪）。对于 4 ～ 6 岁和 7 ～ 9 岁的孩子，他们最害怕的是动物，其次是想象的生物，他们的噩梦中最常出现的是想象的生物；对于 10 ～ 12 岁的孩子，他们也最害怕动物，但已经不那样害怕想象的生物了，他们的噩梦中最常出现的是被绑架，其次是想象的生物。研究也发现，孩子的害怕多源于接收了一些负性信息，如在电视上看到了令人害怕的场景。

- 在宝宝害怕时，提供温暖的抚慰，把他们抱起来，轻轻拍抚，告诉他们“爸爸妈妈在这里，不用怕”。
- 如果宝宝因为这种恐惧而不敢睡觉，可以陪他们睡一段时间。一般的想象性恐惧会在一个月内自行消退。
- 对于年龄较小的宝宝，可以利用其想象力丰富的特点，告诉他“鬼怪不是已经被赶跑了吗？他们不会再来吓唬你了”。
- 对于年龄较大的宝宝，可以给他们讲讲虚构故事与现实生活的区别，帮助他们理解鬼怪故事中的人物和情节都是想出来的，都是虚构的，不会发生在现实生活中。
- 尽量避免让宝宝接触内容过于刺激、具有威胁性的鬼怪故事。在日常生活中不要用与鬼怪有关的话语来恐吓与威胁宝宝。

名言录

在所有人当中，儿童的想象力最丰富。

——英国历史学家麦考莱

宝宝“为所欲为”，为什么？

小威3岁了，父母好像有些“管不住”他。在家里，小威玩得兴奋时就大喊大叫，让他小点声，他维持不了几秒又大叫起来；就连走路的时候也是连蹦带跳的，还总是使劲地跺着地板，发出“咚咚咚”的声音，让他轻点走，往往这一刻他改正了，说着“哦，对不起”，而下一刻他又开始“咚咚咚”地走路了。

一般来说，宝宝尤其是3岁以下的宝宝都或多或少管不住自己，显得“为所欲为”。比如，他们很难控制自己的音量，总是很大声地说话，而不会说“悄悄话”。他们很难控制自己的动作，总像脱缰的野马一般“横冲直撞”“手舞足蹈”，而不会做慢动作或静止不动，也常常下手不知轻重地当起了“破坏大王”。除了不能很好地控制自己的行为，宝宝也很难控制自己的情绪，常常有一点不合心意，就大发雷霆，哭闹不止。宝宝为何如此冲动呢？

宝宝容易冲动，是因为他们的自我控制能力还不成熟。自我控制是指个体为了某个目标，在无外界监督的情况下，抑制冲动、抵抗诱惑等的过程。通常，1～2岁的宝宝还不具备自我控制的能力，他们只能表现出对成人要求的顺从；随着自我意识的萌发，2岁之后的宝宝才开始能够进行自我控制。但是，这种能力在宝宝3～4岁时还不明显，在4～5岁时显著提高，到5～6岁时才基本实现自我控制。

宝宝自我控制能力的发展依赖于神经系统尤其是大脑皮层额叶的成熟。比如，有研究发现，额叶损伤的儿童和成人都存在行为抑制方面的困难。因为宝宝大脑皮层的抑制机能还不成熟，所以宝宝的行为带有很大的冲动性。在幼儿期，宝宝额叶的发展迅速，因而幼儿阶段也是宝宝自我控制能力发展的重要时期。

依据心理学家维果斯基和鲁里亚的观点，宝宝自我控制的发展与宝宝语言的发展有着密切关系，因为语言是宝宝指导自己行为的工具。起初，宝宝还不会使用这一工具，只能依赖成人言语的控制。例如，妈妈说“不能喝凉水，喝凉水会肚子疼的”，宝宝便听从妈妈的话。随着宝宝语言能力的提高，幼儿阶段的宝宝开始出现自我言语，即对自己说话，借助这种自我言语控制自己的行为。例如，宝宝看到凉水，就自言自语道“不能喝，喝了会肚子疼”，于是不去喝凉水。随着年龄的增长，宝宝的自我言语会逐渐从完整句简化为单词或短语。到了学龄期，他们还会从出声的外部言语逐步发展为无声的内部言语，从而可以更灵活地控制自己的行为。因为只有到5岁时，宝宝才能更加有效地利用自我言语这个自我控制的手段，所以5岁之后的宝宝才能基本实现自我控制。

可见，宝宝的“为所欲为”情有可原。自我控制能力是在生理成熟的基础上，随着认知的发展而不断发展起来的。当然，家长良好的教育也能有所作为。自我控制有助于宝宝的社会化，也是一种宝贵的品质，会为宝宝未来实现自己的人生目标提供坚实的保障。

心视界

自律、智商与学业成就

美国心理学家塞利格曼等开展了一项研究，以考察自律与智商相比，哪个因素对学业成就的预测作用更大。他们以一群八年级的学生为研究对象，在学期开始时，使用5种不同的评估方式评价了学生的自律水平，包括冲动行为问卷、自我控制问卷、家长和老师对学生的自律程度评估及延迟满足测验，同时测量了学生的智商。在学年结束时，再采用多种指标（如期末平均成绩）衡量了学生的学习表现。结果发现，低自律学生比低智商学生的成绩更差，高自律学生比高智商学生的成绩更好，即自律比智商更能预测学业成就。这提示家长，在教育宝宝的过程中，不要忽视对宝宝自律能力的培养。

那么，家长如何促进宝宝自我控制能力的发展呢？以下几点建议可供参考。

- 和宝宝轮流进行自我控制类的游戏。比如，玩“我会说悄悄话”的游戏，让宝宝学着控制自己的音量；玩“123 木头人”的游戏，让宝宝在动与静中学着控制自己的动作；等等。
- 有意培养宝宝的规则意识。比如，耐心地向宝宝解释，在公众场合大声说话或在楼上使劲跺脚会给别人带来什么样的困扰；若乱发脾气，别人会怎么想；等等。还要清楚地表达期望宝宝怎么做。
- 利用言语对宝宝的行为进行指导。对年幼的宝宝，进行多次提醒，帮助其记忆和顺从家长提出的要求；对稍大些的宝宝，鼓励他们使用自我言语进行行为计划，如在行动前问宝宝将要做什么，怎么做，在行动中问宝宝完成得怎么样，下一步要做什么等。

名言录

自律是一种秩序，一种对于快乐与欲望的控制。

——古希腊哲学家柏拉图

宝宝“望而却步”，为什么？

4 岁的泉泉正在游乐场玩走迷宫的游戏。刚开始的时候，她还兴致勃勃地在各个路口左探探，右探探。可是，在经过了几个死胡同后，她就像泄了气的皮球，说什么也不愿意继续，非要爸爸妈妈把她抱出来。后来，爸爸妈妈鼓励她再去玩一次，她还是不去。

宝宝不断地成长，会面临越来越多的挑战，尤其是上了幼儿园之后，宝宝除了要应对生活自理方面的任务，如要学会自己吃饭、穿衣服等，还要应对学业方面的任务，如学画画、做手工、学数学、认字等。在这个阶段，不同宝宝在任务面前的不同行为表现就鲜明地显示出来了。有的宝宝意气风发，可以迎难而上；而有的宝宝垂头丧气，总是“望而却步”。正如故事中的泉泉，经历了一点点失败，就退缩不前，不愿再尝试了。

宝宝之所以“望而却步”，很可能是因为宝宝已形成了习得性无助。习得性无助是心理学家塞利格曼提出的一个概念，它是指个体认为自己当前的行为与结果毫无关系，即自己无法控制结果，并且预期未来自己也无法控制结果时产生的一种被动的行为状态。拿泉泉的例子来说，迷宫里的泉泉几次被困在死胡同里，她体验到了失败，认为自己再怎么做也不会找到出口，即再怎么努力也不会取得成功，于是泉泉不再努力了，而她同样认为自己以后也不能走出迷宫，所以，泉泉之后仍消极地放弃走迷宫。根据塞利格曼的观点，个体在经历失败后产生习得性无助的决定因素是对失败做出的内在的、稳定的归因，如觉得失败是因为自己愚蠢。而如果个体还做出了全局的归因，如认为自己在所有方面都是愚蠢的，他就会在各个方面都表现出习得性无助。

通常，幼儿阶段的宝宝具有过高地积极评价自己的倾向，那么宝宝又怎么会对自己做出那样消极的归因呢？研究发现，4～6岁的宝宝的确可能形成习得性无助，且宝宝的归因方式是与成人的评价方式密切相关的。在生活中，有些家长或老师在看到宝宝失败后，就呵责他们能力不足，如对宝宝说：“你真蠢！你真笨！你一点儿用都没有！”这样，宝宝就容易真的认为失败是因为自己无能而不是自己不够努力，怀疑自己的价值，从而萎靡不振。此外，有的家长对宝宝有着过高的要求或期望，纵使家长不明说，宝宝也能在与家长的点滴互动中感受到家长的标准与评价，一旦宝宝发现自己无论怎么努力也达不到家长的标准，就会在屡次的挫败中怀疑自己的能力了。

习得性无助是一种悲观无助的体验。如果宝宝产生了习得性无助，当他们面对任务时容易轻易放弃，甚至在简单的任务面前也感到绝望无助，放弃努力，承受着自以为无能为力的折磨。虽然在某种程度上，放弃努力对宝宝来说也是一种规避消极归因的自我保护方式，但是，它严重地阻碍了宝宝的自我发展，不利于宝宝形成坚忍不拔的意志品质。

心视界

习得性无助的狗

美国心理学家塞利格曼在1967年研究动物学习时发现了习得性无助的现象。他起初把狗关在笼子里，只要蜂音器一响，就给狗施加难以忍受的电击，于是狗在受到电击后在笼子里狂奔，惊恐哀叫。但经过多次电击后，只要蜂音器一响，狗就趴在地上哀叫，一动也不动。甚至之后，在电击前，笼门打开了，这只狗非但不逃，而且还没等电击出现，就早早地倒地呻吟、颤抖。狗本来可以主动逃避，却绝望地等待痛苦的来临，塞利格曼认为它已形成了习得性无助。

为了避免宝宝“望而却步”，让他们能够“一往无前”，家长或老师可以参考下面一些建议。

- 在宝宝学习自己吃饭、穿脱衣服等过程中，只提供必要的指导，尽可能让宝宝自己做，并循序渐进地来，让宝宝体验到成功的控制感和愉悦感。
- 在宝宝出错或失败时，不必急于纠正或否定，可给宝宝留出几分钟，让他们慢慢来，尤其注意不要用“你真笨”之类的话评价宝宝。
- 在宝宝遇到挫折发脾气、哭闹时，一边安抚宝宝的情绪，一边帮助宝宝分析问题出在哪里，并一起想出个好点子来解决它。
- 在宝宝克服困难后，及时肯定宝宝面对困难时所做出的努力及所应用的解决方法。比如，对宝宝说：“你坚持下来了！你真努力！你想到了一个很好的方法！……”

名言录

困难与折磨对于人来说，是一把打向坯料的锤，打掉的应是脆弱的铁屑，锻成的将是锋利的钢刀。

——俄国作家契诃夫

宝宝也有计划性，为什么？

4 岁的可怡越来越像个小大人了。周五吃晚饭的时候，爸爸妈妈说，打算明天全家人一起去动物园玩。可怡很开心，还说道："那我们快点吃饭，一会儿去超市买好吃的，明天就不会饿了！"晚上睡觉前，可怡更是热切地叮嘱妈妈定闹铃，说要早早去赶公交，然后坐地铁。

如果告诉 4 岁多的宝宝要出去旅行，不少宝宝都可以像故事中的可怡那样开始安排事情。如果和 4 岁多的宝宝一起玩过家家，他们也会事先设定假装的主题和情节，分配各种角色，如"我当主人，你当客人，你带着你的孩子到我家来做客"，并开始准备游戏所需要的各种道具，如布娃娃、招呼客人用的餐具等。也就是说，4 岁之后的宝宝也有计划性，能够为未来的目标有计划地行动。这是为什么呢？

首先，为某一目标有计划地行动，要求个体的行为具有目的性，而在 9 ～ 12 个月，宝宝开始出现目标导向行为，他们开始能够为了达到一些简单的目的而协调自己的动作。比如，宝宝会为了拿到垫子下的玩具，一手提起垫子，一手去拿玩具。其次，为某一目标有计划地行动，要求个体的行为具有策略性，而在 18 ～ 24 个月，宝宝开始具备心理表征的能力，他们开始能够在头脑中思考手段与目的之间的关系，可以事先在头脑中制订计划，而不必依赖不断地尝试错误来达到目的。比如，在看到直接用手够不着的玩具旁边有一根木棒时，2 岁左右的宝宝会先停顿一下，“思考”一番后，拿起木棒再去够玩具，而不会像更年幼些的宝宝那样，试图直接用手去够玩具。再次，为未来的目标有计划地行动，要求个体能够思考未来，思考这个离当下更远些的时间，而很多研究表明，4 岁左右的宝宝开始能够考虑到未来了。比如，4 岁的宝宝可以准确地说出明天自己打算做什么，可以为了避免未来无聊而选择带上合适的物品。最后，成功实现为未来目标进行有计划的行动，还要求个体能够在行动的过程中调节自己的行为，而 4 岁左右的宝宝已开始逐渐掌握自我言语这个自我指导的重要工具。比如，在拼图的过程中，尤其是当遇到困难时，宝宝会自言自语遇到了什么问题、应该怎么办等。

总而言之，逐渐发展出的行为的目的性、行为的策略性、思考未来的能力及使用自我言语的能力促使了宝宝计划性的发展。当然，对宝宝个体而言，计划性的发展还很初步，当面对不熟悉的或复杂的活动时，他们也经常东一下西一下，没有什么计划性。而从生理基础上讲，虽然负责计划、调节等功能的前额叶皮层在宝宝 4 ～ 6 岁时发展迅速，但它还没有达到成熟的程度。

计划性是个体的一种优良品质，能帮助个体更高效地实现自己的目标。我国《3—6 岁儿童学习与发展指南》也把计划性纳为宝宝的一种学习品质。有研究表明，幼儿阶段计划性发展较好的宝宝，在小学时的各科学习成绩尤其是数学成绩会更好。家长的指导可以促进宝宝计划性的发展。下面提供一些建议。

- 帮助宝宝建立现在与未来的联系。例如，在宝宝吃饭时，对宝宝说：“好好吃饭，这样你一会儿出去玩时就更有劲了！”带宝宝出去玩之前，对宝宝说：“我们带上水壶，这样我们在玩时就不会渴着了！”

心视界

心灵工具课程

美国心理学家里昂和博德罗娃在研究宝宝的计划性时，创立了一套适用于 2.5 ～ 5 岁宝宝的心灵工具课程。课程的核心内容之一就是宝宝计划性的培养。课程中，成人每天都会询问宝宝一天的打算，并让他们做出具体的计划。随着宝宝年龄的增长，成人的询问会更加具体。在宝宝开始每项游戏前，成人也要求宝宝对游戏内容做计划。例如，在假装游戏开始前，宝宝需要描述在游戏中希望做什么，包括游戏的场景（如购物）、要扮演的角色、道具，以及游戏要如何进展。研究发现，心灵工具课程可以有效地提高宝宝的计划性。

● 鼓励宝宝参与大人的计划活动过程。例如，在外出游玩之前，和宝宝一起商量需要带的东西，并列出一个清单，然后和宝宝一起按照清单依次准备；在逛超市时，和宝宝一起利用购物清单采买所需要的东西，指导宝宝购物的路线。

● 在宝宝开始活动之前，具体地询问宝宝的活动目标及过程；在活动中，适时提醒宝宝注意自己的目标。例如，在宝宝绘画之前，请宝宝描述自己想画什么东西、打算怎么画等，然后在中途提示宝宝的计划完成了多少等。

● 鼓励宝宝做更长久些的计划及总结。例如，每天早晨请宝宝做一个全天的计划，思考上午要做什么，中午要做什么，晚上要做什么，现在需要准备些什么；在晚上睡觉前，再请宝宝做一个全天的回顾总结。

名言录

想得好是聪明，计划得好更聪明，做得好是最聪明又是最好。

——法国军事家拿破仑

宝宝“迫不及待”，为什么？

康康今年4岁，上幼儿园已经一年多了，却还是“馋猫”一个，看到好吃的一刻也等不了，必须马上吃到；要是吃不到，他就会一直哼哼唧唧，闹别扭。逛街时，他看到想要的玩具，也是无论如何都得立刻买，如果不让买，他可能满地打滚。

像康康这样“一刻也等不了”的“小馋猫”“小吃货”并不少。他们看见诱人的蛋糕、棒棒糖，就两眼放光，口水直流。即使大人告诉他们一会儿给他们买更大的蛋糕、更多的棒棒糖，他们也很难把目光从蛋糕或棒棒糖上面移走，围着好吃的蹭来蹭去、转来转去，逮着别人看不见的时候，可能还会偷偷摸摸舔一口。如果要求他们等一会儿再买更好玩的玩具，他们也是“抓心挠肝”般地难以忍受。为什么宝宝如此“迫不及待”呢？

心理学中将为了之后更有价值的利益而自觉放弃即时的满足，坚持忍耐的行为称为延迟满足。发展心理学家米歇尔设计了一个经典的实验来考察幼儿阶段宝宝的延迟满足能力。比如，在宝宝面前的桌子上放两个盘子，一盘有一颗棉花糖，另一盘有两颗棉花糖，问宝宝想吃一颗还是两颗棉花糖，当然，宝宝们都想吃两颗棉花糖。但是，实验者借口有事要出去一下，并告诉宝宝，为了得到更多的棉花糖，就必须等实验者回来，在等待的过程中，宝宝可以随时按桌子上的响铃叫实验者回来，不过这样宝宝就只能吃到一颗棉花糖了。结果发现，等待对于幼儿阶段的宝宝来说是一件比较困难的事，大多数宝宝（尤其是 5 岁之前的宝宝）甚至坚持不到 3 分钟就放弃了。

研究表明，宝宝“迫不及待”的直接原因是宝宝还没有发展出有效的延迟满足策略，用以抵抗眼前的诱惑。随着年龄增长，宝宝理解和使用延迟满足策略的能力会不断提高。总体而言，4 岁的宝宝还不知道有效的延迟满足策略。比如，让他们选择在等待的时候是把棉花糖用布盖住还是不盖，他们会选择不要盖。而 5 岁的宝宝开始懂得并使用一些延迟满足策略。比如，他们会选择盖住棉花糖，也会主动采用一些自我分心的策略，如有的宝宝把头埋在手臂里，有的宝宝在房间里走来走去，有的宝宝唱起了歌；他们也开始会使用一些自我指导的策略，如反复自言自语道：“我要等，这样我就可以得到两颗而不是一颗棉花糖了！”由此也可以看到，宝宝延迟满足策略的发展其实得益于宝宝注意机制的成熟及语言的发展。注意机制的成熟使宝宝能够将自己的注意力从吸引人的事物中转移开，并维持在不太吸引人的事物之上，从而控制自己的冲动；语言的发展使宝宝出现自我言语，并逐渐能够有效地利用自我言语来调节自己的行为。

米歇尔发现，那些在延迟满足实验中等待时间越长的宝宝，十多年后不仅有更好的学业表现，还具有更强的社会能力，能更加积极地应对挫折。从进化的角度来说，越成熟的物种越能根据未来的利益调整当下的行为。人的发展也是一样，越成熟的人就越能够节制和忍耐。

心视界

榜样示范与儿童的延迟满足

1965 年，米歇尔和班杜拉以四到六年级的小学生为研究对象，考察了榜样示范对儿童延迟满足的影响。他们先让这些儿童在立刻得到普通礼物（即时满足）与一周后得到贵重礼物（延迟满足）之间做选择，这样根据儿童选择的情况挑选出了即时满足组与延迟满足组两组儿童。然后，让儿童观察一个成人做选择，其中，即时满足组儿童看到的是成人选择一周后得到礼物，而延迟满足组儿童看到的是成人选择立刻得到礼物。最后，在榜样示范结束一个月后分别让两组儿童再次做选择。结果发现，一些即时满足组的儿童在看到延迟满足的榜样示范后选择了延迟满足，而一些延迟满足组的儿童在看到即时满足的榜样示范后选择了即时满足。可见，榜样示范会影响儿童的延迟满足行为。

幼儿阶段是宝宝延迟满足能力发展的重要时期。为了帮助宝宝更好地发展这种能力，不再总是“迫不及待”，家长可以参考如下建议。

- 不一味迁就宝宝，与宝宝商定明确的规则并严格遵守。比如，规定只有吃完饭后才能看动画片，只有积累了 5 朵小红花后才能满足一个小愿望等。
- 多让宝宝进行一些需要等待的活动。比如，给宝宝买一个存钱罐，让宝宝学会为了自己想要的东西攒钱；鼓励宝宝与同伴一起玩滑滑梯、堆积木等，让宝宝学会轮流做游戏。
- 教宝宝一些能让等待变得容易些的策略。比如，让宝宝练习在诱惑物面前闭上自己的眼睛，跟自己说话，在等待的时候去做自己感兴趣的事情等。
- 给宝宝树立延迟满足的榜样。比如，告诉宝宝自己把工作任务完成后再出去玩等。

名言录

你知道用什么办法使你的孩子得到痛苦吗？那就是：百依百顺。

——法国思想家、哲学家卢梭

宝宝会磨人，为什么？

小吉是个 2 岁的小男孩，他在妈妈面前是个磨人的“小妖精”。当妈妈在家时，小吉一直盯着妈妈，不让妈妈去任何地方。若妈妈有事必须出去一趟，他就会不听劝地大哭大闹。而等妈妈回来时，小吉嘟着嘴，妈妈想抱抱他，以安抚他的情绪，他竟往后退。

生活中，的确有些宝宝像小吉一样，对妈妈有种“特别”的情感，很是磨人。比如，宝宝总爱缠在妈妈身旁，很担心妈妈会离开，一看见妈妈拿包或穿鞋，就可能立刻抱住妈妈的腿，大声哭叫，不让妈妈走。看到妈妈回来了，宝宝虽然有时会匆匆跑过来，却一副很生气的样子，不让妈妈抱，不许妈妈亲，甚至用力把妈妈推开。这是怎么回事呢？

这些宝宝对与母亲分离特别焦虑，对重新团聚又不会觉得很开心，反而会表达对母亲的愤怒。这其实是他们已对母亲形成了一种抗拒型依恋的表现。

早期依恋是宝宝与特定抚养者建立的一种强烈的情感联结。通常，6～8 个月的宝宝就逐渐表现出对抚养者的依恋了。心理学家安斯沃斯等观察了宝宝在陌生情境中与母亲分离、重聚，以及面对陌生人时的反应，认为宝宝与母亲形成的依恋关系主要可分为四种类型：安全型、抗拒型、回避型及混乱型。其中，抗拒型、回避型及混乱型都属于不安全型依恋。不同依恋类型最突出的区别在于宝宝与母亲重聚时的表现：安全型依恋的宝宝会很积极地迎接母亲，容易被母亲安抚；抗拒型依恋的宝宝，如前所述，既会寻求母亲的安慰，又会抵抗母亲的安慰，不容易被安抚；回避型依恋的宝宝躲避母亲，对待母亲就像对待陌生人，如同没有形成依恋一般；混乱型依恋的宝宝则表现出多种混乱的行为，经常很茫然，可看成是抗拒型与回避型的组合。

为什么宝宝会与母亲形成抗拒型依恋呢？首先，抗拒型依恋的形成与母亲的抚养方式有关。当母亲能够敏感地体察宝宝的需要，及时反应，与宝宝进行积极的互动，为宝宝提供愉快的刺激和情感支持时，宝宝就很容易与母亲建立安全型依恋。若母亲照料不充分，宝宝就容易与母亲建立不安全的依恋关系。而抗拒型这种不安全的依恋关系的形成，可能与母亲不一致的抚养方式有关。比如，母亲限制宝宝探索周围环境，但对宝宝的信号反应迟钝，这使得宝宝既过分依赖母亲，又对母亲的反应迟钝感到愤怒；有的母亲对宝宝时而热情，时而冷漠，这也可能导致宝宝出现矛盾的依恋行为。其次，抗拒型依恋的形成也与宝宝天生的气质有关。比如，困难型气质的宝宝容易形成抗拒型依恋。因为困难型气质的宝宝脾气比较暴躁，对环境的变化有过度反应，适应能力弱，通常很难被母亲安抚。值得一提的是，即使是困难型的宝宝，也可能在母亲敏感、温暖的抚养方式中与母亲建立安全的依恋关系。因此，也有研究者认为，母亲的抚养质量决定了宝宝是否能与母亲建立安全的依恋关系，而宝宝的气质只是决定了宝宝形成何种不安全的依恋关系的可能性。

心视界

依恋是贯穿一生的主题

心理学家鲍尔比等认为宝宝与主要抚养者之间的依恋关系会影响宝宝未来与其他人建立的人际关系的质量。这是因为，宝宝在与主要抚养者建立依恋关系的过程中，逐渐形成了一种比较稳定的内部工作模式，即对自我和他人相关特征的一种认识。比如，安全型依恋的宝宝会认为“我是可爱的，我是被人喜欢的”，也会觉得他人是值得信赖的，这样，安全型依恋的宝宝会乐于与他人交往，将来形成安全的、积极的同伴关系及伴侣依恋等。相反，不安全型依恋的宝宝可能认为自己是令人讨厌的、他人是不可靠的等，这会阻碍宝宝将来与他人进行良好的人际互动。

依恋是宝宝早期生活中最重要的社会关系，是个体社会性发展的开端。当宝宝与父母建立了良好的依恋关系时，宝宝会获得安全感。而抗拒型依恋是宝宝成长中的一个风险性因素，它很可能增加宝宝将来出现焦虑和退缩行为的概率，阻碍宝宝与其他人建立良好的社会互动。

当了解了宝宝磨人的原因后，家长应如何有效地帮助宝宝不“磨人”呢？以下是一些建议。

- 接纳宝宝的气质特点。磨人的宝宝经常退缩、胆怯，要多些鼓励和表扬，少些批评和苛责。
- 敏感地察觉宝宝的需求。比如，当宝宝发出游戏的请求时，及时回应，与宝宝积极互动；当宝宝想休息时，让宝宝休息，等待宝宝的下一次信号。
- 与宝宝保持亲密的身体接触和情感交流。经常温柔地拥抱、亲吻、抚摸宝宝，通过说、笑、爱抚来加深亲子之间的信任。
- 鼓励宝宝探索周围环境。比如，可以先陪宝宝一起参与小朋友们的活动，在宝宝能够适应之后，逐渐退出游戏，在一旁观看，直到宝宝能够独立游戏。

名言录

母婴关系一旦建立，就一生不变。

——奥地利心理学家弗洛伊德

宝宝会模仿父母的行为，为什么?

3岁的小美特别爱学爸爸妈妈说话、做事，连表情也学得惟妙惟肖。有一天，她竟然用妈妈的口红给自己涂了一个大大的红嘴唇，还穿上了妈妈的高跟鞋，拎着妈妈的手提包，在镜子前面照来照去。在看到爸爸光脚走路时，小美手掐腰，冲着爸爸说道:“说了多少遍了，让你别光脚走路，怎么就不听呢?！”这根本就是妈妈平时说小美的话，搞得妈妈哭笑不得。

2岁之后的宝宝常常会模仿自己的父母。他们有时把自己的小脚丫塞进爸爸妈妈的大鞋子里，学着爸爸妈妈的样子，在家里走来走去；有时用爸爸的语气对妈妈说话，或用妈妈的语气与爸爸交谈；有时在外面看到别的小朋友哭泣，还会像妈妈往日安慰自己那样去安慰别的小朋友。除了模仿自己的父母，上了幼儿园的宝宝也常模仿幼儿园的老师，如一手捧着书，一手拿着小棍子在小黑板上指指点点。

宝宝的上述模仿行为其实有一个特别的名称，叫作延迟模仿。顾名思义，这种模仿不是看到什么就立即表现出来，而是隔一段时间后再表现出来。比如，宝宝之前早已观察到爸爸妈妈走路的样子，而很久之后才表现出像爸爸妈妈一样走路。

心视界　婴儿会有选择地模仿

心理学家曾考察了12个月宝宝的模仿行为。他们准备了一个小玩具狗，以及一个有烟囱、门和窗户的小房子道具。实验者分别在大门敞开及大门紧闭两种情境下，向宝宝演示小狗从房顶的烟囱而不是房子的大门进入房子的新异行为。每次演示过后，实验者就把小狗和大门敞开着的小房子推到宝宝跟前，让宝宝玩。结果显示，当实验者是在大门敞开的情境下演示时，81%的宝宝模仿实验者，让小狗从烟囱进入房子；而当实验者是在大门紧闭的情境下（表示小狗从烟囱进入房子是迫不得已的）演示时，只有44%的宝宝进行了模仿。这说明在观察到别人的行为之后，12个月的宝宝就开始能够综合考虑别人的行为发生的环境，从而决定是否模仿了。他们不倾向于模仿他人迫不得已而做出的行为。

这样说来，延迟模仿并不简单，至少它要求宝宝能够记住之前观察过的行为。事实上，有研究发现，出生后6周的宝宝就会进行延迟模仿了。他们能在延迟一天之后再见到陌生成人时，模仿陌生成人一天之前做出的面部表情。随着动作技能的发展，6个月的宝宝能在延迟一天之后模仿他人的动作。12～18个月宝宝的延迟模仿能力发展迅速，他们可以在延迟一周或几个月后进行模仿；他们也可以在与之前不同的情境下模仿，如在生活中模仿之前从电视上学到的行为；更令人惊叹的是，这个阶段宝宝的延迟模仿还具有了一些选择性，比如，若他们看到一个人在双手可以自由活动时却用头去开灯，一周之后他们会模仿着用头去开灯，但若他们看到一个人在腾不出手时用头去开灯，一周之后他们就不会模仿用头开灯的动作，而是选择采取用手这个更有效的方式去开灯。随着理解他人意图的能力的发展，18～24个月的宝宝甚至能延迟模仿他人试图做但没有成功的行为。比如，在看到一个人试图把卡片塞到盒子里但没有成功后，他们会做出更适宜的能把卡片塞到盒子里的行为。宝宝在24个月，即2岁之后，就能在假装游戏中完整地延迟模仿爸爸妈妈等社会角色的行为了。

宝宝会模仿父母的行为，首先，这反映了宝宝延迟模仿能力的发展，其次，这是因为宝宝觉得父母是一个有效的榜样。依据班杜拉的观察学习理论，个体是否会模仿榜样的行为，主要取决于个体认为榜样是否有能力、有地位及与自己的相似度三个因素。而父母通常是宝宝眼里很有能力的权威人物，所以宝宝更有可能选择模仿父母，尤其是同性别的一方。对宝宝来说，幼儿园老师也往往具有上述与父母类似的特点，因而宝宝也容易去模仿老师的行为。此外，随着自我意识的发展，2岁左右的宝宝已产生了强烈的独立自主的需要，他们渴望长大，最喜欢听到的话就是“你长大了”，所以，宝宝喜欢打扮成父母的样子，模仿父母的行为，以此获得当“大人”的感觉，满足自己内心“长大”

的需要。最后，模仿父母的行为也是宝宝学习的一种重要方式。比如，最初宝宝通过模仿父母学会了说话、穿衣等，宝宝继续模仿父母，学习如何待人接物，以及更多、更复杂的知识技能等。

由此可见，宝宝模仿父母的行为是宝宝成长的表现。为了让宝宝的这种模仿进一步成为持续促进宝宝积极成长的途径，父母可以参考以下建议。

- 当宝宝穿父母的鞋走来走去等时，不要嘲笑宝宝，也不要因为安全之类的问题阻止宝宝。相反，父母可随宝宝的意，并用肯定的态度对宝宝说“宝宝想长大了”等。
- 时刻注意自己在宝宝面前表现出来的点点滴滴，严格要求自己，怀抱一颗责任心，承担被宝宝模仿的“殊荣”。
- 身教重于言传。比如，为了培养宝宝收拾玩具的习惯，父母应勤于整理生活日用品；为了培养宝宝乐观的性格，父母应多和宝宝分享积极的情绪；为了培养宝宝乐于助人的品质，父母应在日常生活中做好表率。

榜样的力量是无穷的。

——毛泽东

宝宝“心不甘情不愿”，为什么？

冉冉是个淘气的男孩，虽然已经5岁了，但总是把玩具扔得到处都是。如果大人不让他收拾好，他肯定不会主动去收拾。只有大人在旁边盯着他，他才收拾，收拾的时候，他也常常装模作样，慢吞吞的。要是大人一会儿不盯着他，他就一溜烟儿跑没影了。

生活中，有的宝宝很让父母省心、省口舌，父母只说一遍要求，他们就乖乖地去做了。而有的宝宝像冉冉一样，很让父母费心、费口舌。父母的要求要重复很多遍，他们才有所反应，而他们的反应也总是“心不甘情不愿”。比如，让他们收拾玩具，明明一会儿就能完成的事，他们总是磨蹭很久；让他们别在床上跳来跳去，他们看到父母发火了才停下来，嘴里可能还哼哼唧唧，或改为在床上大踏步。为什么宝宝对父母的要求就这么不甘不愿呢？

在心理学中，研究者把宝宝服从父母要求的行为称为顺从，且区分出了两种形式的顺从：一种叫作约束性顺从，即宝宝心甘情愿地积极遵从父母的要求；另一种叫作情境性顺从，即所谓的心不甘情不愿的服从，宝宝此时遵从父母的要求只是基于父母的强制性控制。而事实上，宝宝是否服从父母的要求，或表现为何种服从，其源头主要在于父母而非宝宝。

首先，宝宝的服从行为与亲子关系有关。心理学家科汉斯卡等的很多研究表明，如果父母对宝宝的反应敏感，在亲子游戏中帮助宝宝实现目标，分享积极的情绪体验，那么在这种充满爱和温暖的互动中，宝宝就会与父母形成亲密的亲子关系，而宝宝也会为了维持这种亲密的关系，更愿意接受父母的要求，表现出更多的约束性顺从。相反，如果父母冷漠、迟钝，宝宝没有与父母建立起温暖的亲子关系，宝宝可能更多地表现为情境性顺从或者根本不服从父母的要求。

其次，宝宝的服从行为与父母的训导方式有关。通常，在宝宝违规后，父母采取的方式主要有三种：①撤销关爱，如对宝宝说“我不想看见你！我不喜欢你了！”；②权力压制，如强制命令、体罚等；③说服引导，即向宝宝解释其行为为什么不恰当等。研究发现，与撤销关爱和权力压制相比，说服引导是更有效的方式。因为撤销关爱会让宝宝产生不安全感，他们往往也会非常自责，但是最终宝宝会为了自我保护而否定自责感，难以真心接受父母的要求；权力压制容易使宝宝感到害怕或愤怒，它最多可能导致宝宝暂时性的服从，如果频繁使用，更可能加剧宝宝的逆反行为，从而明目张胆地抵抗父母的要求。而说服引导能让宝宝更明白父母评价自己的标准及期望，更加关心别人的感受，知道自己为什么错了，下次应该怎么做及如何弥补自己的过错，由此宝宝会心悦诚服。当然，研究者也发现，说服引导不是对所有宝宝都有效，如对气质上非常冲动的宝宝，说服引导的效果不大，对他们来说，维持与父母的亲密关系才是他们愿意服从父母的最可能动机。

心视界

好的教养方式＝爱 × 规则

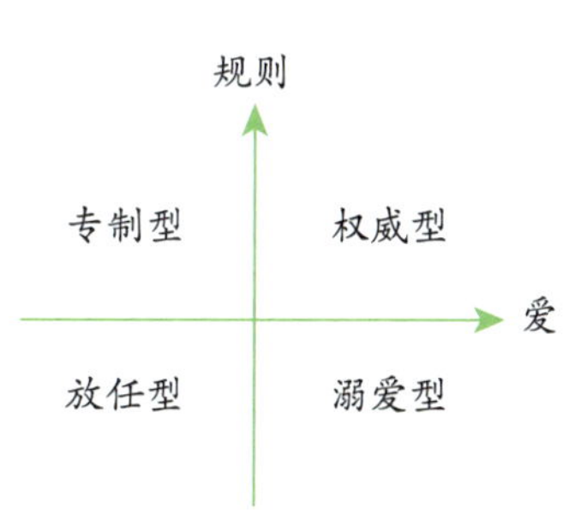

心理学研究有如下发现。

家长采用权威型教养方式培养的儿童具有独立性，自信心强，对同伴友好，与父母合作，容易快乐和成功。家长采用专制型教养方式培养的儿童行为孤僻，缺乏自主性，女孩有依赖性，缺少成就动机，男孩爱打架。

虽然家长采用溺爱型教养方式对儿童的心境来说是积极和有益的，但这种教养方式下的儿童容易冲动，社会责任感弱，不自信，或有攻击倾向。

家长采用放任型教养方式会造成儿童喜怒无常，无法专心，难以对冲动和情感进行控制，对学习缺少兴趣，有较高的逃学率。

宝宝早期对父母的约束性顺从，有利于宝宝把规则内化，即把他人的要求、标准转化为自己的要求、标准，从而成长为一个高度自觉的、道德成熟的人。

为了让宝宝心甘情愿地听父母的话，父母可以参考以下建议。

- 建立亲密的亲子关系。及时、敏感地体会和满足宝宝的需求，与宝宝分享内心积极的情绪体验，让宝宝感觉到温暖和关爱，积极回应宝宝的需求。
- 爱与规则要平衡。采用权威型的教养方式，既要传达对宝宝的爱，又要传递对宝宝的要求。
- 耐心解释与说理。当宝宝违反规则或对规则产生怀疑时，避免频繁采用撤销关爱或权力压制的方式，要注重引导说服。耐心倾听宝宝的想法，并向宝宝解释规则的意义及如何按照规则去做。

名言录

父母威严而有慈，则子女畏慎而生孝矣。

——北齐文学家颜之推

宝宝总是违规，为什么？

3岁的明明今天又犯规了！他答应妈妈每天早上要认真刷牙，上幼儿园时要大声向老师问好，晚饭前不能吃零食。但是，明明早上刷牙时敷衍了事，刷了两三下就说刷好了；在幼儿园门口看到他的好朋友就径直跑过去，忘记了向老师问好；放学一回家就嚷嚷着肚子饿，吃了一大包糖果。

学会依据社会规则等规范自己的行为，是宝宝社会化的必经之路。这种社会化任务通常在宝宝1岁之后就突出地摆在宝宝的面前了。比如，不能在床上乱蹦乱跳，不能趴在窗户上，不能玩插座，不能吃冰的东西，要按时睡觉等。除了安全、卫生之类的规则，两三岁以后宝宝还要面对更多的生活秩序、人际交往等方面的规则。比如，不能乱扔玩具，见到熟人要问好，要和小伙伴们分享、合作，不能骗人等。但很多时候，这些要求对不少宝宝而言或形同虚设，或困难万分。宝宝常常游走于规则之外，这是为什么呢？

首先，宝宝总是违规与宝宝不理解规则有关。事实上，4岁之前的宝宝可能根本没有形成规则意识，他们没有意识到应该遵守规则。比如，在做游戏时，他们只是按照自己的“规则”来，自己怎么开心就怎么玩，他们不会想到要抱着赢的目的而遵守游戏自身的规则。心理学家皮亚杰把这个阶段称为前道德阶段。对前道德阶段的宝宝来说，规则不是一种约束性的东西。而稍大些的宝宝就有遵守规则的意识了，因为他们觉得规则是一种具有权威性的、强制性的东西。但是，他们并不理解规则的社会意义或个人成长价值，他们遵守规则的目的只是避免权威的惩罚。也就是说，规则在外部，而不在宝宝心中。他们处于皮亚杰所说的他律道德阶段。如果宝宝预期自己的违规行为不会受到惩罚，宝宝就会违规。家长对待宝宝的态度也会影响宝宝遵守规则的效果，如果生活中家长对宝宝溺爱或对宝宝的违规行为采取不一致、不一贯的态度，如有时惩罚，有时不惩罚，就容易使宝宝无视规则，总是违规。

其次，宝宝总是违规与宝宝自我控制能力较弱有关。遵守规则通常意味着克制冲动，抵制诱惑。比如，“按时睡觉”表示宝宝要停止玩耍，“不翻大人的包”表示宝宝要抑制好奇心，“等客人来了再吃饭”表示宝宝要抵抗美食的诱惑。而宝宝的控制能力还较弱，往往必须依赖成人的控制。所以，他们难以主动遵守规则，经常因冲动而做出违规行为。自我损耗理论指出，自我控制需要消耗个体的内部资源，而个体的内部资源是有限的，个体在进行了一次自我控制后，就会因资源的消耗而难以很好地继续完成第二次自我控制。简而言之，努力遵守规则会损耗自我控制资源。所以，宝宝在形成自动化的行为习惯之前，若接二连三地被要求控制自己的行为，做出符合规则的事，宝宝就会因内部资源的过多消耗而力不从心，频频违规。

心视界

抵抗诱惑会损耗资源

自我损耗理论的提出者鲍麦斯特等曾做过一项实验。他们将空腹来到实验室的成人分为三组：对第一组，要求他们抵抗眼前的巧克力等美食诱惑，只能吃胡萝卜；对第二组，不做任何要求，他们可以随意吃；对第三组，不给他们食物。5分钟后，让三组人解决一道实际上不可能解决的图形描摹题。结果发现，与其他组相比，之前要求抵抗美食诱惑的第一组人更早地放弃了。这证明了自我控制会损耗个体资源。也有研究发现，经过充分休息，损耗的资源可以恢复。此外，如果经常练习自我控制，使其几乎达到自动化的程度，它也可能不会再损耗资源。这就如同肌肉锻炼，刚开始锻炼时很吃力，但经常锻炼就能越炼越强。所以，家长在训练宝宝的自我控制能力时，需要操之有度，循序渐进。

知晓是非对错，遵守社会规则，宝宝才能适应社会，成长为一个更健全的人。否则，凡事以自我为中心，无规无矩，宝宝势必在未来的道路中举步维艰。为了更好地帮助宝宝理解规则、遵守规则，家长可以参考如下建议。

- 制定的规则要具体明确，并耐心地向宝宝解释制定此规则的意义。例如，跟宝宝说按时睡觉是为了让工作了一天的身体好好休息，明天更有精力等。当宝宝违反规则时，不能迁就，应严格执行商定的惩罚措施。
- 在安全的条件下让宝宝感受到违规的“后果”。例如，让宝宝触碰有些许热度的水杯，来教宝宝不要碰热水壶；让宝宝看匹诺曹撒谎时鼻子变长，来教宝宝不能撒谎。
- 在宝宝努力遵守规则的过程中，提供必要的帮助，如用言语重复提醒规则，教宝宝转移注意力等。
- 在同一时间段内只重点培养宝宝的某一个行为习惯。例如，在某段时间只要求宝宝饭前洗手，在宝宝做到的时候给予鼓励和表扬，当洗手成为宝宝的一种习惯后，再继续强化其他的行为。

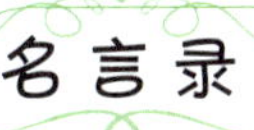

不以规矩，不能成方圆。

——战国思想家孟子

宝宝会“听音辨人”，为什么？

福福刚出生不久时，每当妈妈叫他的名字、和他说话或给他唱歌，他就会把小脑袋朝向妈妈声音传来的方向。如今福福快 1 岁了，对妈妈的声音更为敏感，一听到妈妈的声音就微笑或咿咿呀呀地回应。当福福哭闹时，只要妈妈出现在他身边，轻轻呼唤他的小名，告诉她“妈妈在呢”，福福就会很快安静下来，甚至破涕为笑。

上面这个例子是在许多家庭中都能观察到的现象。刚出生不久的宝宝就能够分辨出妈妈的声音，而且对妈妈的声音特别偏爱。心理学家曾进行了这样的实验，他们在出生不久的宝宝一吸奶的时候，就播放一段宝宝的妈妈或陌生人讲故事的录音，结果发现，当听到的录音是妈妈的声音时，宝宝吸奶的频率要高于听陌生人录音时的吸奶频率。为什么这么小的宝宝就能够“听音辨人”呢？

首先，宝宝能在不同的声音中分辨出妈妈的声音，因为宝宝已经记住了妈妈的声音，具有听觉记忆能力。其实，早在妈妈肚子里时，宝宝就已发展出听觉记忆能力。研究发现：发育 2 个月的胎儿，听觉系统的结构基本形成，但是还没有实现听觉功能；4 个月的胎儿，开始对外界的声音有所感应；6 个月的胎儿，已经能听到声音，同时会出现眨眼、打哈欠、头部转向等生理反应；7个月的胎儿，便能记住不同的声音，形成听觉记忆能力。出生后，宝宝还能逐渐记住自己的声音。曾有研究者做了个有趣的实验，在宝宝哭泣的时候，播放之前录下的宝宝自己哭泣的声音或者播放其他宝宝哭泣的声音，结果发现：如果宝宝听到的是其他宝宝的哭声，他们还会继续哭泣；如果宝宝听到的是自己哭泣的声音，他们就会很快停止哭泣。

其次，宝宝能够分辨不同人的声音，但对妈妈的声音存在偏好，这是与宝宝和妈妈接触、互动的时间最长密切相关的。怀胎近十月，妈妈与宝宝同呼吸、共命运。很多准妈妈在怀孕初期就开始与胎儿进行交流互动，如跟胎儿说话、给胎儿唱歌等，胎儿每天都能听到妈妈的声音。所以，胎儿在妈妈肚子里时，就已对妈妈的声音非常熟悉了。出生后，宝宝与妈妈也有更多的交流，宝宝渴了、饿了、不舒服时，通常都能得到妈妈言语的回应。妈妈的声音在宝宝心里逐渐成为一种传递着被安抚和最安全的信息，其意义远远超过了其他抚养者或陌生人的声音在宝宝心中的价值。宝宝对妈妈声音的偏爱，也是母婴依恋形成的最初信号。儿童心理学研究表明，良好的母婴互动会促进宝宝安全感的形成，从而为形成良好的母婴关系奠定坚实的基础。

“听音辨人”是宝宝听觉发展的重要指标，体现了宝宝的听觉记忆能力；“听音辨人”也是宝宝社会性发展的重要标志，体现了宝宝与母亲间亲密的情感。因此，宝宝的“听音辨人”意义重大，为了孕育一个出生不久就能“听音辨人”的宝宝，妈妈在孕期前后可参考以下建议。

心视界

母亲的声音很特别

很多研究表明，婴儿对母亲的声音有着特别的行为反应，如很早就能识别母亲的声音。还有一些研究考察了母亲的声音是否也会引起婴儿特别的生理反应。例如，有研究者采用功能性磁共振影像技术对比了 2 个多月的婴儿听到自己母亲的声音及听到别的陌生女性的声音时的大脑活动反应。结果发现：相对于陌生的声音，当听到母亲的声音时，婴儿大脑的前额叶皮层及左侧后颞区有较强程度的激活，而眶额皮层、壳核及杏仁核的激活程度较低。成人的后颞区与语音表征有关，由此研究者甚至推测，母亲的声音在婴儿语言加工中起着特殊的作用。

- 合理膳食，营养均衡，为胎儿的生理发育提供充足的营养。
- 孕期不要服用影响胎儿生长发育的药物，如氯霉素、四环素等抗生素类药物，阿司匹林等退热止痛药等。
- 4 个月的胎儿已能听到外界的声音，宝宝的听觉器官还容易受伤害，要避免使胎儿或出生后的宝宝处于过于嘈杂的环境中。
- 多和宝宝交流。在宝宝出生之前，应多让宝宝听到妈妈温柔的声音，可以给宝宝唱歌、聊天等；在宝宝出生后，更应主动与宝宝交流，在温柔地与宝宝说话时，还可以伴随微笑、轻柔的触摸等。

名言录

世界上有一种最美丽的声音，那便是母亲的呼唤。

——意大利诗人但丁

吃母乳的宝宝“母婴情深”，为什么？

1 岁多的妞妞和亮亮是一对双胞胎，妞妞是母乳喂养的，而亮亮因特殊原因接受的是非母乳喂养，两个宝宝经常在一起。妞妞对亮亮很友好，乐意同亮亮玩，她也喜欢黏在妈妈身边，而亮亮却常常不理会妞妞的好意，也很少主动与妈妈交流，甚至拒绝妈妈的亲近。

妞妞和亮亮是双胞胎，有着近乎相同的遗传基础，出生之后也一直生活在一起，只是接受了不同的喂养方式，可他们在对他人的态度，尤其是对母亲的情感方面产生了较大的差异。在现实生活中，多数母乳喂养的宝宝都像妞妞一样，与母亲之间的感情是温暖、深厚的，他们喜欢与母亲交流，经常对母亲微笑；而有些非母乳喂养的宝宝就像亮亮一样，与母亲的情感可谓“平淡如水”，他们不主动与母亲交流，很少与母亲亲近。为什么吃母乳的宝宝更容易与母亲表现得“母婴情深”呢？

其中的原因主要在于，与非母乳喂养相比，母乳喂养大大增加了母婴间肌肤接触和情感交流的机会。有研究发现：在出生后 72 小时内，被母亲抱过的宝宝的情绪更安定。宝宝与母亲进行直接的肌肤接触，有助于宝宝与母亲建立亲密的情感联结。在母乳喂养时，宝宝躺在母亲的怀里，能直接接触到母亲温暖的肌肤，还能闻到母亲身上亲切的气味，听到早在母亲肚子里时就已熟悉的母亲的心跳节律，也常能同时感受到母亲温柔的抚摸等，这种熟悉感与亲密感能使宝宝产生愉快的情绪，增进对母亲的感情。

同样，在母乳喂养时，母亲和宝宝有着最亲密的接触，宝宝惹人爱的模样、身上独特的气息等也会激发强烈的母爱，使母亲感到满满的幸福。而母亲的这种爱与幸福会不自觉地流露在母亲的行为当中，如自发地微笑、抚摸、亲吻宝宝等。这些动作又更能让宝宝感受到其中包含的母亲浓浓的情感。由此，母婴之间形成了良性的相互影响，使得母婴间的情感联结更加紧密。

母乳喂养是一种能更有效地传达爱的方式，有助于宝宝获得安全感。有安全感的宝宝会觉得母亲或其他人是值得信任的，因而乐于与他人交流，容易与他人建立良好的人际关系。此外，母乳更能快速满足宝宝的进食需要，是宝宝最天然、最安全的食物，母乳包含的营养物质和抗体更有助于宝宝消化吸收，促进宝宝的生长发育，提高宝宝的免疫能力。所以，为了宝宝的情感发展与身体健康，妈妈们应尽量选择母乳喂养。为了更有效地发挥母乳喂养的积极作用，妈妈们可参考以下几点建议。

- 对宝宝发出的哺乳信号保持敏感，及时地哺乳宝宝，满足宝宝基本的生理需求。

心视界　母婴依恋的代际传递性和跨时间的稳定性

有研究者评估了 160 对母亲及宝宝的依恋类型，结果发现，母婴依恋存在代际传递性，表现为：母亲的依恋类型与婴儿的依恋类型存在一一对应的情况，其总对应率为 63.6%，其中母亲的安全型依恋与婴儿的安全型依恋之间的对应性最高，为 86.2%。这说明母亲自身的依恋模式会影响宝宝与母亲建立的母婴依恋模式。研究也发现，母婴依恋存在跨时间的一致性和稳定性，表现为：在幼儿期，安全型依恋的人数占 64.4%，不安全型依恋的人数占 35.6%，这与婴儿期的依恋类型分布基本一致；89.7%的安全型依恋的婴儿到幼儿期时仍为安全型依恋，85.0%的不安全型依恋的婴儿到幼儿期时仍为不安全型依恋，这说明婴儿期的母婴依恋类型对幼儿期的母婴依恋类型有较高的预测性。

- 在哺乳宝宝时，不要三心二意，应专注于哺乳这件事，享受与宝宝这一段亲密接触的美好时光。

- 注意保持与宝宝的情感交流。用怜爱、微笑的表情看着宝宝，用温和的语调安抚宝宝，用温柔的手抚摸宝宝，向宝宝传递安全、温暖的信息。

名言录

生命需要乳汁，更需要温暖。

——英国精神病学家约翰·鲍尔比

宝宝对亲子游戏“一往情深”，为什么？

3岁的嘟嘟在家时总是缠着爸爸妈妈和他一起做游戏，如捉迷藏、堆积木、拍皮球等。如果爸爸妈妈说累了，让嘟嘟自己玩会儿，嘟嘟就会蹲在爸爸妈妈的身旁，“焦急”地等待。一旦爸爸妈妈开始陪他玩，嘟嘟就特别兴奋，有时候甚至到晚上十一二点了，他仍无困意，兴趣盎然。

游戏是宝宝的最爱，而和父母一起做游戏也是许多宝宝为之欢呼雀跃的事。可以说，亲子游戏从宝宝出生后就已开始了。起初，父母是亲子游戏的发起者，宝宝也乐意回应。慢慢地，随着宝宝动作技能的发展，宝宝更多地成为亲子游戏的发起者。年幼的宝宝常常用期盼的眼神向父母传递“我想和你玩”的信息，稍大些的宝宝更会主动用言语直接邀请或央求父母和自己一起玩。为什么宝宝对亲子游戏“一往情深”呢？

首先，宝宝喜欢和父母一起

做游戏，是因为亲子游戏是宝宝获得积极情感体验的重要渠道。父母是宝宝的情感寄托，是宝宝依恋的对象。儿童心理学研究表明，0～3岁正是宝宝依恋产生和发展的重要时期。而依恋这种强烈的感情是宝宝在与父母的积极社会互动中逐步形成的。当宝宝对父母产生依恋后，宝宝就很渴望父母能随时陪在自己的身边，也希望父母参与自己的游戏活动。在游戏中，父母往往会与宝宝发生更多亲密的身体接触、眼神交流等，这些都能让宝宝继续感受到自己与父母之间亲密的情感联结。此外，作为最了解宝宝的成人，大多数父母都会在亲子游戏中根据宝宝的特点，调整自己的游戏行为，做出宝宝期待的回应，满足宝宝的所想所求，父母的这种"照顾"和"准确应答"使得宝宝与父母在游戏时更容易形成积极的社会互动，不容易发生冲突，同时增加了宝宝的自主感，让宝宝在亲子游戏中觉得很满足。

其次，宝宝喜欢和父母一起做游戏，是因为亲子游戏是宝宝学习知识技能的重要途径。心理学家维果斯基在其关于认知发展的社会文化理论中指出，宝宝的很多认知技能都是在与更有能力的社会成员的社会交往中逐渐发展起来的。而父母正是宝宝心中很有能力的重要学习对象，游戏是宝宝主要的社会活动形式，因此，宝宝会积极主动地发起亲子游戏，在游戏中接受父母的指导，学习父母身上所具备的能力。比如，宝宝对拼图感兴趣，但是有些无所适从，当父母加入时，宝宝通过父母的指导，如"先拼四角，再拼边框"，或者观察父母的示范，逐渐学会有效地拼拼图，从而获得了成就感。

亲子游戏能满足宝宝的情感需求，让宝宝体会到自己与父母之间的情深意浓；亲子游戏也能满足宝宝的认知需求，让宝宝在探索世界的过程中更加自信从容。但亲子游戏也要注意方式方法，不当的亲子游戏，如一味地迎合和满足宝宝的游戏需要，或者父母经常表现出不乐意、不耐烦的游戏态度等，都是不利于宝宝健康成长的。

心视界

早期游戏的发生与发展

有一项研究持续观察了一名婴儿从出生至1岁时家庭中的游戏行为，以此探讨宝宝早期游戏的发生和发展。该研究共获得了321次游戏行为记录，结果显示：宝宝在3个月时开始出现自发的观察游戏，如看到成人抖动衣物就大笑；随着宝宝动作技能的发展，宝宝在7个月时开始出现自发的动作练习游戏，如踢东西；在9个月时，宝宝开始出现自发的躲猫猫游戏，同时开始主动邀请父母一起玩动作练习游戏及追逐游戏；在11～12个月时，宝宝偶尔会进行简单的假想游戏，如模仿成人打电话。可见，1岁前宝宝的主要游戏形式是观察游戏、动作练习游戏及躲猫猫游戏；宝宝在9个月左右开始能够主动地发起多种形式的亲子游戏。

为了更好地发挥亲子游戏在宝宝成长中的价值，父母可以参考以下建议。

- 尊重宝宝玩亲子游戏的需求，不以幼稚或麻烦等为由拒绝宝宝玩亲子游戏的请求。父母也可主动发起亲子游戏，如周末带着宝宝去户外野餐、放风筝等。
- 在做游戏时，像宝宝一样专注、投入，享受做游戏的过程。与宝宝分享积极的情绪体验，不要表现出无聊、不耐烦的状态。
- 尊重宝宝的主体地位，尽量配合支持，而不命令控制。比如，在与宝宝玩过家家时，让宝宝分配角色，编排游戏的剧情，父母协助宝宝准备所需要的材料等。
- 适时发挥父母的指导示范作用。比如，在拼图游戏中，为宝宝提供拼拼图的策略建议，也可同时进行示范，在宝宝明白后，让宝宝独立完成，并及时表扬宝宝的进步。

名言录

儿童的时间应当安排满种种吸引人的活动，做到既能发展他的思维，丰富他的知识和能力，同时又不损害童年时代的兴趣。

——苏联教育家苏霍姆林斯基

离异家庭的宝宝烦恼多，为什么？

牛牛2岁多的时候父母离婚了，牛牛和妈妈一起生活，很少再见到爸爸。渐渐地，牛牛变得和以前不太一样了。比如，从前爱笑的他现在常常闷闷不乐。牛牛上了幼儿园后很少和小朋友一起玩，总是沉默寡言，形单影只。

在当今社会中，随着父母离婚率的攀升，越来越多的宝宝生活在离异家庭中。这种家庭结构给宝宝带来了不少烦恼，而不少宝宝的行为表现也成为家长的烦恼。离异家庭的宝宝常常出现悲伤、抑郁、愤怒等情绪问题，也常常出现回避社会交往、攻击等行为问题，同时容易形成孤僻、自卑、任性等性格特点。父母离异对宝宝的消极影响有可能是长期的。比如，与完整家庭的宝宝相比，离异家庭的宝宝在青春期时更可能出现犯罪等反社会行为。

心视界 家庭结构的变化与儿童的行为问题

有研究者采用美国家庭的国家样本数据，考察了 0～12 岁儿童的家庭结构变化与儿童行为问题之间的关系。结果表明，与儿童后期的家庭结构变化相比，儿童早期发生的家庭结构变化，特别是从双亲家庭到单亲家庭，更有可能导致儿童出现更多的行为问题。不过，研究也发现，对于高收入家庭的孩子来说，进入再婚家庭可能会有利于他们的行为发展。

为什么离异家庭的宝宝烦心事多，更容易出现各种各样的问题呢？

首先，离异家庭的宝宝很可能存在一些错误的想法。宝宝年龄小，认知发展还不成熟，他们很难理解爸爸妈妈为什么离婚，有的宝宝会觉得自己是导致爸爸妈妈离婚的原因，因而非常自责。有些宝宝觉得爸爸或妈妈不和自己生活在一起，意味着爸爸或妈妈不要自己了，这种被抛弃的想法容易让宝宝觉得自己不好，产生自卑感，也容易让宝宝很没有安全感，十分害怕再被抛弃，因而即使与抚养者的短暂分离，也可能引起他们非常强烈的分离焦虑。此外，当看到别的宝宝都有爸爸妈妈的同时陪伴而自己没有时，有些宝宝会认为自己生活在一个不正常的家庭。太过敏感的宝宝甚至把他人的关心理解为对“不正常的”“可怜的”自己的怜悯。这会增加宝宝的自卑感，宝宝可能会排斥社会交往，怨天尤人，脾气变得很暴躁等。还有的宝宝认为爸爸妈妈是使自己“不正常”的“罪魁祸首”，因而对爸爸妈妈产生敌对情绪，出现各种反叛行为。

其次，离异家庭的宝宝很可能接受着家长低质量的养育。离异家庭的家长往往承受着物质、精神方面的很大压力。而家长在压力面前的消极情绪会直接传染给宝宝，压力过大的家长也容易疏忽对宝宝的尽心照顾和爱的表达。有的家长甚至把宝宝当作出气筒，总是对宝宝发脾气，有时还说出怪罪宝宝的话来。宝宝感受不到抚养者的爱，内心必定是悲凉、痛苦的。有的家长可能走入了另一个爱的极端，即家长觉得自己对不起宝宝，就抱着补偿的心态溺爱宝宝，纵容宝宝。在抚养者的溺爱中，宝宝很容易变得任性妄为、过度依赖等。此外，无抚养权的那方家长在看望宝宝时，更可能“不顾一切”地对宝宝一呼百应，这样即使拥有抚养权的那方家长给宝宝提供了高质量的养育，对方不一致的教养方式造成的冲突也增加了主要抚养者养育的困难，造成或激化宝宝与主要抚养者之间的矛盾。

美国耶鲁大学儿童研究中心主任索尔尼特曾指出，父母离婚是最严重地威胁宝宝心理健康的因素之一。不过，并不是离异就意味着灾难，离婚是正常的社会现象，离异家庭也是正常的家庭模式。有研究认为，那些生活在父母经常吵架的完整家庭的宝宝更难以适应，出现更多的问题。离异家庭的家长可以针对上文提到的两点原因，从改变宝宝的错误认知及提供高质量的养育两个方面，降低父母离婚给宝宝带来的风险，帮助宝宝健康成长。具体建议如下。

- 平静、温和地向宝宝解释父母离婚的原因，告诉宝宝父母离婚不是因为宝宝不好，爸爸或妈妈也不是抛弃宝宝了。
- 接纳离婚这种正常的现象，帮助宝宝理解离异家庭也是正常的家庭。比如，告诉宝宝不管哪种家庭的宝宝都是值得尊重的，不要觉得低人一等。
- 积极地应对离婚后的压力，一如既往地既充分关爱宝宝，又坚持对宝宝的合理要求。家长持续的、健康的爱是宝宝健康成长的基石。
- 不要因敌意而排斥另一方家长看望宝宝，宝宝需要双方家长的爱，但双方家长教育要一致，都应负责任地给予宝宝健康的爱。

名言录

建立和巩固家庭的力量——是爱情，是父亲和母亲、父亲和孩子、母亲和孩子相互之间的忠诚的、纯真的爱情。

——苏联教育家苏霍姆林斯基

宝宝对父母也“偏爱”，为什么？

3 岁的朵朵最喜欢和爸爸在一起，经常要求爸爸带她在小区的活动区与其他宝宝玩。每当一家三口共同活动的时候，她总是左一声“爸爸”右一声“爸爸”地叫着，显得特别开心和骄傲。妈妈有时很“嫉妒”他们父女间亲密的交流。朵朵不仅对自己的爸爸亲，而且对其他的男性也表现出特别的喜欢和友好。是不是朵朵天生就“好色”呢？

在日常生活中，人们常常见到宝宝与父母相处时出现“偏爱”现象。正如上述例子中的女宝宝朵朵更喜欢和父亲相处，心理学家将其称为“恋父情结”。这种现象有时也会发生在母子间，即一些男宝宝更喜欢依恋母亲，这种现象就被称为“恋母情结”。弗洛伊德在其心理性欲发展理论中提到：从出生到 5 岁是宝宝人格发展的最重要阶段，也是人格形成的关键期。特别是 3 ～ 5 岁的宝宝，以异性父母为“性恋”对象，男孩会经历“恋母情结”，女孩则经历“恋父情结”。男孩想要替代父亲的位置，有与自己父亲争夺母亲的爱的表现和行为；女孩则想要替代母亲的位置，有与自己母亲争夺父亲的爱的表现和行为。难道人类从小就懂得“异性相吸”吗？

为什么宝宝对于父母会表现出“偏爱”呢？

对于这个问题，可能的原因有两方面。

第一，在婴幼儿早期，父爱与母爱的不平衡导致了宝宝的“偏爱”现象。根据心理学家弗洛伊德的观点，男宝宝恋爱母亲，嫉妒父亲，女宝宝恋爱父亲，嫉妒母亲，是一种本能的异性爱的倾向，即由母亲偏爱儿子和父亲偏爱女儿促成。在现实生活中，出现女宝宝恋父情结或男宝宝恋母情结都是宝宝幼年时期父亲或母亲的过分溺爱和母爱或父爱的不足造成的。比如，妈妈工作忙，和妈妈接触较少，在最需要母爱时只有爸爸的抚爱。在成长过程中，有的爸爸的娇宠和妈妈的严厉形成了鲜明的对比，致使宝宝逐渐疏远妈妈，甚至认为是妈妈抢走了爸爸本该给予宝宝的爱而渐渐产生对妈妈的怨恨。心理学家弗洛姆曾说过：母爱能使孩子学会爱和关心，是孩子情感发展的基础，而父爱则有利于孩子在心态和价值观方面的发展。因此，宝宝需要父母双方的均衡的爱才能正常健康成长。

第二，在宝宝性别认知敏感时期，父母不当的教育和引导致使宝宝出现对父母的“偏爱”现象，甚至会出现过度“偏爱”现象。3～6岁的宝宝正处于开始关注性别的差异，尤其对异性充满好奇心的阶段。可处于这一时期的宝宝的父母，由于受到谈“性”色变的传统性教育文化的影响，许多家长总是回避这一话题，导致宝宝对性别的认识水平没有达到应有的高度，或者说，宝宝有关性的认知和情感发展没有得到足够的重视与引导，从而形成了“恋父情结”和“恋母情结”。而心理学研究也发现，学前期为儿童性别认同形成的关键时期，不正确的性别教育和引导会导致宝宝过度依恋异性父母，有可能学习并形成异性父母特有的性格和气质，或者说，男宝宝容易出现“娘娘腔”，而女宝宝容易成为“假小子”，继而会出现性别认同障碍问题。

一般来说，婴幼儿期的宝宝表现出适度的恋父或恋母行为，实属正常现象，在安全的母婴依恋的基础上，出现适度的恋父或恋母情结，对亲子关系的健康发展和宝宝的

心视界

亲父反母

丽娟幼时在家就非常喜欢与父亲接触，认为和父亲交流很愉悦，但不喜欢与母亲相处，因为她认为母亲对她不了解，更不能理解她的想法，所以经常将自己的隐私和父亲分享，出门玩耍时也需要父亲在身边陪伴，并且喜欢挽着父亲的胳膊，动作十分亲昵，当父亲让她多与同伴交往时，她会因为喜欢和他人接触而产生自责感。从这个个案中可以看出，孩子感受到的父母亲的爱的极不平衡，会使孩子对父母亲的爱的天平发生倾斜。

社会性发展是非常有益的。比如，男宝宝能从母亲身上学到温柔、细致等女性的性格和气质，而女宝宝能从父亲那里学到坚强、担当、阳刚等男性的性格和气质。但如果宝宝出现过度“偏爱”父亲或母亲的情况，不仅容易产生如性别认同障碍，即“男不男，女不女”等性心理问题，而且会阻碍宝宝与同性父母、同龄人的感情交流，进而影响宝宝以后的异性交往行为及婚姻生活。

如何正确看待宝宝成长中的这一“偏爱”现象，引导宝宝与父母正确地进行情感交流呢？父母可参考以下几点建议。

● 父母的爱要均衡付出，双方要适度配合，不要为争夺宝宝的“宠爱”而刻意迎合宝宝的要求。比如，面对恋父的女宝宝时，父亲应多在女儿面前称赞妈妈的优点，增加宝宝对妈妈的正向认同。

● 父母需转变传统观念，利用在宝宝成长中的角色和作用的不同，在各自更擅长的方面帮助并教导宝宝。比如，父亲与男宝宝一起去郊游、爬山等来锻炼男宝宝的胆量；母亲与女宝宝一起浇花或做家务等来培养女宝宝的细心和耐心。

● 从小对宝宝，特别是 3 ～ 6 岁的宝宝注意性别差异，当宝宝出现对性的好奇时，进行性别识别教育，做好宝宝性教育的第一任老师，并在生活中选择适合宝宝性别的物品。比如，通过讲故事的方法让宝宝知道男女有别；可以带宝宝去游泳，让其通过了解男女泳装的不同，知道男女的身体存在差异；等等。

名言录

我们几乎是在不知不觉地爱自己的父母，因为这种爱像人活着一样自然，只有到了最后分别的时刻才能看到这种感情的根扎得多深。

——法国作家莫泊桑

宝宝喜欢和爸爸玩耍，但更依恋妈妈，为什么？

快 3 岁的哲哲很喜欢和爸爸一起玩，尤其是和爸爸玩“举高高”的游戏，简直乐此不疲。但是，哲哲与爸爸玩耍时，总要求妈妈在旁边。一旦妈妈不在哲哲的视线内，他就会大声哭闹，无论爸爸如何哄他都没有用。只有妈妈再次出现时，哲哲才会平息不安的情绪，并立刻投到妈妈的怀抱里。而等哲哲想玩的时候，又会主动去找爸爸。

在生活中经常看到，宝宝特别喜欢与爸爸玩耍，但又总离不开妈妈，尤其在睡觉、吃饭时，总是找妈妈。也就是说，宝宝玩时更愿意找爸爸，其他时候更喜欢找妈妈，即使与爸爸一起玩耍时也往往需要妈妈的随时陪伴，对妈妈十分依恋，正如上述实例中的哲哲一样。为什么宝宝喜欢与爸爸玩耍，但更依恋妈妈呢？

首先，宝宝特别喜欢跟爸爸玩耍，不仅是因为爸爸会花更多时间和宝宝玩，更是因为爸爸和宝宝玩耍的游戏性质通常和母亲不同：更多时候，爸爸会带宝宝参加一些身体的、户外的、带有刺激性的游戏，如踢球、上高举、高抛等，而母亲则偏向于过家家、躲猫猫之类的传统游戏及语言类的游戏。而宝宝喜欢参与运动的、有刺激性的甚至冒险的游戏，爸爸正好可以满足宝宝的这种游戏需求。在游戏中，爸爸似乎也能够传递给宝宝一种探索周围环境的自信，这种自信为宝宝提供了从容应对今后挑战的能力；同时，通过创设安全可靠的游戏环境，宝宝可以和爸爸建立更为安全、稳定的情感联结。

其次，宝宝喜欢与爸爸玩耍，但更依恋妈妈，是因为妈妈花了更多时间在直接的养育上，且妈妈温柔的肌肤接触和抚摸及轻柔安慰的话语等都能给宝宝带来更多的舒适感和快乐感。自宝宝出生以来，妈妈一直无微不至地照顾宝宝的生活起居，会更多地触摸宝宝的身体，表达对宝宝的爱。妈妈与宝宝接触时，也为宝宝提供了触觉、视觉、听觉的多方面刺激，这些刺激逐渐成为宝宝最重要、最信赖的刺激。哈洛的“替代母亲”实验就证明了身体接触所带来的安慰感是依恋形成的最重要因素。在这个实验中，哈洛制造了一个由金属丝做成的“金属母猴”和一个由绒布做成的“布母猴”来代替真母猴，然后将“金属母猴”和“布母猴”放置在同一房间里，并给两个“母猴”都装上奶瓶。结果发现，幼猴更愿意找柔软的“布母猴”。

爸爸的游戏满足了宝宝游戏的需求，妈妈的陪伴满足了宝宝情感的需求。事实上，在良好的互动中，宝宝与父母双方都能建立良好的情感联系，而这更有利于宝宝的成长。

要想和宝宝保持亲密关系，父母应该怎么做呢？以下有几点建议。

- 父母双方都要对宝宝发出的交流等信号保持敏感，并及时满足宝宝的合理要求。

心视界

对父母双方都形成安全依恋更能促进宝宝成长

研究发现，大多数婴儿不仅对妈妈形成了依恋，还可能会与爸爸形成依恋，而且对妈妈和爸爸都形成安全依恋的宝宝发展得更好。例如，一项研究以44名1岁半左右的宝宝为研究对象，对比观察了对父母双方都形成安全依恋的宝宝、只对妈妈形成安全依恋的宝宝、只对爸爸形成安全依恋的宝宝及对父母任一方均未形成安全依恋的宝宝的行为表现。结果显示，与父母双方都形成安全依恋的宝宝对友好的陌生人的反应更加积极，他们与陌生人有更多的交流，还能安抚陌生人的情绪。之后一系列研究也表明，对父母双方都形成安全依恋的宝宝能更好地完成入学适应，有较好的情绪自我调节能力，较少出现问题行为。

- 爸爸要多与宝宝互动，不仅仅是多进行游戏互动，还可以多进行生活起居上的互动，如定时与妈妈互换角色等。
- 母亲要提高母婴互动的质量，如多给予宝宝温柔的抚摸，多用轻柔的声调安抚宝宝，给宝宝哼唱儿歌等，让宝宝在互动中获得快乐体验。

名言录

在孩子们的口头、心里，母亲就是上帝的名字。

——英国小说家威廉·梅克比斯·萨克雷

宝宝“动手不动口”，为什么？

2 岁多的欢欢有个看起来很不好的行为，就是爱动手打人。有一次，欢欢看到小朋友头上戴了一个漂亮的发卡，仔细看了一会儿后，她竟然“狠狠”打了下那个小朋友的脑袋。当欢欢和其他小朋友一起玩耍的时候，若小朋友拿走了她的玩具，她更是马上会动手打那个小朋友。

很多宝宝，尤其是 3 岁之前的宝宝，经常和故事中的欢欢一样，好像特别喜欢动手打人。每每遇到不合自己意愿的事情，如别人抢了他们的玩具，吃了他们的东西，或挡住了他们的路等，他们二话不说，就动手打人，活像个“小暴君”。有时，即使别人好像并没有惹到他们，他们也可能就那样毫无缘由地突然拍别人一巴掌，弄得别人一头雾水。宝宝为什么总是这样“动手不动口”呢？

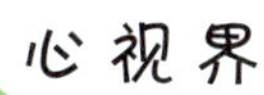

2 岁的婴儿最暴力

加拿大暴力行为研究学者理查德·特里认为，2 岁左右是宝宝最容易发怒的阶段，也可能是人类攻击意识最强烈的年龄。他指出，宝宝出生后就具有感觉愤怒的能力；宝宝 4 个月时，就可以表达自己的愤怒；随着身体的发育，当宝宝逐渐能够控制手臂和腿的时候，宝宝出现打或踢的情况就会明显增多；等宝宝 2 岁时，其暴力行为的主要表现为发脾气，且发脾气的频率会达到顶峰；当宝宝长到 3 岁时，随着宝宝的动作控制能力变得更为娴熟，他们的暴力行为的出现频率便会慢慢降低。

首先，宝宝动手打人的举动可能是无意的，这只是宝宝动作发展过程中的一种自然现象。通常，在 9 个月左右时，宝宝手部的功能分化会有一个突然的发展，手腕到上臂的支配能力会有一个很大的突破，这给宝宝带来了一种前所未有的乐趣。正好比人们学会了某种技能，就会很乐意使用它一样，宝宝也会开始乐于进行手臂肌肉运动的练习，由此便出现了动手打人这种行为。此外，随着语言能力的发展，宝宝在 1 岁左右，还能够发出“哒哒哒”的类似“打”的发音，手部也会不经意地做出相应的拍打动作，好似动手打人。

其次，宝宝的动手打人可能是有意的，它是宝宝表达自己内心感受的一种方式。比如，为了吸引父母的注意力，得到父母的关注；为了告诉小伙伴“我想和你玩”，渴望人际交往；为了表达自己的要求，“你不准动我的东西”；等等。而之所以在多数情况下，宝宝的第一反应是“动手”而不是“动口”，源于动作是年幼宝宝与外界交流的重要方式。正如心理学家皮亚杰所说的，0 ～ 2 岁的宝宝处于认知发展的感知运动阶段，他们喜欢用眼睛、耳朵、嘴巴和手来探索周围的世界，如用手敲击小桶发出声响，把玩具从盒子里拿出来又放进去，有时候还会用嘴去“尝尝”积木的味道等。这样，宝宝喜欢动手就不难理解了。

最后，宝宝选择“动手”而不是“动口”也可能源于模仿。宝宝的模仿能力很强，宝宝的很多攻击行为都是从父母、同伴或电视人物身上学来的。比如，如果家长总是用体罚这种方式来教育宝宝，宝宝就很可能学着同样用这种方式对待其他人。

由此可见，宝宝动手打人既是宝宝自然成长的结果，又是宝宝表达内心感受的途径。但是，若任其发展下去，当宝宝动手打人的肢体动作变成宝宝习惯性的攻击行为时，就会严重影响宝宝的人际交往，不利于宝宝的社会适应。

那么，家长应该如何正确对待宝宝动手打人的行为呢？这里有一些建议。

● 当年龄较小的宝宝出现无意的动手打人行为时，不要给予宝宝积极的反馈，避免强化这个动作，同时可引导宝宝拍打物品而非人来练习手部动作。

● 当宝宝出现有意的动手打人行为时，可先让宝宝冷静下来，倾听宝宝内心的感受，然后坚定地告诉宝宝动手打人是不对的，并教宝宝如何正确和小伙伴沟通，如请求、协商等。

● 营造积极的家庭氛围，避免采用粗暴的行为方式解决问题，以免给宝宝树立动手打人的示范。

名言录

儿童的行为，出于天性，也因环境而改变，所以孔融会让梨。

——文学家、思想家鲁迅

宝宝“恋”着父母的床，为什么？

晴晴很小的时候体质差，易感冒，妈妈为了便于照顾她，就一直让她在父母的床上睡觉。如今晴晴已经 4 岁了，但她还是要跟父母一起睡。有时妈妈直接把她抱到她的小床上，晴晴就怎么也不愿意，不停地哭闹，直至妈妈再把她抱回父母的床上为止。

日常生活中，许多父母都会在宝宝 4 ～ 5 岁的时候尝试与宝宝分床睡觉。可是，有些宝宝仍“痴痴”地“恋”着父母的床，就是“赖”着不走。若父母的态度稍微严厉些，如强行把他们抱到他们自己的床上，他们就哭闹着抗议。有的宝宝甚至在白天听到父母提及让他们自己睡时，也会立刻变得很不开心或大发脾气。为什么宝宝“恋”着父母的床，不愿意自己睡呢？

首先，宝宝不想自己睡，是因为宝宝不想与父母分离。虽然在父母眼里，分床只是一件微不足道的事，但是在宝宝眼里，分床即意味着分离，若和父母分床而睡，父母就不能再时刻出现在他们的视线里，守护在他们的身边了。与父母分离会引起宝宝的分离焦虑，是一件宝宝难以承受的“大事”。研究表明，宝宝对与父母分离的情感反应一般都会十分强烈，认为与父母分离就意味着失去父母的爱，有的宝宝甚至会有被拒绝、被抛弃的感觉。所以，宝宝“恋”着父母的床，实际上更多的是“恋”着父母的爱，不愿意失去父母的爱。

其次，宝宝“恋”着父母的床，不愿意自己睡，是因为宝宝不愿意失去安全感。熟悉、可掌控的环境会给宝宝带来安全感；相反，陌生、无法预料的环境会给宝宝的安全感造成威胁。通常，宝宝从出生开始就一直和父母在一起，父母的床已成为宝宝熟悉的“天堂”，而突如其来的自己的房间、自己的床，对于宝宝来说，就是一个陌生的环境。这种陌生的感觉已威胁到了宝宝安全需要的满足。此外，宝宝本身在 2 岁左右就会开始怕黑，随着想象力的发展，他们对黑夜的恐惧可能更加强烈。若和父母一起睡，当宝宝害怕时，宝宝可以紧紧钻进父母温暖的怀里，及时得到父母的安抚，但宝宝若一个人睡，他们就只能独自忍受内心的恐惧。所以，为了避免陌生的、难以掌控的感觉，宝宝自然会对父母的床“恋恋不舍”。

宝宝与父母分床睡，是宝宝成长的必经之路。若宝宝持续地“恋”着父母的床，容易使宝宝对父母产生过分依赖的心理，难以学会勇敢地走向独立。但毕竟告别父母的温床是对宝宝适应能力的一次挑战，需要宝宝适应与父母短暂的分离，适应独自面对陌生或恐惧。为了帮助宝宝成功地完成这次挑战，不再“恋”着父母的床，父母可参考如下一些建议。

心视界

分离反应的进化意义

英国著名心理学家约翰·鲍尔比的研究发现：有些与父母分离的宝宝会以极端的方式，如哭喊、紧抓不放、疯狂地寻找等，抵抗与父母的分离或对待长时间不见了的父母。这种方式其实在许多哺乳动物中也很常见。因此，鲍尔比指出，这些行为可能具有生物进化意义上的功能。年幼的宝宝不能独自获取食物和保护自己，需要依赖于年长而聪明的成年个体的照顾和保护。在进化的历程中，能够与一个依恋对象维持亲近关系的宝宝才更有可能生存到生殖年龄。

- 平时多用心陪伴宝宝，毫不吝啬地告诉宝宝父母对宝宝的爱，不要总是突然不辞而别，以降低宝宝对分离的担忧。
- 循序渐进地引导宝宝自己睡。比如，可以先分被子睡，接着让宝宝在父母房间内的小床上睡，最后再让宝宝到自己的房间睡。
- 让分床这件事变得令人期待或有趣。比如，可以让宝宝参与设计自己的房间，挑选自己喜欢的床单、被罩等；还可以选择一个特殊的日子，如在宝宝生日或儿童节那天，举行一个分床仪式。
- 可以在宝宝床头放一个宝宝熟悉的物品，如洋娃娃等，或睡前轻吻宝宝的额头，以降低宝宝内心的恐惧。

名言录

为了孩子，我的举动必须非常温和而慎重。

——德国思想家马克思

宝宝会“吃醋”，为什么？

璐璐来瑶瑶家做客，出于礼貌，瑶瑶的妈妈一见到璐璐，就很热情地夸璐璐是个漂亮、懂事的好宝宝。3岁的瑶瑶听了，立刻拉着妈妈的手说道：“妈妈，妈妈，我也漂亮，我也懂事！”一会儿，在瑶瑶和璐璐一起玩拼图的时候，瑶瑶妈妈随口说了句：“瑶瑶，别挤着璐璐，让着璐璐啊！”怎料瑶瑶很生气，不和璐璐一起玩了。

生活中，很多宝宝都很容易出现与上述瑶瑶那样的行为，即“吃醋”。当看到家长很关爱别的宝宝，或听到家长夸赞别的宝宝等时，他们总不那么舒服。有的宝宝撇嘴生闷气或者大哭大闹，有的宝宝使劲把家长拽回到自己的身边，还有的宝宝甚至会故意攻击那个被家长关心的宝宝，反应很强烈。宝宝为什么会“吃醋”呢？

宝宝出现“吃醋”的行为，是宝宝的嫉妒心理在“作祟”。宝宝的嫉妒，可能源于一种害怕失去抚养者注意的本能反应。研究发现，即使是3个月的婴儿也能表现出明显的嫉妒。比如，心理学家玛丽亚·莱赫斯特带领的专家研究小组曾经考察了3个月、6个月和9个月的婴儿在四个情境中的反应，这四个情境分别是：实验者在婴儿面前喝水，实验者盯着婴儿看，实验者和婴儿的母亲说话但婴儿的母亲没有回答，以及婴儿的母亲与实验者说话并且发出笑声。结果发现，前三个情境都不会引起婴儿明显的不安，但在第四个关于实验者持久占据婴儿母亲注意的情境中，同其他年龄的婴儿一样，3 个月的婴儿也表现出了明显的不安，他们开始在座位上动来动去，嘴里发出急促而愤怒的声音。从进化的视角来说，持久地获得抚养者的注意对个体的生存具有重要意义，所以，嫉妒是宝宝的一种自我保护的反应。

随着年龄的增长，宝宝自我保护的具体内容主要可分为保护亲密关系与保护自尊两种。首先，宝宝会因保护亲密关系的动机而产生嫉妒。例如，当母亲对另外一个宝宝关爱有加时，宝宝会觉得另外一个宝宝正享受着母亲的爱而自己没有，感受到对自己与母亲的亲密关系的威胁，为了抵御这种威胁，保护亲密关系，宝宝产生了嫉妒。在行为表现上，宝宝的嫉妒反应既可以指向母亲，如接近母亲，让母亲抱自己而不要抱别人等，又可以直接指向那个被母亲关爱着的宝宝，如把这个宝宝推开等。其次，宝宝会因保护自尊的动机而产生嫉妒。这多见于宝宝的重要他人，如母亲对别的宝宝赞赏有加的时候，且一般常见于 2 岁之后的宝宝身上。因为随着自我意识的发展，2 岁之后的宝宝开始逐渐关注他人，尤其是重要他人对自己的评价，在此基础上获得自尊。当母亲等在夸奖别的宝宝时，宝宝会觉得别的宝宝正收获着自己渴望的积极评价而自己没有，宝宝感受到对自尊的威胁。为了保护自尊，宝宝表现出主动索取表扬或说别的宝宝不好等嫉妒行为。

内心没有获得足够安全感的宝宝更容易感受到关系或自尊的威胁，产生自我保护的反应，产生嫉妒。因为缺乏安全感，宝宝倾向于时时刻刻把家长对自己的关注攥在手里，需要时时刻刻保证家长对自己的肯定，一旦体会到“空档”，就仿佛受到了很大的威胁。此外，“养尊处优”的宝宝也更容易产生嫉妒。这样的宝宝在日常生活中被过分溺爱，形成了强烈的优越感和特别自我的性格，认为家长只能爱自己，只能夸自己，别人不能比自己强。一旦发现了“意外”，他们就难以接受。

心视界

宝宝的嫉妒反应

有研究者选择了 87 个有学步儿（平均年龄 23 个月）的荷兰完整家庭，设计了父亲与子女、母亲与子女、父母亲与子女等的多种家庭游戏活动，并在活动中设置了由社会对象（如娃娃）或非社会对象（如书籍）作为竞争对手的可能引发宝宝嫉妒的情境，以此观察宝宝的嫉妒行为（如分心）和嫉妒情绪（如愤怒、悲伤、焦虑）。结果发现：当娃娃为竞争对手时，宝宝产生的嫉妒行为最多，而当非社会对象为竞争对手时，宝宝产生的嫉妒行为最少；与父亲相比，宝宝会对母亲表现出更多的嫉妒行为；在宝宝表现出更多的嫉妒行为的情况下，宝宝也会显示出更多的愤怒情绪。

作为宝宝自我保护的一种方式，嫉妒可以及时提醒家长对宝宝的关注，有助于宝宝重新感受到与家长的亲密关系及自尊等。但是，嫉妒这种消极体验也可能促使宝宝出现动手打人、指桑骂槐等不当的过激行为，阻碍宝宝良好的社会互动；持续的嫉妒还容易成为心理困扰，不利于宝宝心理的健康发展。那么，家长如何应对宝宝会“吃醋”这个问题呢？这里有几点建议。

- 给予宝宝稳定、一致的爱，以防宝宝感到不安全，总担心失去家长的关爱或肯定。但也要注意，不要溺爱宝宝，唯宝宝独尊。
- 多与宝宝沟通交流，向宝宝解释家长关爱其他宝宝不代表家长就不爱宝宝了，家长夸其他宝宝也不表示家长就觉得宝宝不好。
- 当家里来了小客人时，不要在照顾小客人时冷落了宝宝，更不要以“警示”宝宝的口气显示对小客人的关照，应同时照顾到宝宝的感受。比如，不要对宝宝说“你别欺负小客人”，可对他们说“你们两个一起好好玩，不要相互打闹”。
- 尽量避免将自己的宝宝与别人家的宝宝做比较，尤其避免在夸奖别人家宝宝的同时，贬低自己的宝宝。注意在夸奖别的宝宝的时候，也夸奖自己的宝宝。
- 当宝宝“吃醋”时，不要嘲笑或责怪宝宝“小气”等，可站在宝宝的视角说“宝宝是想提醒我冷落宝宝了吗”等，然后及时称呼宝宝“亲爱的宝贝”，对宝宝说“我爱你”等。

名言录

教育孩子，首先要重视孩子。

——德国教育家卡尔·威特

宝宝喜欢玩电子游戏，为什么？

3岁的男孩明明最近迷上了平板电脑中的“汤姆猫”“消消乐”等游戏。他“无师自通”地学会了解锁平板电脑，打开游戏界面，并煞有介事地“过五关，斩六将”。如果爸爸妈妈不催促或命令明明休息，明明玩起来就不知道停。

信息时代的快速发展不仅改变了成人的生活，还改变了宝宝的生活。比如，各种电子游戏也渗透进宝宝的日常活动，成了不少宝宝的最爱。有的宝宝一见到爸爸妈妈，可能就惦记着要玩爸爸妈妈的手机或平板电脑。有的宝宝在哭闹的时候，只要给他手机或平板电脑，他就会立刻恢复平静，开始专注地玩游戏。别看他们年纪小，两三岁的宝宝都可能会自如地操作，可能比成人玩得更好呢。

心视界

宝宝玩电子游戏的情况调查

研究者通过问卷、访谈的方式调查了成都地区378名3～6岁宝宝玩电子游戏的情况。调查结果显示，有70%的宝宝在玩电子游戏，超过半数的宝宝是在没有父母陪伴的情况下独自玩，大部分宝宝玩电子游戏的时间在半小时内，宝宝玩的电子游戏主要为休闲娱乐型，智能手机是宝宝玩电子游戏的主要工具。此外，有近半数的宝宝如果被禁止玩游戏就哭闹，表现出上瘾征兆。

为什么宝宝喜欢玩电子游戏呢？

首先，电子游戏的界面通常色彩绚丽、生动形象，还配有活泼多变的背景音乐，而具有形象思维特点的宝宝很容易被这些丰富的视听觉刺激所吸引。

其次，现在的很多电子游戏都相对简单。在动作要求上，几乎动动手指就可以了，而随着手部精细动作的发展，1岁左右的宝宝就已实现手指分化，能够用单个手指，如食指敲击电子屏幕，进行基本的游戏操作；在认知要求上，记住几个按钮的固定功能或会辨别不同的颜色、形状，就可以玩一些简单的娱乐或益智类游戏，而这对2岁左右的宝宝来说往往“不在话下”。宝宝具有玩电子游戏的能力，能够在电子游戏中取得成功，这种胜任感会作为一种内在动机驱使着宝宝继续玩，让他们在游戏中获得成功的体验。而如果宝宝在生活的其他活动中总是感受到挫败，或总是受到家长的批评指责，他们就有可能更倾向于通过在电子游戏中的成功体验补偿自己渴望被肯定的需要。

最后，电子游戏提供了一个相对开放的、允许自由探索的环境，而宝宝的好奇心很强，具有很强的探索欲望。宝宝乐于去点点这里，点点那里，去发现会产生什么神奇的效果。与此相关地，宝宝在电子游戏中的每一次探索和尝试，都能得到非常及时甚至是夸大性质的回应，这也给宝宝一种自主的控制感。而如果在生活中，家长总是忽视宝宝或过分控制宝宝，宝宝可能会更乐于从电子游戏中寻求及时的回应与操纵体验。

不可否认，电子游戏对宝宝的成长可以发挥一些积极作用。比如，玩需要快速反应的电子游戏可以提高宝宝思维或动作的敏捷性；玩一些寓教于乐的电子游戏可以提高宝宝的学习兴趣；电子游戏也能在一定程度上缓解宝宝的心理压力。相对于电视，电子游戏具有更多的交互性，宝宝的主动参与程度也较高。而正是考虑到这点，有研究者认为玩电子游戏比看电视更容易增加宝宝的攻击性，因为在看暴力电视节目时，宝宝只是相对消极地观看，而在玩暴力电子游戏时，宝宝正积极实施着攻击行为，并被成功的结果强化。长时间地玩电子游戏还会损害宝宝的视力，容易引发宝宝肥胖等生理问题，也可能导致宝宝对电子游戏形成依赖，不利于宝宝社会性的发展。所以，家长应对宝宝加以适宜的引导。以下几点建议可供参考。

- 控制宝宝玩电子游戏的主题，可允许宝宝玩一些专为宝宝设计的益智类游戏，避免宝宝接触到暴力内容。

- 控制宝宝玩电子游戏的时间。每次尽量不要超过 15 分钟，玩一会儿后就要求宝宝暂停，活动活动，让眼睛休息一下。

- 避免宝宝出于补偿内在需要而迷上电子游戏。多关心陪伴宝宝，不要为了“图清静”就把宝宝“丢”给电子游戏；多鼓励宝宝，及时肯定宝宝在各方面取得的进步；尊重宝宝的自主意识，允许宝宝自己做选择等。

- 丰富宝宝的业余生活，把宝宝引到更广泛的现实交往等活动中去，避免玩电子游戏成为宝宝娱乐的主要或唯一方式。比如，多进行各种主题的亲子活动，鼓励宝宝走出去和同伴一起玩等。

名言录

游戏是小孩子的“工作”。

——英国作家、戏剧家莎士比亚

宝宝喜欢玩“过家家”游戏，为什么？

4岁的甜甜对“过家家”游戏非常着迷，每天在家里都抱着她的布娃娃，一会儿扮“妈妈”，一会儿演“爸爸”，给布娃娃做饭、喂布娃娃吃饭、哄布娃娃睡觉等。看到爸爸妈妈有空了，甜甜还缠着爸爸妈妈一起玩，要爸爸妈妈当她的小宝宝。她那专注、有模有样的神情，真是很有意思！

1岁多之后，宝宝的游戏活动看起来变得越发有趣了。“过家家”成了很多宝宝的最爱。他们装扮成各种家庭角色，上演着一幕幕家庭活动情景。在游戏中，沙发可能会被他们当成床，毛巾可能被当成被子，椅子可能被当成小汽车。除了“过家家”，有的宝宝还喜欢玩“护士与患者”的游戏，他们可能把水彩笔当成体温计或注射器，给布娃娃量体温或打针等。

这类具有假装性质的游戏叫作假装游戏或象征性游戏。假装游戏的出现反映了宝宝思维发展的一大进步，即宝宝的思维具有了符号功能，他们会用一个事物代表另一个事物了。比如，在思维的符号功能出现之前，椅子对宝宝来说就仅仅是椅子，而宝宝思维的符号功能的发展使得椅子对他们来说，也可以是小汽车了。

宝宝的假装游戏开始于 1 岁半左右，随着年龄增长，宝宝的假装游戏会逐渐变得更复杂，更具有社会性。比如，2 岁之前的宝宝只会用玩具电话来假装打电话，而大于 2 岁的宝宝可以把香蕉这个与真实电话区别较大的物体当作电话，之后甚至还可以不借助任何物体地想象有一部电话。起初宝宝只是自己玩假装游戏，到 2 岁半时，宝宝开始和同伴一起玩，并合作着扮演互补的角色，如“你当妈妈，我当孩子”，但是他们还不会设计假装游戏的情节，而到 4 岁左右，宝宝就可以精心地设计、讨论、修正游戏的情节，协调各种角色了。

假装游戏可以使宝宝获得很多的内在满足。比如，宝宝通过扮演大人，像大人一样说话、做事，创造着他们想象中的大人的世界，宝宝在假装游戏中满足了自己对成人世界的探索欲与模仿欲，同时可获得一种“长大了”的能力感。假装游戏也能作为一种补偿方式，满足宝宝在现实生活中不能实现的愿望等。比如，在现实生活中被忽视的宝宝可能通过扮演一个被“妈妈”细心照顾的小宝宝，来满足自己渴望得到父母的爱的愿望。在被家长批评后，宝宝可能在游戏中假装别人做错了事，“批评”别人，以此发泄自己在家长面前不能发泄的不良情绪等。此外，通过与有着共同游戏喜好的同伴分别扮演不同的角色，宝宝在假装游戏中得到了一个最直接的与同伴交流的机会，满足了自己同伴交往的需要。

宝宝出于内在兴趣而游戏，他们在假装游戏中获得内在满足的同时，也锻炼了他们使用符号的能力、想象力及创造力等；他们学着调节自己的情绪，发展着应对情绪冲突

心视界

萨顿·史密斯的“当作”游戏理论

萨顿·史密斯强调了宝宝的假装游戏中“当作”特性的重要性，认为无论是“当作”活动的过程还是“当作”思维的产物都对宝宝的发展有重要意义。在假装游戏中，宝宝把物体或人物“当作”其他东西，如棍子被“当作”枪，同伴被“当作”爸爸妈妈。这种“当作”帮助宝宝学会怎样打破事物既定的意义和联系，发展扩散思维能力；这种“当作”让宝宝自由去构想、扮演和进行角色交换。萨顿·史密斯还指出，在假装游戏中，宝宝也发展着自主感。

的能力；他们在与同伴交往过程中发展着自己的社会交往技能。可见，假装游戏对宝宝的发展具有多方面的积极作用。那么，家长或老师可以为宝宝做些什么呢？

● 理解假装游戏，不要制止宝宝的假装活动。宝宝知道自己在假装，不必担心他们走不出“幻想”的世界。

● 准备不同主题的游戏道具，供宝宝选择，如家庭生活主题的“迷你厨房厨具”，医院主题的“小小医疗箱”，理发店主题的“理发小工具”等。同时，鼓励宝宝自己创造道具，如把积木当电话而不是非要一个玩具电话。

● 丰富宝宝的日常生活经验，为宝宝的假装游戏提供素材。比如，带宝宝去逛超市，鼓励宝宝观察营业员的行为；带宝宝去逛菜市场，鼓励宝宝观察卖菜的人的行为；等等。

● 可以和宝宝一起玩假装游戏，但应充分尊重宝宝，积极配合而不控制。比如，在宝宝发出帮助请求时可给出一些供宝宝参考的建议，让宝宝自主决定，而不是下指令，以避免抹杀宝宝的创造力和兴趣等。

名言录

儿童游戏中常寓有深刻的思想。

——德国诗人、剧作家席勒

宝宝喜欢玩“幼稚”的游戏，为什么？

1 岁多的静静一点儿也不静，她喜欢不停地伸舌头，喜欢从椅子上爬上爬下，喜欢在床上跳来跳去。之前她还喜欢先用一块手帕盖住自己的脸，拿掉、盖上又拿掉，反反复复；有时她也喜欢不停地摇拨浪鼓，边听拨浪鼓的声音，边咯咯咯地笑……

很多 2 岁之前的宝宝都像故事中的静静一样，总是玩一些非常简单的、在大人看来幼稚甚至无聊的游戏。比如，他们可能把手中的勺子扔到地上，大人刚捡起来给他们，他们却立马又笑着把勺子扔出去；有的宝宝还喜欢吐口水玩，当自己用口水吹起小泡泡，然后吹破它时，他们就会乐得笑开了花。宝宝为什么会如此热衷于这些“幼稚”的游戏呢？

著名心理学家皮亚杰曾根据儿童认知发展的水平，把儿童的游戏分为三种：练习性游戏、象征性游戏和规则游戏。而上述那些“幼稚”的游戏其实就是皮亚杰所说的练习性游戏，也可称为机能性游戏。它是一种最简单、最基本的游戏形式，以抓、摸、拿等动作为主，最初包括重复移动身体，如蹦、跳、绕着房间跑等，然后逐渐包括反复摆弄物体，如不停地摇拨浪鼓、敲铃鼓，不断地抓、丢玩具等。之所以这种练习性游戏是0～2岁宝宝的典型游戏，是因为这一时期的宝宝的认知发展水平处于感知运动阶段，即他们主要是通过感知觉和动作来认识周围环境的。在练习性游戏中，宝宝重复动作行为的动力不是来自外部的要求，而仅仅是来自游戏动作本身。比如，将手帕盖在自己头上再拿掉时，宝宝更加关注的是拿掉手帕这个动作，而不是手帕拿掉之后的结果。也就是说，他们的目的就是保持“动”的状态，对他们而言，“动”即快乐。

除了“动”的快感，宝宝也能在练习性游戏中体验到一种对环境和自身的控制感或操纵感，这种“控制”的快感也给了宝宝一个爱上练习性游戏的理由。比如，最开始时，宝宝偶然将手中的勺子掉到了地上，发出“咚”的响声，他们就可能因好奇而重复这个动作；当认识了勺子的特性后，宝宝摆脱最初的好奇心，开始反复将父母捡给他们的勺子往地上扔，这是因为宝宝觉得自己能自主地操作手中的勺子，想把它扔掉就有能力把它扔掉，想听到“咚”的声音就可以听到“咚”的声音。同时，宝宝还觉得自己能控制父母的行为，因为宝宝知道如果想让父母做出捡的行为，把勺子扔掉就好。

可见，练习性游戏既给了宝宝“动”的快感，又满足了宝宝“控制”的快感。在这种简单的游戏中，宝宝也能收获丰硕的成就感，从而自信满满地前行在成长的道路上。因此，当面对年幼宝宝的那些“幼稚”的行为时，家长可以注意以下几点。

心视界

感知运动阶段

皮亚杰将感知运动阶段细分为如下6个亚阶段：①发射活动阶段（0～1个月），宝宝的动作主要是在练习先天的反射活动；②初级循环反应阶段（1～4个月），宝宝开始重复地玩自己的身体，如不停地吮吸手指；③二级循环反应阶段（4～8个月），宝宝开始重复地玩物体，如反复挤玩具鸭子；④二级循环反应间的协调阶段（8～12个月），宝宝开始出现有计划的行为，能够为了一些简单的目的而协调两种或两种以上的动作，如一手掀垫子一手去拿垫子下的玩具；⑤三级循环反应阶段（12～18个月），宝宝开始尝试用不同的新方法摆弄物体，探索事物运作的方式；⑥符号问题解决阶段（18～24个月），此时的宝宝已经能够利用内部心理符号而不必通过试误来解决问题了。

● 尊重宝宝游戏的天性。比如，在相对安全的范围内允许宝宝蹦、跳、跑来跑去等，在不伤害他人的情况下允许宝宝抓、扔、撕东西等，让宝宝“动”起来。

● 适时参与宝宝的游戏。比如，先配合宝宝一起玩扔与捡的游戏，当重复一定次数后，再鼓励宝宝换个游戏，满足宝宝的控制感。

● 给宝宝提供适当的游戏材料。比如，可为宝宝买一些色彩鲜艳的、会发声的、需动手操作的玩具，让宝宝自己去探索。

名言录

儿童为什么要游戏呢？儿童游戏就因为他们游戏。“因为”二字在游戏中消失了。游戏没有“为什么”。儿童在游戏中游戏。

——德国哲学家马丁·海德格

宝宝喜欢自己挑的玩具，为什么？

妈妈给雯雯买了很多玩具，五颜六色，种类各异，可雯雯只喜欢其中的芭比娃娃、乐高，而对妈妈买的电动玩具等碰都不碰。在商场，雯雯总对毛绒玩具店恋恋不舍，妈妈说给她买个玩具钢琴，可雯雯丝毫不感兴趣，只想要自己喜欢的毛绒娃娃。

很多宝宝都像雯雯这样常常对家长给他们买的玩具“挑三拣四”，而对自己挑的玩具爱不释手。比如，家长认为立体拼图对宝宝成长有益，但有的宝宝可能不喜欢，偏偏只想玩用不了多久的泡泡水。有时家长“下狠心”给宝宝买了一个非常昂贵的玩具，宝宝可能“不领情”，也许他们对这个昂贵的玩具的兴趣还没有对一个用过的矿泉水瓶的兴趣大。

宝宝喜欢自己挑的玩具这个现象，反映了宝宝对玩具已形成了自己的选择偏好，他们会有选择性地玩玩具。

宝宝对玩具的选择偏好与他们的认知发展水平有关。比如，2 岁之前宝宝的思维主要依赖于感觉和动作，因而这个阶段的宝宝尤为喜欢色彩鲜艳、摇一摇或敲一敲就会闪闪发光或发出各种声音的玩具，如摇铃、拨浪鼓等。随着宝宝符号思维的出现，他们的目光可以不局限于眼前的事物，能用一个物体替代另一个物体，宝宝喜欢上了“过家家”之类的假装游戏，因而宝宝会很喜欢“厨具”“小护士箱”之类的玩具。这时，即使是一个小空瓶子，也可能被宝宝当成“炒菜”用的装满酱油的“酱油瓶”，成为宝宝游戏时不可或缺的道具。

宝宝对玩具的选择偏好与宝宝的动作发展水平有关。比如，1 岁之前宝宝的手部精细动作的发展还不完善，所以宝宝会更喜欢那些可供他们用整个手掌来抓握的玩具，如小皮球。当宝宝的手指变得灵活些后，宝宝会慢慢喜欢上穿珠、积木之类的玩具。宝宝会走、会跑之后，会开始更热衷于一些运动类的玩具，如踏板车等。

宝宝对玩具的选择偏好也是在生活经验中被塑造出来的。比如，通常男宝宝喜欢小汽车，女宝宝喜欢洋娃娃，而不同性别宝宝的这种玩具偏好是与成人按照他们的性别选择不同类型的玩具有关的。在生活经验中，宝宝一般也会逐渐形成自己的兴趣爱好，爱绘画的宝宝会更喜欢小画板之类的玩具，爱音乐的宝宝可能会喜欢小钢琴等。

玩具是宝宝眼中一个值得探索的世界，在玩玩具的过程中，宝宝体验着身心的愉悦，也发展着自己在认知、动作等方面的能力。为宝宝提供适宜的玩具，是值得家长考虑的事情。下面几点建议可供参考。

- 尊重宝宝自身对玩具的选择偏好。如果宝宝只想要玩具枪，家长却给宝宝买玩具小汽车，宝宝就肯定不喜欢。不妨“大胆放手”让宝宝挑他们喜欢的玩具，若宝宝的要求有点高，可与宝宝协商。

- 不必盲目追求多或者贵，宝宝乐意玩的玩具才有可能发挥作用。比如，大自然中很平常的东西，如树叶、沙子、石头、泥巴等，反而很有可能成为宝宝百玩不厌的玩具。此外，家长可以多与宝宝一起动手制作玩具，如纸飞机、风筝等。

心视界

幼儿家长选择玩具的态度调查

一项研究调查了 411 名幼儿家长对选择玩具的态度，结果发现：幼儿家长在为宝宝选择玩具时存在一些误区，如家长给宝宝买的玩具的数量普遍过多；家长在选购玩具时更多考虑的是玩具的价格及家长自身而不是宝宝的喜好；家长对玩具的安全性问题还不够重视；家长倾向于购买现成的玩具，而忽略了对宝宝来说可以自己动手制作玩具，同时忽视了使用替代玩具，如用积木代替玩具电话的重要意义。此外，调查结果还显示，家长与宝宝一起玩玩具的时间较短，且只有 27.5% 的家长认为宝宝玩玩具时需要指导。

● 根据宝宝的年龄发展特点选择玩具。比如，为年龄较小的宝宝选购摇铃、拨浪鼓、小皮球等；为年龄稍大些的宝宝选购穿珠、积木及过家家的材料等。

● 注意玩具的安全性。比如，虽然年幼的宝宝特别喜欢色彩鲜艳的玩具，但要注意玩具不要太过耀眼，以免影响宝宝的视觉发展。

● 可给宝宝选购一些可以或必须多人一起玩的玩具，如“多人钓鱼”“跳跳棋”等，增加宝宝的亲子交往及同伴交往的经验。

名言录

游戏是儿童最正当的行为，玩具是儿童的天使。

——文学家、思想家鲁迅

宝宝“朝三暮四”，为什么？

有一天，4 岁多的圆圆在商场看见一架架子鼓，特别喜欢。经过一番软磨硬泡，圆圆终于如愿以偿，结果买回去才两天，她就玩不起劲了。下次去商场，圆圆对五颜六色的蜡笔爱不释手，说好喜欢画画。可是，没过多久又旧事重演，圆圆说舞蹈才是她的最爱。

圆圆的表现是幼儿阶段宝宝的一个比较普遍的现象。他们感兴趣的事物总是不断地发生变化，而且变化的速度很快，真可谓“朝三暮四”。比如，宝宝前天还兴致高涨地说要学围棋，今天却说好想学画画，可画不了几天，又用渴盼的眼神说特别想学轮滑，等轮滑装备齐全了，玩不了多久，可能扭头说想弹钢琴，而对之前心心念念的下围棋或画画什么的早就不理不睬了。

兴趣是个体认识事物的一种倾向，它基于个体探究外界事物的需要而建立。而幼儿阶段的宝宝好奇心很强，所以很容易对新奇的事物产生兴趣。可是，由于认知的局限，他们总是倾向于浅尝辄止而不知深究。比如，宝宝觉得围棋很神秘，就会对围棋产生兴趣，表现出很高的兴致，而在只是粗略地了解围棋是什么样子的或怎么玩的后，宝宝“浅浅的”探究需要可能就已经得到满足了，于是，宝宝就对围棋失去兴趣，转而去探索其他新奇的事物。有时，宝宝的兴趣可能并非起源于探究某个活动本身，而是探究某个活动的结果。比如，宝宝发现同伴在滑轮滑，觉得那“全副武装”“极速前进”的样子很酷，或者看到周围人对滑轮滑的同伴大加赞赏时，宝宝出于模仿或想要得到赞赏的心理，也会产生学轮滑的冲动。当自己玩了之后，宝宝又认识到滑轮滑并不像表面看起来那么酷，或者宝宝没有得到期盼的赞赏，宝宝就会失去学轮滑的兴趣，转而去做其他觉得会“有甜头”的活动了，从而表现出“今天喜欢这个，明天喜欢那个”。

另外，兴趣也是价值观的初级形式，而最初宝宝的价值观的形成在很大程度上是受家长的价值观影响的。所以，宝宝的兴趣多变也可能是家长行为的一种反映。比如，有的家长没有清晰地认识到什么对于宝宝来说是更有意义、更有价值的，所以可能今天“诱惑”宝宝去学画画，明天“诱惑”宝宝放弃画画，改去弹钢琴等。这样，宝宝也很难在较长的时间内，将自己的兴趣保持在特定的事物上。

兴趣的多样可以为宝宝认识世界提供一个宽广的视角，但蜻蜓点水般的尝试并不利于宝宝更深入地认识世界，也无益于宝宝坚持性等个性特征的发展。家长可以参考如下几点建议，帮助宝宝逐渐不那么“朝三暮四”。

- 接纳这个年龄段宝宝的“朝三暮四”，给予宝宝尝试多种事物的机会。比如，宝宝说想学钢琴，不必立即给宝宝买钢琴，可带宝宝去体验一下钢琴课程。在不同的尝试中，宝宝通常会逐渐体验到自己真正喜欢的是什么。

心视界

奖赏可能降低宝宝的兴趣

通常激发宝宝尝试某项新活动的是兴趣，能让宝宝持久进行这项活动的是持续的兴趣。当宝宝对某项活动已经感兴趣时，成人的奖赏可能降低甚至泯灭宝宝的兴趣。有研究者让3组喜欢画画的幼儿园宝宝用水彩笔画一幅画。其中，一组宝宝事先被告知，如果完成了就会得到奖励（预期奖励组）；一组宝宝事先没有被告知有奖励，但在完成后，得到了研究者意外的奖励（意外奖励组）；一组宝宝既未被告知有奖励，也没有意外得到奖励（控制组）。一周之后，当这些宝宝在没有奖励的情境下自由绘画时，与其他两组相比，预期奖励组的宝宝坚持画画的时间明显要少。预期奖励降低了宝宝的内在兴趣，这是因为预期奖励容易使宝宝失去自主感，觉得自己的行为是受他人控制的。

● 在宝宝尝试事物的过程中，可为宝宝提供了解此事物的多种途径或资料。比如，在宝宝学画画的过程中，可带宝宝去书店翻阅各种绘画形式的书籍，带宝宝去参观画展等，吸引宝宝看到自己还未探究过的地方，继续激发其探究的欲望。

● 尊重宝宝，不强制宝宝学习他们并不感兴趣的事物，也不“诱惑”宝宝“今天学这，明天学那”，认识到宝宝自身的兴趣、宝宝在探索过程中的积极表现才是最重要的。

● 当观察到宝宝对某种事物不是不感兴趣而是产生了畏难情绪而放弃时，温和、耐心地鼓励宝宝学会坚持。比如，可以借助榜样尤其是身边的榜样的力量，让宝宝体会到他们是如何不怕困难，坚持自己所爱的。

名言录

初期教育应是一种娱乐，这样才更容易发现一个人天生的爱好。

——古希腊哲学家柏拉图

宝宝有那么多“为什么”，为什么？

3岁多的铛铛坐在妈妈的自行车后座上，不停地问：“妈妈，自行车轮子为什么会转呀？自行车为什么会发出声音呀？路边的树为什么往后退呢？为什么会有风呢？有风为什么很凉快呢？……”一路上，铛铛就这么“为什么”“为什么”地问着，一刻也闲不住。

喜欢问“为什么”是3岁之后宝宝的一个很有意思的普遍现象。他们小小的脑袋瓜里总是充满了无数的大问号，不停地追问着“这是为什么？”“那是为什么？”，不知疲倦。他们常问关于大自然的问题：“为什么天是蓝的？”“为什么云是白的？”“为什么会打雷？”“为什么会下雨？”……他们也常问关于生活的问题：“为什么要睡觉？”“为什么会生病？”“为什么要上幼儿园？”“为什么要上班？”……他们不管问题有多“幼稚”，只是一个劲地打破砂锅问到底。为什么宝宝会有那么多的“为什么”呢？

宝宝经常不停地问“为什么”是宝宝好奇心强的典型表现。所谓好奇心，是指个体面对新事件、新奇事物时产生的一种注意、疑问等的心理倾向。而对年龄尚小的宝宝来说，周围丰富多变的世界本身就是陌生的或新鲜的，这种新奇的感觉会强烈地吸引他们的注意，引发他们的疑问。其实，婴儿就有一种本能的探究反射。比如，他们会朝向光源等，好像在“思考”着“这是什么”。与熟悉的、简单的东西相比，婴儿会偏好注视新异的、复杂的东西。可以认为，好奇是宝宝的天性。

一般来说，0～6个月的宝宝处于好奇心被唤醒的阶段，初来乍到的他们主要通过眼睛探寻周围的一切。随着宝宝的动作尤其是手部精细动作的发展，宝宝扩大了探索的视野，开始能主动抓取自己感兴趣的东西，能通过摸、咬、拍打等动作去发现物体的特性等。经过这一阶段，到了两三岁，宝宝的询问期就开始了，而这不仅得益于宝宝语言能力的发展，还得益于宝宝思维能力的发展。一方面，2岁之后的宝宝慢慢学会了说完整的句子，会使用的句型也从原来简单的陈述句发展到复杂些的疑问句，也就是说，他们开始会用疑问句来表达自己对某物或某事的好奇了。另一方面，宝宝的思维也取得了重大进步，他们开始从完全依赖于动手操作实物转变为能凭借语言、头脑中的实物形象等心理符号进行思考。他们起初会经常问成人：“这是什么？”“那是什么？”“他们在干什么？”在此过程中，宝宝学着给事物贴上语言的标签，也能从大人的语言回答中直接领会事物的特性等。而随着思维的进一步发展，宝宝不再满足于表面的事实，逐渐开始意识到并“痴迷”于事物内在的本质等，尤其是因果关系。这种思考也给了宝宝一个重新认识世界的视角，未知的内在奥秘吸引着宝宝去探寻。所以，在外在言语行为表现上，三四岁的宝宝除了问“是什么”，经常会穷追不舍地问“为什么”。

可见，一个个的“为什么”源于宝宝强烈的好奇心，是宝宝语言发展和思维发展的硕果。好奇心赐予宝宝主动探索学习的无穷动力，也会促进宝宝创造力的发展。为了呵护宝宝可贵的好奇心，家长在面对宝宝“为什么”的问题“轰炸”时，可以参考如下几点建议。

心视界

成人的态度对儿童好奇心的影响

家长和老师是儿童早期教育的主要执行者，他们的态度会对儿童的好奇心产生什么样的影响一直是学者关注的问题。国内有学者曾对此进行了一项实验研究，他们以中班和小班的宝宝为对象，探讨了家长及老师的鼓励态度对宝宝好奇心的影响。该研究结果显示：与非鼓励情景相比，宝宝在鼓励情景下会表现出更多的好奇心，如对新玩具的探究次数更多，探究时间更长；与老师的鼓励相比，家长的鼓励对宝宝的好奇心的影响更大。

● 尊重宝宝好奇的天性，保持耐心，切不可说“没有什么为什么”或“烦死了”之类的话回应宝宝，更不要嘲笑或指责宝宝，可以对宝宝说“你问得真好”等表示鼓励。

● 如果宝宝急于知道答案，可以用简洁的、具体形象的语言解释给宝宝听。当然，若一时回答不上来，不要随意编造，要虚心地承认自己不会，如对宝宝说：“这个问题我也很好奇，我现在还回答不了，等我弄明白了再回答你！”

● 如果不急于一时，可以启发宝宝自己思考，或和宝宝一起寻找答案。比如，可以先反问宝宝“你怎么认为呢？”“你觉得是为什么呢？”等，也可指导宝宝解决问题的途径，如对宝宝说“我们一起观察一下！”“我们去书上找找看吧！”等。

名言录

好奇心对于幼儿之发展具有莫大作用，幼儿凡对于一切新的东西就产生出好奇心，一好奇就要与新东西相接近。

——教育家、儿童心理学家陈鹤琴

宝宝“动如脱兔”，为什么？

壮壮打小就特别活泼好动，对什么都无比好奇。他总是动来动去，喜欢去摸没有见过的东西，会走会跑之后，更是不厌其烦地在家里上上下下，不停地穿梭在各个房间。一旦到了户外，他就像一只逃脱的兔子，跑得很快，喜欢追其他小朋友、大朋友玩，爸爸妈妈怎么都跟不上他的脚步。

有不少宝宝和壮壮一样，出生后就显得十分活泼，爱动爱闹，宛若脱兔。他们始终充满能量，似乎片刻也不愿停歇，常常把大人“折磨”得筋疲力尽。因为好动，他们的注意力很容易转移；他们喜欢新鲜的事物，兴趣多变，不易保持。不过，精力充沛的他们乐于交往、乐于探索，接受能力比较强，很容易学会新的本领，也能灵活地适应周围环境的变化。随着时间的推移，这些宝宝好动的特点似乎不会发生特别大的变化。

事实上，有些宝宝天生就比别的宝宝更活泼爱动，这种特征属于他们出生后最先表现出来的，在心理活动上的强度、速度、灵活性等方面的差异，即气质差异。气质可分为多血质、胆汁质、黏液质及抑郁质四种类型，而上述活泼好动等特征正是多血质个体的突出表现。活泼好动也体现了气质的活动性维度特征：活动的强度、时间与速度。活动性高的宝宝活动强度高、活动时间长、活动速度快，他们喜爱打闹，很难安静地坐着，做事粗手粗脚等；活动性低的宝宝则通常动作较少，不爱运动，行动比较慢。

宝宝的这一气质类型或维度特征是受他们的高级神经活动，即大脑皮层活动特性制约的。多血质宝宝的神经活动特点为强、平衡而灵活，也可称为活泼型。他们大脑皮层的兴奋和抑制过程都很强，且可以灵活转换。因此，他们能经受较强的刺激，反应迅速且灵活。

基于特定的神经生理基础，宝宝的气质具有相对的稳定性。通常活泼好动的宝宝会一直这般“动如脱兔”。此外，父母的教养方式与宝宝的气质存在相互影响。调查发现，对活动性高的宝宝（尤其是女宝宝）而言，父母在溺爱性和放任性两方面得分最高。而如果父母很少对宝宝提出要求，允许他们自由地开展自己的兴趣，表达自己的观点和情绪，那么在这种教养方式下，宝宝受到较少的限制，活动性就会相应提高。

虽然好动增加了宝宝遇到安全问题的风险，常常让家长心力交瘁，但他们的活泼、敏捷、灵活也让家长为之开怀。若加以正确的引导，“动如脱兔”的宝宝也能在特定场合学会“静若处子”。以下是对家长的一些建议。

心视界

好动≠多动症

好动并不意味着多动症。多动症是一种神经发育障碍，就其好动、冲动方面的表现而言，它要求至少满足以下症状中的6条，至少持续6个月，且症状必须达到与发育水平不相符的程度，并已经对个体的学习和社会生活造成消极影响：①经常手脚动个不停或在座位上扭动；②当被期待坐在座位上时却经常离座；③经常在不适当的场所跑来跑去或爬上爬下；④经常无法安静地玩耍或从事休闲活动；⑤经常“忙个不停”，好像“被发动机驱动着”；⑥经常讲话过多；⑦经常在提问还没有讲完时就把答案脱口而出；⑧经常难以等待轮流到他；⑨经常打断或侵扰他人。此外，如果症状只是在某一特定环境，如家里，或者只在与特定对象，如熟悉的人的互动中才表现出来，那么也不能判定为多动症。

● 与宝宝交谈时注意措辞。不要说他们“多动”“粗鲁”，更不要随随便便就给他们贴上“多动症”的标签，可以用“精力充沛”“有活力”等积极词语来形容他们的行为。

● 给宝宝一个静下来的理由。比如，对宝宝说：“爸爸妈妈知道你喜欢跳来跳去，可现在是午休时间，那样会打扰到楼下邻居的。”“现在我们先休息一下，保存些体力，晚些我们去公园玩。”

● 给宝宝一个静下来的缓冲时间。比如，当想让正疯闹得不亦乐乎的宝宝安静下来吃饭或睡觉的时候，可以提前引导宝宝进行运动幅度小的游戏等，帮助宝宝从剧烈运动中放松下来。

● 仔细观察宝宝对哪些活动感兴趣，用这些活动去吸引宝宝的注意力，要求宝宝保持安静，培养宝宝的专注力与“我也能静下来”的胜任感。

名言录

世界上没有才能的人是没有的。问题在于教育者要去发现每一位学生的禀赋、兴趣、爱好和特长，为他们的表现和发展提供充分的条件和正确引导。

——苏联教育家苏霍姆林斯基

宝宝脾气急躁，为什么？

球球一直是个脾气非常大的宝宝。他总是喜怒无常，稍有不顺心就发脾气：踢腿跺脚、大哭大叫是家常便饭，赌气时不吃饭、摔碗筷也屡见不鲜。有一次，妈妈不让他随意碰商店里的变形金刚，他当即在商场里打滚哭闹，妈妈怎么讲道理他都听不进去。

在日常生活中，的确有些宝宝和球球一样，脾气非常急躁。他们在婴儿期的时候就表现得“很难伺候”，情绪非常容易激动，一丁点儿不顺也能引得他们瞬间大发雷霆，活像个不定时炸弹，而且很不容易安抚。稍大些后，他们仍是急脾气、暴脾气。比如，别人不小心踩到他们的玩具，他们很可能立即大喊大叫、挥胳膊抡腿。不过，并非只有坏情绪来得突然，兴奋感也会不期而至，他们在高兴的时候哈哈大笑、手舞足蹈，反应也很强烈。

这种反应性比较强的宝宝属于心理学所谓的“四种气质类型”中的“胆汁质”。这类宝宝精力旺盛，情绪发生突然、强烈、持久，动作迅速、激烈、有力。他们常常会用哭声、肢体动作等方式来表达自己的情绪，而且他们的心境变化会比较强烈，常常无法合理地控制自己的情绪。

胆汁质是一种比较稳定的气质类型，它在很大程度上是由父母的遗传基因决定的。

这类宝宝的大脑皮层活动特点是强而不平衡，也就是说，他们大脑皮层的兴奋和抑制过程都很强，但是兴奋过程占优势，其强度大于抑制过程，且二者之间不能灵活地转换。因此，他们的大脑皮层活动类型可称为兴奋型或不可遏制型。这种神经活动的特性决定着胆汁质的宝宝容易反应强烈、行为冲动。

当然，先天的气质类型与后天环境存在相互影响，宝宝脾气急躁，也与一些环境因素相关，包括家庭环境中父母的性格、教养方式及周围生活环境等。如果宝宝本身脾气很急躁，又碰到了脾气同样急躁的父母，这就更容易产生和激化矛盾，加剧宝宝的情绪反应。另外，在宝宝大发雷霆的时候，如果父母的第一反应就是不耐烦和责骂，同样容易导致宝宝的坏情绪一再爆发。研究表明，拥挤的环境和敏感的邻居也会增加宝宝的适应困难，对其产生刺激。

胆汁质的宝宝脾气急躁，难以自制，时常惹人头疼，然而，这样的宝宝并非不是乖宝宝，他们同样有很多优点。他们直率热情、精力旺盛，遇到困难也能劲头十足。面对这样的宝宝，如果家长试图下“猛药”，以“躁”制“躁”来解决问题，那么通常事与愿违，甚至适得其反，这也不利于良好亲子关系的建立。如果家长试图让脾气急躁的宝宝变得温顺安静，这是不切实际的想法。可见，遇上胆汁质的宝宝，是对家长耐心的考验。

为了帮助脾气急躁的宝宝减少冲动的次数，适时学会自我控制，家长可以参考以下建议。

- 调整心态，避免激化。在宝宝情绪激烈的情况下，保持最大限度的克制，避免被宝宝的言行激怒而回击。当宝宝无理取闹时，可先不予理睬，等宝宝平静下来后，再与宝宝讲道理，并告诉宝宝自己或他人的感受。
- 事先要求。当预期宝宝在某种情况下可能发脾气时，可以在这之前给宝宝讲清楚可能发生的情况及要求，让宝宝心里有个模拟情景，以避免突如其来的变故致使宝宝的情绪大爆炸。

心视界

发脾气是表达需求的一种方式

随着年龄增长，宝宝接触的事物逐渐增多，但他们的需求还不理智，往往依赖于自己一时的情绪与兴趣，纵使这些事物对于他们来说是不宜甚至是有害的。他们在情绪控制等方面的发展也还很不成熟，因而往往一旦不如意，便会“大动肝火”，只知道通过大吵大闹等方式来发泄不满情绪，固执地宣称自己的需求。可以说，发脾气是宝宝成长过程的一部分，是宝宝表达需求的一种方式。一般地，这种行为的发生频率会随着心理发展而降低。

● 尊重宝宝的需要。宝宝哭闹往往是因为自己的需要没有得到满足，家长要学会倾听其中的隐含信息。平时，要敏感地感受宝宝的需要，并及时满足宝宝的合理需求。

● 引导宝宝采用更合理的应对方式。比如，和宝宝进行角色扮演游戏，在游戏中教宝宝学会用较平和的语言表达需求或解决冲突，且在宝宝积极行动的时候及时给予认同和鼓励，循序渐进地改变宝宝情绪表达的方式和强度。

名言录

凡是有良好教养的人有一禁诫：勿发脾气。

——美国思想家爱默生

宝宝过于敏感，为什么？

娇娇再过几天就 3 岁了，和别的宝宝相比，她总是显得特别敏感。比如，她很会看大人的脸色，哪怕大人对她做的事情表现出一点点的不满意，她也能感受得到，甚至父母一个不经意的眼神都能使她的小嘴儿嘟起来。有一次，她在家里不小心打翻了自己的水杯，妈妈稍微严厉地说了句“下次小心点儿！”，她就拉下小脸，难过了好久。

像娇娇一样过于敏感的宝宝并不少见，他们开不得玩笑，听不得别人的批评，甚至如果大人对他们说话时音量有点大，他们可能立刻低下头来，觉得很难受，心情久久不能平复。这些宝宝往往很早就展现出对周围环境的敏感：突然的声响仿佛是巨大的冲击，无足挂齿的摔倒似乎格外疼痛，客人和善的拥抱也不能消除他们拘谨万分的状态。因此，过于敏感的宝宝没有很强的适应能力，很容易性格孤僻，“顾影自怜”，自我否定。不过，正因为敏感，他们有很强的观察能力，善于发现，易于形成细心、自律、富有同情心的品质。

这种敏感并非心理问题，而是与宝宝天生的气质有关。根据传统的气质类型划分方法，这类宝宝属于抑郁质类型。抑郁质个体的典型特点就是非常敏感，对外界刺激的反应很敏锐，情感的体验深刻、持久，且行动迟缓、多愁善感、优柔寡断，就如林黛玉的性子。

宝宝抑郁质的气质类型，是由宝宝高级神经活动的特性决定的。抑郁质宝宝的大脑皮层神经活动特点为弱型，也可称为抑制型。与其他气质类型的宝宝不同，兴奋和抑制过程在抑郁质宝宝的大脑皮层中都很弱，而兴奋过程尤为如此，这直接导致该类宝宝反应速度慢，耐受性低，但感受性强。因此，即使对强度较弱的刺激，抑郁质的宝宝也能感受得到，并把它知觉为较强的刺激，表现得非常敏感；如果刺激太强或经常变化，他们就难以适应。

宝宝敏感的气质特点与家长的教养行为存在相互作用。敏感的宝宝适应能力弱，对环境有较高要求，增加了家长养育上的困难。一旦家长忽视了宝宝的需求，对宝宝的关心和理解不足，长此以往，就会强化宝宝的敏感特点。此外，家长教养方式的不一致会使宝宝更为敏感。比如，大多数家庭采取隔代抚养的方式，祖辈往往对宝宝较为溺爱，而父辈却显得较为严格，宝宝同样的行为可能会引发父辈与祖辈不同的反应。为了避免"惹怒"一方或寻求庇护，宝宝必须敏锐地觉察到抚养者的表情或语气，从而在不知不觉中强化其敏感的特点。

宝宝敏感的气质是宝宝与生俱来的特点，他们那近乎"弱不禁风"的情感世界常常让家长招架不住。为了呵护宝宝易感的心灵，家长可以参考以下建议。

- 留心宝宝感到舒服的睡眠环境等，尽量保证这些条件的相对稳定性和舒适性，及时满足宝宝的生理需求。
- 不用"你再怎么怎么样，我就不喜欢你了或者不要你了"之类的话恐吓宝宝，敏感的宝宝会当真，在很长时间内感觉到恐惧。相反地，家长要经常表达自己对宝宝的爱。

心视界

教养与气质的最佳适配状态

宝宝的气质特点与家长的教养方式存在相互影响。心理学家切斯和托马斯在探讨气质与教养的关系时，提出了"最佳适配状态"的理念。根据这种理念，宝宝的气质无所谓好与坏，不同气质类型的宝宝都可以有很好的发展，而是否能充分释放不同气质宝宝的潜能，关键在于家长教养行为是否与宝宝的气质特点达到良好的契合。当二者契合时，宝宝与家长之间很少出现冲突，宝宝对环境的适应良好；当二者不契合时，宝宝容易出现持续的行为问题。比如，对于敏感的宝宝，家长就不宜采用严厉的方式，温和的方式更有利于敏感宝宝的成长。

● 多表扬、肯定，少批评。当宝宝做错事时，如果宝宝已知错，无须再批评，可微笑或平静地说一句“知错就改啊”；如果宝宝不知错，可用坚定而平和的语气告诉宝宝这么做不对，应该怎么做，希望宝宝改正。

● 多鼓励宝宝表达自己的感受。比如，当宝宝为了微不足道的事情不安时，鼓励宝宝说出自己的想法，并告诉宝宝家长的想法，让宝宝了解其他更有效的应对方式。

● 养育者尽量统一教养态度，对宝宝既不过分严苛，又不纵容，同时，家长不要喜怒无常，让宝宝觉得难以适应。

名言录

你的举止应温和，即使惩罚他们，态度还是要镇定，要使他们觉得你的作为是合理的，对于他们是有益的，而且是必要的。

——英国哲学家洛克

宝宝“慢条斯理”，为什么？

辰辰 2 岁半了，她做事总是慢吞吞的。不管遇到什么事情，她都会先在小脑袋瓜里琢磨来琢磨去。对于新鲜事物，她接受得很慢，从来都不会立刻表现出很大的热情。比如，吃东西，辰辰必须先看清楚，然后稍微品尝一点点，再决定吃不吃。有时候家里有客人来，爸爸妈妈让她和叔叔阿姨打个招呼，她总是躲在爸爸妈妈身后，要等到客人待一会儿后，她才慢慢走上前，小声和他们打招呼。

有的宝宝在很小的时候就像辰辰那样“慢条斯理”，好像做什么事情都慢一拍，必须一步步地来，显得格外小心谨慎，尤其是对新的事物或陌生的人。比如，他们只有经过一段时间的观察才会开始稍有兴致地探索新的玩具，只有经过一段时间的熟悉才会主动与客人打招呼。他们平常很少有高涨的情绪，也很少大哭大闹。宝宝为什么会这样呢?

宝宝的“慢条斯理”与天生的气质有关。美国心理学家托马斯和切斯对婴儿的气质进行了大量追踪测查，结果发现，根据活动水平、节律性、趋避性、适应性、反应阈限、反应强度、心境、持久性和注意分散九个维度，婴儿可以被划分为容易型（约占 40%）、困难型（约占 10%）、迟缓型（也称慢热型，约占 15%）和混合型（约占 35%）四种类型。容易型儿童比较活跃，生活节律有规律，容易适应新环境，情绪比较积极稳定，活动时比较专注等。困难型儿童则爱吵闹，生理节律混乱，不容易适应新环境，倾向于反应消极、强烈，容易分心等。而慢热型儿童不活跃，比较安静退缩，对环境刺激的反应强度低，情绪比较消极，虽然他们的适应能力不强，但是经过一段时间，他们也能对新环境产生兴趣，并逐渐适应环境。可见，“慢条斯理”是慢热型宝宝的一个突出的气质特点。

为什么宝宝天生就具有慢热型的气质？这和遗传有一定的关系。研究发现，同卵双胞胎的气质比异卵双胞胎的气质更相似，这说明气质受到遗传因素的影响。适应性这一气质维度也或多或少与遗传有关，如果父母适应性弱，那么宝宝也很有可能适应性较弱，需要更多的时间适应新环境。

同时，宝宝的慢热和成长环境有一定的关系。比如，中国传统文化提倡谨言慎行，凡事三思而行被看成是稳重的表现，因此，对于宝宝的慢热，家长可能更愿意接受和鼓励。此外，大多数父母把宝宝捧在手心，处处忧心宝宝，担心宝宝跑步摔着或被坏人拐骗，对宝宝小心谨慎的表现起到很好的保护作用，因此，宝宝的慢热也可能得到父母的支持，从而保持下去。

心视界

慢热型宝宝的学习特点

慢热型宝宝虽然进入状态比较慢，但是在学习上，他们也有一定的优势。有研究者对150名5～6岁不同气质类型宝宝的学习品质开展了研究。结果发现，在学习品质的五个方面，除创造与发明外，容易型、困难型、慢热型和混合型气质的宝宝在好奇与兴趣（对新事物是否有兴趣或表现出好奇）、主动性（能否积极主动去尝试）、坚持与注意（能否克服困难专注地完成任务）及反思与解释（能否解释自己的行为）上有明显不同的表现：容易型宝宝的各项得分最高，困难型宝宝的各项得分最低，混合型宝宝的主动性得分比慢热型宝宝高，但慢热型宝宝在好奇与兴趣、坚持与注意、反思与解释上的得分比混合型宝宝高。

慢热的特点既可能成为宝宝的保护伞，降低他们受到意外伤害的风险，又可能成为宝宝的拦路石，阻挡他们获得丰富成长经验的机会。慢热型宝宝不像容易型宝宝那样容易抚养，他们需要家长的耐心，慢热型宝宝也不像困难型宝宝那样难以安抚，他们易于接受家长的爱。具体来说，对于慢热型宝宝，家长可以参考以下建议。

- 尊重宝宝，不要用“拖拉”“迟钝”之类的词语指责宝宝，以免给宝宝造成心理负担。
- 理解宝宝，不强迫宝宝立即做出反应。比如，当家里来客人时，可以先热情地向宝宝传达客人对宝宝的喜爱，如果宝宝仍羞于开口打招呼，可等待一会儿再让宝宝尝试，当宝宝打招呼后，立即给予肯定。
- 如果要去一个陌生的环境，可以先告知宝宝会遇到的情况，如会遇到什么人、有什么好玩的东西等，让他们提前有所准备。
- 如果宝宝表现出过多的迟疑，可以亲切地询问宝宝的感受，消除宝宝不必要的担心，也可告诉宝宝若不去尝试就可能失去很多乐趣，若不快点尝试就可能来不及等。

名言录

培养教育人和种花木一样，首先要认识花木的特点，区别不同情况给以施肥、浇水和培养教育，这叫“因材施教”。

——教育家陶行知

宝宝用哭达到目的，为什么？

鸿鸿今年 3 岁，大多时候是一个比较听话的宝宝，但是他慢慢学会了用哭闹来达到目的。有一天，他心情不好，不想和爸爸妈妈一起喝粥，想吃面条，爸爸妈妈哄了哄他，他非但不听，还整个人躺到了地上，不停地哭，妈妈无计可施，只好给他做了面条。从此以后，鸿鸿每次遇到不顺心的事，就开始大哭大闹，爸爸妈妈如果不理他，他反而哭得更大声，非得让爸爸妈妈妥协。

许多宝宝和鸿鸿一样，经常用大哭大闹来达到自己的目的。比如，在超市想买玩具，但是妈妈不给买时，他们可能就地一躺，开始扯着嗓子哭，根本无视旁人，全然不顾不能在公共场合喧哗的要求，只等着妈妈给自己买那个玩具。一旦达到目的，他们便破涕为笑。宝宝的这种行为，会使他们变得更加以自我为中心，妨碍宝宝进行良好的社会交往，不利于宝宝的社会适应过程。那么，宝宝为什么这样做呢？

首先，宝宝不顾社会规则，用哭来达到目的，这反映了宝宝的道德认识存在局限性。道德认识，是指对是非、善恶行为准则的认识。心理学家皮亚杰研究了幼儿阶段的宝宝对游戏规则的理解和使用，发现宝宝并不能很好地理解规则，他们常把自己认定的规则与成人教的规则混在一起。当宝宝为了买某个玩具在公共场合大吵大闹时，“公共场合要保持安静”这类社会规则对宝宝来说并没有用，他们遵守自己心中的规则，即“我想要这个玩具，妈妈就要给我买”。

其次，宝宝知道用哭来达到目的，这“得益于”宝宝日常生活中所受到的强化经验。强化是指通过给予正性刺激（如夸奖）或撤去负性刺激（如不用做家务）来增加某种行为（如考试取得好成绩）的发生概率的过程。相应地，根据强化刺激（即强化物）的性质，可以将其分为正强化和负强化。一方面，从正强化的角度来说，宝宝常常发现，在与大人相处的过程中，只要自己哭，大人就会满足自己的要求。比如，故事中的鸿鸿一哭，妈妈就给他做了他想要的面条，而大人这种“满足宝宝要求”的行为就作为一种正性刺激对宝宝“哭”的行为产生了正强化，宝宝以后会继续使用哭来达到自己的目的。除了亲身体验到的正强化，宝宝也能通过观察他人学习到这种正强化。如果宝宝看到其他哭泣的宝宝成功使得大人“听命”，那么他也容易模仿这一行为。另一方面，从负强化的角度来说，与宝宝的其他行为相比，“哭”对大人来说似乎是非常难以承受的事情，而满足宝宝的要求通常是让其停止哭泣最有效的方式，即宝宝“停止哭泣”的行为作为一种负性刺激对大人“满足宝宝要求”的行为产生了负强化，因此，以后当大人想让宝宝立刻停止哭泣时，就容易放弃自己的原则，选择满足宝宝的无理要求。可见，上述两种强化能互相作用。在这种生活经验中，宝宝学会了用“哭”而不是其他的手段应对大人，并且相信自己能达到目的。

为了帮助宝宝理解和遵守规则，让宝宝在生活经验中学会不用哭达到目的，家长可参考以下建议。

- 制定明确、具体的规则。比如，不要只告诉宝宝“要懂礼貌”，而应告诉宝宝“看到认识的人要打招呼”等，免得宝宝无所适从。
- 给宝宝解释要遵守规则的原因。例如，红灯停、绿灯行，是为了不被车撞到；荤素搭配吃饭、不偏食，是为了长得高、长得结实。

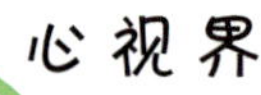

如何塑造宝宝好的行为？

正如宝宝大哭大闹等不好的行为可能从强化经验中形成，宝宝好的行为也可以因强化而形成。那么如何运用强化塑造宝宝良好的行为呢？根据心理学家普雷马克提出的普雷马克原理，可以把宝宝喜欢干的事情作为一种强化物，去诱发宝宝做他们原本不喜欢的事。比如，宝宝不爱收拾玩具，喜欢看动画片，父母如果告诉宝宝“等你把你的玩具收拾好了，我就允许你看动画片”，宝宝就有可能为了能看自己喜欢的动画片而愿意收拾玩具。

● 制定不遵守规则的惩罚措施并坚决严格执行，且惩罚措施应与宝宝的切身利益有关，如不遵守规则就减少宝宝玩游戏的时间。而当宝宝遵守规则时，满怀情感地赞赏宝宝。

● 当宝宝试图用哭为手段来实现无理要求时，保持冷静，可分散自己的注意力，不理睬宝宝，不让宝宝尝到哭的“甜头”。

● 当预料到宝宝可能会闹脾气时，事先告诉宝宝要遵守的规则。比如，带宝宝去超市之前，跟宝宝说：“一会儿去超市，你可以挑零食吃，但只能挑一样，不然什么好吃的都不给你买了。”

名言录

规则应该少定，一旦定下之后，便得严格遵守。

——英国哲学家洛克

宝宝“三心二意”，为什么？

3岁多的楠楠正在房间里“研究”爸爸妈妈给他买的变形金刚玩具，刚开始时，他还很认真地琢磨着，可“好景不长”，没过几分钟，他就东瞧瞧、西望望。听到窗外传来洒水车的声音，楠楠便跑到窗台上去看。听到爸爸妈妈在客厅里谈话，他也探出小脑袋，插几句话。楠楠怎么这样“三心二意”呢？

宝宝常常给人以“三心二意”的印象，他们在做一件事时，很难专心致志地坚持很久。比如，拼图刚拼了一点点，他们就开始在房间里走来走去，摸摸这个，碰碰那个；图画书的一页才涂到一半，他们就开始左翻翻、右翻翻，或玩起手中的蜡笔来；即使是在看他们喜欢的电视节目时，他们也时常东张西望，容易分心。

宝宝“三心二意”这个比较普遍的现象，反映了宝宝在注意的稳定性方面的特点。注意的稳定性或持续注意是指个体将注意在一定时间内维持在某个事物上，稳定性高可理解为平常所说的专心，而稳定性低意味着容易分心。宝宝注意力的发展还不完善，注意的稳定性较低是其主要表现之一。总体上，3 岁宝宝持续注意的时间只有 3 ～ 5 分钟；4 岁宝宝持续注意的时间大约为 10 分钟；5 ～ 6 岁的宝宝能持续注意 15 分钟左右；宝宝到 7 岁时，能持续注意 20 分钟左右。当然，宝宝持续注意的时间存在个体差异。比如，与生性沉稳的宝宝相比，天生活泼好动的宝宝的持续注意时间会更短。此外，宝宝持续注意的时间也与宝宝的兴趣有关，如果宝宝对某事物有很大的兴趣，他们将注意维持在此事物上的时间会相对长些。

宝宝容易分心，主要是由宝宝中枢神经系统的不成熟造成的。在中枢系统中，网状结构是注意调节的重要脑区，有研究指出，网状结构的完全成熟到青春期才能完成，所以，宝宝还不能很好地调控自己的注意，包括容易走神，做不到“眼观六路，耳听八方”，他们在同一时间内只能注意一个事物。大脑中额叶是发挥抑制功能的重要脑区，而宝宝的额叶还在发展，所以，宝宝往往难以抑制无关事物的干扰，容易被无关事物吸引，注意由一个事物转移到另外一个事物上。

不良的教育环境也有可能加剧宝宝容易分心的表现。比如，有的大人在宝宝正专心做事的时候，总爱指指点点，或频繁地问这问那，虽然大人的初衷是想提供指导，但那种犹如“不速之客”的做法对宝宝来说其实是一种干扰，它会打断宝宝注意的维持。还有的家长在宝宝需要专心地做事时，如画画或写字时，没有为宝宝提供一个相对安静的环境，如在旁边大声交谈、把电视声音开得很大等，这使得本就难以集中注意力的宝宝很难养成专心做事的习惯。

只有专心做事，宝宝才能更好地做成自己想做的事，才能更加有效地掌握知识、技能，成为一个高效学习者。为了促进宝宝获得专心致志的优良品质，家长或老师可以参考如下几点建议。

心视界

宝宝会使用注意策略吗？

心理学家曾做过一项研究，他们让 4 ～ 10 岁的儿童连续观察若干张画着两栋房子的图片，要求儿童以最快的速度判断每张图片上的两栋房子是否相同。儿童的眼动结果显示：4 ～ 5 岁儿童的注意没有什么计划性，他们会随意地看；而 6 岁以上的儿童才会系统地注意、观察。另有研究发现，如果让 3 ～ 5 岁的宝宝去院子里找实验者“丢失”的一个东西，5 岁宝宝能比较有计划地在院子里的每个角落逐处寻找，而小于 5 岁的宝宝只是胡乱地寻找。这说明宝宝尤其是年幼的宝宝还不太会使用一定的注意策略来有效地分配自己的注意，指导自己的行为。

- 正确认识宝宝注意力发展的水平，尊重宝宝的个体差异，不对宝宝持续注意的时间提过高的要求。比如，如果宝宝注意力集中的时间为 10 分钟，不要企图宝宝能突然维持 20 分钟。
- 在宝宝感兴趣的活动中锻炼宝宝持续注意的能力。比如，若宝宝喜欢涂色书，可以循序渐进地给宝宝提供需要花更多时间才能涂好的图画。老师也可以将要教授的知识融入有趣的活动中，以更久地维持宝宝的注意。
- 尽量为宝宝创设一个干扰少的活动环境。比如，在宝宝集中注意力做事时，不鲁莽地打断宝宝，在宝宝发出请求时才去提供指导；尽量保持环境的安静，避免过分嘈杂；将容易吸引宝宝注意的无关东西收起来；等等。
- 如果观察到宝宝注意力方面确实有缺陷，就需要带宝宝去相关专业机构，接受相应的诊断和治疗。

名言录

注意是我们心灵的唯一门户，意识中的一切，必然都要经过它才能进来。

——俄国教育家乌申斯基

宝宝“衣来伸手，饭来张口”，为什么？

冬冬快 4 岁了，可依赖性还是很强。在家里，他既不愿意自己动手吃饭，也排斥自己洗脸穿衣，什么事情都依赖爸爸妈妈。不仅如此，他在幼儿园也是这般“金贵”，什么事情都想着让别人帮忙：上厕所要老师给他脱裤子，午睡后要老师给他穿衣服，吃完餐点、玩完玩具后要别人帮他收拾……老师让他自己做，他总是以“我不会”或“我不要”为由拒绝。而有的时候，他的确是真的不会。比如，穿衣服会里外、前后不分。

宝宝刚出生时什么都不会，父母是他们完全的依靠。随着动作技能的发展，宝宝慢慢就可以自己拿勺子吃饭，能学会自己穿衣服等。但是，还有不少宝宝像冬冬一样，依旧“衣来伸手，饭来张口”，像是家里的小皇帝，大大小小的事情都等着别人给自己做好。宝宝如此“衣来伸手，饭来张口”，会导致宝宝形成依赖和懒惰的习惯，不利于宝宝基本的生活自理能力的发展，也不利于宝宝社会适应能力的发展。

宝宝“衣来伸手，饭来张口”是缺乏独立性的表现。独立性是指不依赖外力，不受外界束缚，独立解决问题的能力，具体体现在自我依靠、自我控制和自我主张三个方面。自我依靠指依靠自己的力量而不经常寻求他人的帮助，与此相反的是依赖他人。自我依靠大约在宝宝 1 岁时产生，此时，宝宝会主动爬向玩具，拿起玩具玩，而不是用手指指着玩具哇哇大哭，等着家长拿给他。与自我依靠同步发展的是自我控制，它指能够控制自己不合理的愿望，调整自己的行为，它是独立性的社会标准，与此相反的是任性。自我主张则指能够相对地自己做主，坚持自己的观点。对于宝宝来说，独立性主要表现在学会生活自理。

心理学家埃里克森的心理社会发展理论认为，3 ～ 6 岁是宝宝自主性、独立性迅速发展的时期。当宝宝两三岁的时候，他们开始以第一人称“我”称呼自己，开始出现“给我”“我要”“我会”“我自己来”等具有自我独立性意向的语言。当宝宝独立活动的要求得到某种满足或受到成人支持时，宝宝就表现出得意、高兴、自尊、自豪等最初的自我肯定的情感和态度，否则就会出现自我否定的情感和态度。因此，宝宝缺乏独立性的根本原因其实不在于宝宝自身，而在于家长的教养态度和行为。

在现实生活中，有些家长因为太溺爱而一味过度地保护宝宝，生怕宝宝受苦受累，不想让宝宝受到任何伤害，因而总是为宝宝包办一切；有些家长太不信任自己的宝宝，即使宝宝到了可以掌握基本技能的年龄，家长还是打心底里认为宝宝做不到，总是对宝宝表现出“你不行，放着，我来”的态度；还有些家长只关注宝宝是否学会了什么，认为其他的事都是“杂事”，统统无所谓，于是尽心尽力地替他们做这些“杂事”。事实上，这非但不是对宝宝的一种保护或帮助，反而是一种伤害，因为这剥夺了宝宝自己锻炼和体验成功的机会。长此以往，宝宝不仅可能失去基本的动手能力，还会习惯自己的活动中有成人陪伴或依赖成人，之前萌生的独立意识便逐渐消失殆尽。

心视界

幼儿园中宝宝独立性的培养

父母的教养方式对宝宝独立性的发展有着至关重要的影响，兼顾规则与自由的教养方式才是培养宝宝独立性的温床。关于幼儿园中宝宝独立性的培养的研究也得出了类似的结论。在幼儿园里，老师给宝宝创设一个相对宽松的氛围，既给予宝宝他们能理解的规则，又给予宝宝自主选择的机会，会促进宝宝独立性的发展。需要指出的是，家庭始终是影响宝宝心理发展的最重要的环境，幼儿园对宝宝独立性培养的效果还会受到家庭的配合程度的影响，家庭教育与学校教育同步配合才能孕育出一个真正独立的宝宝。

宝宝的独立性是在生活实践中发展起来的。培养宝宝的独立性，是一个循序渐进的过程。这里有一些建议可供家长参考。

- 当宝宝开始发出“我自己来”的请求时，因势利导地赞赏宝宝，尊重宝宝的自主愿望，允许宝宝自己做，只适时提供必要的协助。
- 制定“自己的事情自己做”的规定，要求宝宝自己做力所能及的事，如自己拿杯子喝水、用勺子吃饭、收拾玩具等。
- 当宝宝自己动手失败时，不要责备宝宝，要保持对宝宝的信任，指导宝宝取得成功的方法，鼓励宝宝继续尝试。
- 鼓励宝宝跟着家长一起做家务，如分发筷子、擦桌子等。当宝宝做完时，感谢宝宝为家庭所做的贡献，让宝宝感受到做家务等并不是大人或某一位家长理所应当的事。

名言录

凡是儿童自己能够做的，应当让他自己做。

——教育家、儿童心理学家陈鹤琴

宝宝也需要被尊重，为什么？

某个周末，丁丁的堂妹月儿来家里玩。丁丁对妹妹很好，把很多玩具都给她玩，但不愿割舍他最爱的小汽车。月儿无意中拿起了丁丁的小汽车，他一把就抢了回来。这时妈妈只说了句："丁丁，月儿是妹妹，你把小汽车给妹妹玩一下又怎么样啊！"丁丁忽然就开始撇嘴、流眼泪，然后哇哇大哭。3 岁的丁丁一向脸皮厚，平常最多就是大声说"我生气了！"，今天这样让妈妈非常吃惊。后来妈妈才知道，丁丁是不喜欢妈妈在外人面前批评他。

3 岁的丁丁大大咧咧，却因为妈妈在别人面前批评了他一句就大哭起来，仿佛受到了很大的伤害。如果丁丁能用语言描述自己的内心活动，他肯定会说："请尊重我！"其实，3 岁之后的宝宝经常像丁丁一样，用各种行动来传达自己内心的这种诉说，希望得到别人的尊重。比如，当宝宝认真、热情地和大人说话，大人却不理不睬时，宝宝会感到失望，耷拉着脑袋，或气愤地用大喊大叫来引起大人的注意；又如，当大人说宝宝"笨"时，宝宝也会感觉不舒服，甚至伤心落泪。

和大人一样，宝宝也需要被尊重，也有自尊，因为尊重也是宝宝的一种基本需要。心理学家马斯洛指出，人有五种天生的、层次不同的基本需要，由低到高依次是生理需要、安全需要、归属与爱的需要、尊重的需要及自我实现的需要。其中，尊重的需要同其他低层次的需要一样，为缺失性需要，即它是人的正常发展不可缺少的。三四岁的宝宝已具有关于自己的身体特征、喜好等概念，并能在此基础上对自己进行评价，产生关于自我价值的情感体验，即自尊。如果宝宝的尊重需要得到满足，就会产生积极的情感体验，从而收获自信，不会轻易否定自己的价值；否则，宝宝就可能会承受自卑的痛苦，容易看轻自己，自暴自弃。

故事中的丁丁因为觉得伤了自尊，才难过不已。宝宝不喜欢在别人面前被批评，但若是当众表扬，他们倒是乐意万分。这说明宝宝的自尊与他人的评价相关。宝宝的自尊是在自我认识、自我评价的基础上形成的，而宝宝最初的自我认识和自我评价很大程度上带有重要他人，如父母、老师的影子。如果重要他人肯定宝宝，宝宝就倾向于积极地评价自己，获得较高的自尊；如果重要他人否定宝宝，宝宝就倾向于消极地评价自己，获得较低的自尊。

宝宝的自尊会受到家长的育儿风格的影响。研究表明，父母无条件的爱与支持会帮助宝宝形成稳定的被关爱感和被重视感，这些体验会转变成宝宝内在的高自尊。因此，父母温和、支持的养育风格，即善于倾听，彼此尊重，适当关注，意识到宝宝的成就和接受宝宝的错误与失败，有利于宝宝形成高自尊；相反，父母苛刻、忽视的养育风格，即严厉批评，虐打虐骂，嘲笑戏弄，总是要求完美或者漠不关心，会使宝宝贬低自己的价值。

心视界

宝宝自尊的表现

有研究者编制了一份“3～9岁儿童自尊教师评定问卷”，调查发现，儿童的自尊主要体现在重要感、自我胜任感及外表感上。重要感指儿童渴望受到他人的关注和接纳，具体表现如：愿意在老师面前表现自己，想得到老师的赞许；想让别人知道他内心的想法或感受；如果看到同伴受到表扬，他会不甘示弱。自我胜任感指儿童想在游戏、学习等活动中获得成功，证明自己的能力。比如，儿童会在意自己的成绩，对游戏、学习等活动的积极性很高。外表感指儿童会从自己的外貌或穿衣打扮等方面获得一种自我价值的体验。比如，当自己穿了一件新衣服时，他会在大家面前晃来晃去，希望别人夸奖他。

为了保护宝宝的自尊，家长和老师可以参考以下建议。

- 尽量不当着众人的面批评宝宝，可以当众表扬宝宝。比如，当宝宝在人前做错事时，可以先用眼神“警告”宝宝，之后再跟宝宝说。
- 做宝宝真诚的倾听者。比如，允许宝宝参与到家庭谈话中来，倾听宝宝诉说内心的想法，这能让宝宝感受到自己很重要。
- 多给予宝宝积极的评价，但要避免过度夸赞。在批评宝宝时，就事论事，只针对宝宝的行为，不试图用打击、挖苦的方式让宝宝奋进，并让宝宝知道虽然父母或老师批评了他，但父母或老师依然是爱他的，只要改正错误依旧是好宝宝。
- 鼓励宝宝独立完成有挑战性的任务，体验自我胜任感。比如，让宝宝学会自己叠衣服，让宝宝自己探索一个新玩具的玩法，让宝宝独立做一个手工作品等。

名言录

要尊重儿童，不要急于对他做出或好或坏的评判。

——法国思想家、哲学家卢梭

宝宝过度自信，为什么？

玲玲今年 3 岁，在幼儿园韵律活动课上，总是能很快学会老师所教的内容，常常受到老师和家长的表扬。但是慢慢地，当她做错动作，老师纠正她时，她不仅不太愿意接受老师的指正，回家后还向妈妈诉苦，说老师教错了。有时候，在电视上看到小朋友表演高难度的舞蹈，她会在一旁念叨："那么简单，我也会跳。"

故事中的玲玲太过自信了，当她出错时，还认为是老师而不是自己错了，飘飘然，听不进意见。实际上，很多宝宝都存在这样的情况，总是高估自己的能力，甚至认为自己无所不能、无人能敌。如果家长夸一下别人，比如，说一句电视里的小朋友表演得好，他们可能还会生气，说自己比他们强。过度自信的宝宝似乎总是一副高高在上、趾高气扬的样子，这不但会阻碍宝宝的人际交往，而且容易使宝宝心胸狭窄，滋生嫉妒心理，而一旦遭遇挫折，他们又容易走进自卑的极端。为什么宝宝会过度自信呢？

一方面，宝宝自信，说明宝宝已发展出了自我认识。自我认识是指人对自己在生理、心理和社会等方面的看法。一般在 18 ～ 24 个月时，宝宝认识到自己是一个独立的个体。

随着语言的发展，宝宝开始能用语言来描述和评价自己，他们的自我认识也更加丰富。比如，宝宝会说“我喜欢跳舞，我很会跳舞”等。对自我的认识是儿童对自我评价的前提，也就是说，自我认识的发展是宝宝体验过度自信的前提。

另一方面，宝宝过度自信，说明宝宝的自我认识具有局限性，即具有过高的积极评价。究其原因，主要有以下两方面。首先，宝宝通常都具有积极评价自己的倾向，在这种倾向不“过度”时，倾向于认为自己的能力强，也倾向于低估任务的难度，宝宝之所以倾向于积极评价自己，可能是因为产生了“自我能力强、任务难度低”的认知与自我评价。比如，宝宝很难区分自己想要的能力和实际拥有的能力，因而沉浸在自己美好的想象中。其次，宝宝过于不现实的积极评价，与重要他人，尤其是家长的过度肯定评价有关。宝宝的自我认识是逐渐发展的，幼儿阶段的宝宝还不会完全独立地评价自己，大多时候是典型的“跟风派”，父母夸宝宝是个好宝宝，他就相信自己是个好宝宝。正因为宝宝的自我评价带有明显的依从性，所以家长对宝宝的评价可以发挥举足轻重的作用。而有的家长过于频繁地夸奖宝宝，总是抬高自己的宝宝，近乎达到“奉承”的程度。在这个“夸奖的蜜罐”里，宝宝逐渐习惯性地认为自己就是“最棒”的，就是第一，看不到自己的缺点。一旦其成为习惯，为了保护自尊，宝宝就难以接受他人的消极评价，变得盲目自信。

虚心使人进步，骄傲使人落后。为了帮助宝宝正确地认识自己，既不盲目自大，又不妄自菲薄，这里有一些建议供家长参考。

- 冷静地评价自己的宝宝，既要看到宝宝的优点，又要看到宝宝的缺点。同时，不要只知夸奖而舍不得批评。
- 夸奖但不吹捧宝宝。赞赏宝宝取得的进步，具体地夸赞宝宝为此付出的努力，并让宝宝知道仍有进步的空间。

自我认识的积极偏向

有研究者从脑活动的角度证明了宝宝具有过于积极地自我评价的倾向。研究选取了21名平均月龄为66个月的宝宝，给他们呈现一些画着主人公做某项体育活动的图片，其中一半显示主人公成功，一半显示主人公失败。宝宝的任务是判断图片中主人公的表现“像”还是“不像”自己。结果发现，对于主人公成功的积极图片，宝宝做出判断的反应更快，且300毫秒之后积极图片诱发的脑电波幅比负性图片更小。

● 不要总是将自己的宝宝与其他宝宝进行比较。比如，不要对宝宝说“你最能干”“你比隔壁宝宝棒”等。不要暗示宝宝他总是“优人一等”，也不要暗示宝宝他总是“差人一等”。

● 多让宝宝看看其他的在不同方面表现优秀的宝宝，让宝宝感受到人外有人，天外有天，每个人都可以很优秀。

● 当宝宝碍于面子不承认自己的不足时，不要勉强宝宝，告诉宝宝若承认了并不表示家长就不喜欢他了，也不表示他不优秀。

名言录

骄傲、嫉妒、贪婪是三个火星，它们使人心爆炸。

——意大利诗人但丁

宝宝不愿意表现自己，为什么？

宾宾今年上幼儿园中班了，平日里他是个活泼开朗的孩子，可每当幼儿园里举办什么大型活动时，他总是忸怩退缩，不愿意参加。如果问他为什么，他就说："我不行！"在课堂上，他也没有其他宝宝那么爱举手回答问题。当老师请他回答时，他常常显得很迟疑，有时又直接摇头说自己不会。

有的宝宝因为性格内向腼腆，所以不热衷于在别人面前表现自己。可是，还有的宝宝像宾宾一样，虽然性格外向开朗，但不愿意表现自己，一遇到可以显露自己能力的事就打退堂鼓，甚至在家长面前也退缩迟疑。他们时常把"我不行""我做不好"等挂在嘴边，即使有的时候他们能行、能做得好，也不愿站出来表现。家长和老师往往发现他们并不是故意找借口，懒得去表现，当宝宝说自己不行时，他们也会愁容满面，显得很失落。这究竟是为什么呢？

宝宝之所以如此，是因为他们有较低的自我效能感。"自我效能感"是美国著名心理学家班杜拉提出的概念，是指个体对自己是否有能力去完成某件事的确信程度，可粗略地理解为通常所说的自信心。自我效能感是对自我能力的一种主观评价，而随着自我概念和语言能力的发展，2 岁之后的宝宝已逐渐能进行自我评价，形成自我效能感，并能用言语表达对自己的评价。宝宝说“我不行”“我做不好”，即表达了对自己成功做成某事的否定态度，显示了较低的自我效能感。自我效能感会影响一个人对任务难度的选择，在完成任务过程中遇到困难时的持久性，付出努力的程度，以及做事时的情绪。自我效能感高的人乐于迎接挑战，遇到困难时能坚持更长时间，会付出更多的努力，而且乐观积极；而自我效能感低的人容易畏缩不前，轻言放弃，感到焦虑无助，即使自己能力没问题，也难以正常发挥出来。所以，如果宝宝自我效能感低，就会不愿意表现自己。

班杜拉认为 3 ～ 4 岁是自我效能感发展最为迅速的时期。影响宝宝获得自我效能感的因素主要有：直接的成败经验、替代经验、言语劝说及情绪唤醒。第一，自身成功的体验对获得较高的自我效能感尤为重要。在幼儿时期，宝宝需要掌握很多新技能，成功的经验可以让宝宝感到自己有能力掌握新技能，能成功完成某事，从而形成较高的自我效能感；而屡次失败容易降低宝宝的自我效能感。在日常生活中，有些家长太溺爱宝宝了，总想方设法包办宝宝的一切，替宝宝做事，这阻碍了宝宝获得成功体验的机会，不利于他们的自我效能感的发展。第二，替代经验，即别人的成败经验。当宝宝看到和自己相似的人完成了某一项任务之后，他们可能认为自己也行。第三，言语劝说。宝宝尊敬的人（如家长、老师等）有理有据地告诉宝宝，宝宝能够做到，这可以增强宝宝的自我效能感。然而，可能出于严苛要求或谦虚，有些父母常常说宝宝“不行”，这容易使宝宝怀疑自己，甚至给自己贴上“就是不行”的标签，即使成功了也可能认为只是碰巧的事。还有的父母只简简单单地对宝宝说“你真棒”“很好”，这一点儿也不具体，有时甚至没什么感情，而宝宝还处于具体形象思维阶段，不容易知道自己“棒”在哪里，“好”在哪里，因而抽象的赞美并没有提升他们的自信。最后，高水平的情绪唤醒（如焦虑等情绪）会降低自我效能感。陌生的环境、众目睽睽的情境更容易激起焦虑等情绪，因此，宝宝更不愿意在陌生人面前或者在很多人面前表现自己。

心视界

自我效能感的意义

个体是否会取得成功与个体的能力高低有关系，但是能力高只是增加个体成功的可能性，而并不必然带来成功。很多研究表明，虽然自我效能感只是对能力的自信程度，不是真正的能力或技能，但是，它比个体的真实能力更能预测个体的成功。这显示出了自我效能感在发挥能力方面起到的重要作用，当个体有较高的自我效能感时，他才能把自己的能力充分地发挥出来。所以，在日常生活中，教育者不应忽视对宝宝自我效能感的培养。有研究显示，幼儿阶段正是培养宝宝自信心的重要阶段，且 4 岁是培养宝宝自信心的关键年龄。

为了帮助宝宝成长为一个有着较高自我效能感的人，充分发挥自己的能力，避免消极自卑，家长和老师可以参考以下建议。

- 不为宝宝包办一切，多让宝宝做一些力所能及的事情，获得成功的体验，并及时肯定宝宝的能力。
- 鼓励宝宝独自或和伙伴们一起尝试接受挑战。比如，若宝宝喜欢拼拼图，可以让宝宝试着去拼逐渐更有难度的拼图。当宝宝失败时，引导宝宝分析其中的原因。
- 多赞赏宝宝，不要给宝宝贴上“不行”的标签。赞赏宝宝时，富有感情且具体地告诉宝宝他的出色之处。在别人夸奖宝宝时，可以微笑地接受，不必为了谦虚而当着宝宝的面说宝宝“不行”。

名言录

人们对其能力的自信心会对其能力的发挥产生巨大的影响。能力不是固定资产，弹性极大，关键是怎样发挥它。

——美国心理学家班杜拉

宝宝性格孤僻，为什么？

在幼儿园里，晶晶不爱与小朋友一起玩耍，常常一个人独自待在角落里，不让别人接近她。小朋友叫她，她也不爱理睬人家，凡是集体游戏、集体活动，她都没有兴趣，情愿一个人独自玩耍。平时在家，她很少与父母交流，而乐于一个人看书、画画、看电视，不吵也不闹。如果父母说带她去亲戚家玩，她也总是很不情愿。

虽然宝宝常给人爱玩爱闹的印象，但像晶晶一样的宝宝并不少。他们宁愿一个人安安静静地玩，也不愿意与小朋友一起做游戏。这些宝宝已形成了孤僻的性格，习惯独处，并且以此为乐。如果让他们选择是待在家里还是出去和一群宝宝玩，他们总是会选择待在家里。如果家里有别的宝宝来做客，他们总是显得拘谨万分，甚至如坐针毡。宝宝孤僻的性格会给他们的成长带来很多问题。比如，难以形成良好的同伴关系，难以发展社会生活所必需的社会交往能力，严重的甚至容易患社交障碍、抑郁症等。

为什么有的宝宝会性格孤僻呢？

一方面，这与宝宝天生的气质有关。有些宝宝出生后就比较安静，行为反应的强度也比较弱，体验情绪的方式比较少，而且情感产生速度很慢，但是他们对情感的体验却非常深刻和持久，有较高的情绪易感性，也就是常说的“多愁善感”。这种生来像是“小林黛玉”的宝宝，便属于气质类型中的抑郁质。抑郁质的宝宝多表现为行为孤僻、不太合群、行动迟缓、优柔寡断及敏感等。

另一方面，性格是在后天环境中形成的，因此，宝宝的孤僻性格受到成长环境的影响，尤其是家庭环境中的亲子关系对其性格塑造有着重要影响。在婴幼儿期，宝宝与母亲能否建立起安全依恋，可能会影响宝宝的一生。这是因为，在这一时期，依恋关系是否稳固决定了宝宝能否感到一种安全感和信任感。如果宝宝与母亲不能建立起安全的依恋关系，那么在宝宝的世界里，母亲的爱是缺失的，这很可能造成宝宝觉得他人不可信任，不愿与人交往，形成孤僻的性格。此外，父母离异或病故等也可能会使宝宝形成孤僻的性格。父母任何一方的缺失，对宝宝心理和生活的影响都非常大，也会给宝宝造成较大的心理压力。如果这种压力没有得到良好的疏导，再加上受到小伙伴的嘲笑和歧视，就会让宝宝无从应对，进而选择孤立与逃避社交。另外，多次失败的社会交往经验可能使宝宝觉得与人交往变得无趣，慢慢偏好于独处，最后导致性格孤僻。

需要注意的是，宝宝孤僻的性格往往不是单一因素造成的，而是多种因素的综合作用。例如，如果宝宝原本比较安静敏感，又在早期与父母长期分离，宝宝的世界就会变得更加封闭，从而形成非常稳定的孤僻性格。为了避免或改善宝宝孤僻、不合群的特点，家长可以参考以下建议。

- 多陪伴宝宝，主动和宝宝交流，表达自己对宝宝的爱。比如，和宝宝一起做游戏，经常举行全家一起的家庭活动。

心视界

父母性格对宝宝气质的影响

心理学研究表明，父母的性格会影响学龄前宝宝的气质特点。比如，父母性格外向的宝宝容易形成平易型的气质，而父母性格内向的宝宝更容易形成麻烦型的气质，即表现出逃避、孤僻、不亲近、不易哄、反应强度过大等特点。这是因为，那些有着情绪消极、社交退缩、敏感等性格特点的父母往往不善于与宝宝进行良好的沟通，很难走进宝宝的心里去了解宝宝，不会表达自己对宝宝的爱，难以与宝宝建立亲密的亲子关系，而这非常不利于宝宝获得安全感和信任感，使宝宝更容易形成麻烦型的气质。

● 若家庭中出现较大的变故，如父母离异、亲人过世等，要时刻关注宝宝的情绪变化，并及时安抚，不让宝宝感觉有一部分爱缺失了。

● 给宝宝创造同伴交往的机会，有意识地培养宝宝的人际交往技能。比如，可以邀请亲戚或邻居家宝宝到自己家来玩，当宝宝起初感觉害怕或不适应时，不要强迫宝宝，可以给他做示范或陪同他一起参与。

● 及时肯定宝宝在社会交往中取得的进步。而当宝宝在社会交往中遇到挫折时，要安慰宝宝，并理智地帮宝宝分析受挫的原因，然后一起想解决问题的办法。

名言录

他们懂得从生活中，寻找那一星半点闪烁着的情趣，他们就不会觉得困苦和孤独。

——作家罗兰

宝宝腼腆害羞，为什么？

瑄瑄今年3岁，她平时在家里也爱唱爱跳，高兴时还会向爸爸妈妈做鬼脸。可一旦有客人在旁边，再想让她唱个歌、跳个舞就难了。客人逗逗她，她就躲到爸爸妈妈身后，不愿意表演。还有一次，恰逢幼儿园家长开放日，班级里其他小朋友都在操场上尽情地玩耍，瑄瑄却拉着妈妈的衣角，看着小朋友们，尽管妈妈再三鼓励，她还是不敢跟大家一起做游戏。

不少宝宝和瑄瑄一样，在家里是父母的开心果，可以逗得父母哈哈大笑，而一到外面就变成了“含羞草”，十分害羞。害羞是在人际交往中感觉被他人评价时产生的一种紧张、担心或害怕的心理。在遇到陌生的伙伴时，害羞的宝宝既渴望加入他们，和他们一起玩耍，又不敢上前，担心自己被拒绝。可见，害羞的宝宝内心十分矛盾，他们同时具有较高的趋近交往动机和较高的回避交往动机。害羞的宝宝一般比较服从社会规则，但害羞会阻碍宝宝的社会交往，不利于宝宝与同伴、老师建立亲密的关系，不利于宝宝的社会适应，也容易使宝宝变得更敏感，甚至自卑等。

首先，幼儿阶段的害羞与宝宝自我意识的发展有关。3～4岁的宝宝渐渐开始意识到他人所期望的行为标准，并逐渐内化，他们依靠他人的外部评价来做出自我评价。同时，随着自我意识的发展，宝宝对其他人的赞扬、责备等反应越来越敏感，并能因此产生羞愧、内疚等较为复杂的社会性情绪。也就是说，宝宝会格外关注父母、老师或同伴等对自己的评价或行为反应，一旦获得非理想的反应，就容易产生不恰当的自我评价，甚至自我贬低。实际上，害羞是对他人评价的担心、害怕，是宝宝为避免预期的自我贬低而产生的防御性退缩，它使宝宝不愿意让自己处于他人评价的中心。

其次，宝宝的害羞与家长的教养行为有关。有的家长对宝宝进行了过度保护，一心想着不能让宝宝受到任何伤害，因而不让他们接触陌生的环境，限制宝宝的社会交流，从而使宝宝对家长更加依赖，不懂得如何应对陌生的情境，更不懂得如何与他人交往。由此，当他们处于社会交往中时，便手足无措、担心、害怕。有的家长对宝宝有着过度期望，宝宝往往苦于达不到家长的要求，这增加了宝宝对他人评价的在乎程度；而有的家长又总是对宝宝做出消极的评价，这同样增加了宝宝对他人否定自己的担心程度。

最后，宝宝的害羞可能来自遗传，即宝宝遗传了父母的“害羞基因”。父母一方如果害羞，那么宝宝也容易害羞。有研究者认为害羞是一种气质特点，极端害羞的儿童在神经系统的唤醒水平和调节功能上与其他儿童具有明显差异。也有研究表明，害羞儿童的右脑前额叶脑电相对活跃，心率较高。

害羞的宝宝对周围的世界既好奇、期待，又担心、恐惧。家长要学着去读懂宝宝的内心，帮助他们认识、应对这个美好的世界。家长可参考以下建议。

- 不要过度保护宝宝，增加宝宝与外界接触的机会，如多邀请别的宝宝到自己家里来玩，让宝宝在实践中学会如何与他人交往。
- 不要过分要求宝宝，多肯定宝宝，使宝宝免于承受过大的消极评价的心理压力，不盲目消极地预期他人的评价。
- 帮助宝宝为将要面临的新情况做好准备，提前向宝宝解释将要发生的事情，并告诉宝宝如何应对。

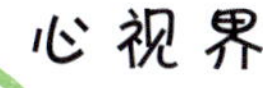

害羞与适应

有研究者以197名加拿大幼儿园宝宝为对象，评定了宝宝的害羞水平、心理社会适应及学校适应情况，同时测量了宝宝母亲的人格特点及教养方式。研究发现，宝宝的害羞水平与宝宝的心理社会适应及学校适应水平存在负性相关，害羞水平越高的宝宝越容易出现情绪问题、同伴交往问题及学校适应问题。不过，母亲高宜人性（善解人意、友好、乐于助人等）的人格特点及温暖、支持的教养方式可以缓解宝宝害羞的消极结果。这可能是因为母亲的高宜人性能促进害羞宝宝的情绪调节能力，母亲民主的教养方式有助于害羞宝宝社交技能的发展。

● 当宝宝表现出退缩羞怯时，给宝宝适应的时间，不勉强或责备宝宝，可先给宝宝做个示范等，之后再鼓励宝宝参与。当宝宝跨出尝试的一步后，立即表扬宝宝，如夸奖宝宝“真大方，真有礼貌”等。

● 可以先鼓励宝宝参加一些不过分显露自己，但是也能够在众人面前表现的活动，如小合唱、集体朗诵等，之后再鼓励宝宝尝试单独表演。

名言录

人类本质中最殷切的需求是渴望被肯定。

——美国心理学家威廉·詹姆斯

宝宝对“奥特曼”等深信不疑，为什么？

明明刚刚过了3岁生日，他最近疯狂地迷上了奥特曼，动画片反反复复看了五六遍也不腻。他平时很喜欢奥特曼的玩具，也喜欢拿着道具假扮奥特曼，而且他最近变得有些好斗，嘴里时不时地一边念着奥特曼的口诀，一边摆出奥特曼打斗的姿势，好像在跟空气里的“怪兽”打架一样。有一次，明明和妈妈一起走在大街上，一只小狗冲着他跑过去，把他吓了一跳，他就大喊着：“奥特曼，快来消灭它！它是怪兽！”小狗跑开后，他开心地跟妈妈说，是奥特曼把它打跑了。

就像这个喜欢奥特曼的宝宝一样，宝宝在3岁之前，几乎都对自己喜欢的童话或动画片等中的虚拟人物、事物深信不疑，不仅相信它们的存在，还相信它们拥有的超能力属性是真实的，这是为什么呢？

首先，宝宝还处于认识世界的开端，他们对任何事物的了解都很少，甚至还不能掌握最简单的物理规律。虽然大人都知道，没有一定的物质基础是不可能凭空变出东西的，但是宝宝还没有

足够的经验去分辨这一点。因此，他们相信，无论是魔法还是超能力，童话故事里的情节都是真的，他们对故事里的角色深信不疑。

其次，宝宝判断“真实”的标准并不是像大人一样，看这个事物是否存在。在宝宝的世界里，存在的事物和虚构的事物都是“真实”的，而“假扮的”或“积木搭建的”的事物不是真实的。例如，宝宝认为奥特曼是真实存在的，但是用积木搭的奥特曼是假的。所以宝宝并不怀疑虚构事物的真实性，即便他们并不存在。

最后，宝宝喜欢天真快乐、个性鲜明的虚构角色，这些角色为他们的生活增添了浪漫色彩，无论是看到这些虚构的故事，还是模仿这些角色的超能力，都让宝宝的童年充满欢乐。因此，宝宝喜欢天马行空的事物和故事情节，愿意相信童话、相信自己喜欢的角色。如果一定要向宝宝证明他们喜欢的虚构事物都是假的，那么宝宝的内心将失去他绝好的虚拟伙伴，这必将让他们的童年失去许多快乐。

总而言之，相信“奥特曼”等是宝宝的认知特点和娱乐需要共同决定的，是这个年龄段的正常现象。在这个阶段，父母应该鼓励宝宝塑造健康的思维，也要防止宝宝出现问题行为。以下是对父母和老师的一些建议。

- 家长应该选择健康的儿童作品，选择传达真、善、美的儿童作品，父母可以和宝宝一起进行角色扮演的游戏，鼓励宝宝模仿一些良好的行为。尽量不让宝宝接触包含暴力、恐怖等消极思想的作品，以免宝宝习得不恰当的行为方式或错误的观念。
- 如果宝宝不能区分真实事物和以其为原型的童话或卡通形象，那么父母可以将这两者放在一起进行对比，教宝宝辨别两者的差别。
- 父母和老师可以引导宝宝认识现实世界。可以向宝宝解释生活中常见的事物和基本的自然现象。例如，可以向宝宝解释，彩虹是由于阳光照射在雨滴上形成的。

心视界

存在的才是“真实”的？

一个心理学实验研究了3岁宝宝以什么标准来判定“真”。研究者让宝宝看一组图片，共四张：一张为原型图片，是现实世界中存在的真实事物（如猴子）；另外三张为原型图的变形——一张原型的虚构角色的图片（如孙悟空），一张儿童假扮原型的图片（如儿童化妆扮演的猴子），一张积木搭建的原型图片（如用乐高积木搭建的猴子）。结果发现，3岁宝宝认为原型图和虚构角色图是真的，而假扮的和积木搭成的不是真的。这说明宝宝在3岁时还不能根据“存在的才是真实的”这个标准来判断事物的真实性。

● 不要过早地剥夺宝宝相信虚拟事物的权利，尤其是他们非常喜欢的一些虚拟事物。例如，西方的宝宝们非常相信圣诞老人的存在，试想，过早地让宝宝认识到圣诞老人是假的，那么同时也剥夺了他们原本天真烂漫的快乐。

名言录

我的心灵漂泊无依，童话是我流浪一生的阿拉丁神灯。

——丹麦童话作家安徒生

宝宝对陌生人也会微笑，为什么？

月月满月后，有时看着妈妈的脸会微微地发笑。妈妈甚是欣喜，以为月月偏爱妈妈。过了几天，一位叔叔头一回来月月家做客，月月竟然也对这位陌生的叔叔微微地笑，对和叔叔一起来的小姐姐也这样。月月的微笑是那么自然与甜美，看来还有些“泛滥”呢！

微笑是人与人之间进行正向情感交流的一种方式，这种方式在婴儿期就已经被宝宝“全副武装”在自己身上了，就像上面例子所描述的那样，1 个月左右的宝宝就能够用微笑来表达自己的情感。但如上所述，这时宝宝的微笑很有意思，他们无论是对熟悉、亲密的家人，还是对不熟悉、陌生的外人，都会微微一笑，像个讨人喜欢的微笑“小天使”。宝宝为什么对陌生人也会微笑呢？

其实，宝宝对亲密的抚养者及陌生的人都微笑，是宝宝社会性微笑发展中的一种正常的心理现象。宝宝的社会性微笑是宝宝对人类的面孔或声音，而不是对非人刺激物所做出的微笑反应。这种微笑的出现是宝宝情绪社会化的第一步，它在宝宝情绪发展和适应社会要求的过程中发挥着重要的作用。进一步说，宝宝的社会性微笑是宝宝向世界发出的第一个社会性信号，也是第一个社会性行为。宝宝通过对他人微笑，可以引发他人对自己的友善反应，如抚摸、拥抱等。虽然宝宝天生就会微笑，但是宝宝的社会性微笑经历了一个发展的过程。

0～5周的宝宝还不能发出社会性微笑，这时，宝宝的微笑只是一种自发性的、不自觉的微笑。它可以在没有任何外部刺激的情况下发生，如在宝宝睡觉时，而这通常与宝宝中枢神经系统的自发放电有关。当宝宝吃饱喝足，或妈妈轻轻抚摸宝宝的皮肤，或用有趣的东西逗宝宝时，宝宝便可能微笑，但这种微笑不具有任何交流的意义，也相对没有分别，宝宝只要看到他们觉得很有趣的事物，便会微笑。

大约从第5周起，宝宝开始对人的面孔和声音产生特别的、显著的微笑反应，表达出社会性微笑。宝宝在看着成人的正脸，或者听到成人的声音时，会更经常地微笑，有时甚至可以持续很长时间。这种变化反映的是宝宝知觉能力的发展，尤其是对人脸的敏感性。在5周至4个月时，宝宝的微笑对人类对象仍是没有差别的，也就是说，宝宝不会区分微笑的对象，无论是对自己的爸爸妈妈、其他抚养者抑或是陌生人，宝宝的微笑反应均“一视同仁”，丝毫没有显露出偏爱或认生的迹象。因此，这个阶段的社会性微笑也叫作无选择的社会性微笑。儿童心理学研究发现，给宝宝呈现一张陌生人的人脸图片，即使它是静止不动的，宝宝也会看着它微笑，甚至不必是真正的人脸，比如，即便是类似人脸的图画或者面具，宝宝也会对其微笑。

大约5个月时，宝宝开始能够分辨熟悉的人和陌生人的脸，以及不同人的声音，他们开始对不同的人做出不同的反应，发出有选择性的微笑。宝宝会对不同的人报以不同的微笑：在次数上，对亲密的抚养者、熟悉的人微笑得最多，而对陌生人微笑得最少；在程度上，对熟悉的人的微笑轻松自然，对陌生人则略带警惕。因此，这一阶段的社会性微笑就叫作有选择的社会性微笑。从“一视同仁”到“亲疏有别”，这一变化反映了

心视界

宝宝最爱看什么？

宝宝总是好奇地观察着这个世界，用什么办法才能知道他们更爱看什么呢？心理学家想出了一个巧妙的办法——视觉偏好法，即给宝宝同时呈现两个或更多的刺激物，记录宝宝对不同刺激物的注视时间，宝宝注视哪个刺激物的时间更长，就表示宝宝更爱看哪个。最早使用这一方法的心理学家是范兹，他曾给1～2个月的宝宝同时呈现一张靶心图案和一张人脸素描图案，结果发现，婴儿注视人脸素描图案的时间是注视靶心图案的时间的2倍。由此说明，宝宝似乎天生就有偏好人脸的倾向。

宝宝选择能力的进一步发展。这种微笑的选择能力，架起了宝宝与抚养者之间沟通的桥梁，编织着彼此情感联结的纽带，滋润着彼此相亲相爱的港湾。

如果宝宝在社会性微笑发展的过程中一帆风顺，那么他就容易成为一个乐观开朗、乐于交往、善于沟通的人；相反，如果宝宝没有很好地发展出社会性微笑，则很容易变得没有安全感，在人际交往中战战兢兢、畏缩退却，这会对他们正常的社会生活造成不良的影响。

那么，家长如何诱发和葆有宝宝甜美的微笑，促进他们成长为会微笑、善沟通的“小天使”呢？下面有一些建议供家长参考。

- 让宝宝吃饱喝足，保持身体舒适，为宝宝的微笑打下一个良好的生理基础，提供一个自然温馨的家庭环境。
- 当逗宝宝却得不到他们的微笑回应时，也要勤于和乐于用温柔的语调对宝宝说话，想办法引发宝宝开心地笑，如用玩具突然发出有趣的声音，让玩具突然出现在宝宝眼前等，对宝宝的微笑充满期待。
- 当得到宝宝的微笑回应时，立即对宝宝回馈以放大的喜悦，并重复引发宝宝微笑的事件。
- 让宝宝多看人的正脸，看不同人的脸，做出不同的表情，帮助宝宝识别面孔，熟悉与之亲近的人。
- 因为宝宝的视力还未发育成熟，为了让宝宝看清，在与宝宝互动时，保持人脸或玩具在宝宝眼睛正前方 20 厘米左右。

名言录

微笑乃是具有多重意义的语言。

——瑞士诗人卡尔·施皮特勒

宝宝认不出镜子里的自己，为什么？

洋洋 8 个月大了，有一次，在面对一面大镜子时，他竟然对镜中的自己感到很兴奋。只见洋洋伸手去摸镜中的自己，对着“他”笑，对着“他”咿咿呀呀，有时还到镜子后面左瞧瞧、右看看，好像是把镜子中的自己当成了另外一个小宝宝。

1 岁之前的宝宝认不出镜子里的自己，这是一个普遍的现象。当在他们面前摆上一面镜子时，有的宝宝对镜子里的自己毫无反应，一点儿兴趣也没有；而有的宝宝把镜子中的自己当成了别的小伙伴，就像故事中的洋洋那样，和“他”兴致勃勃地玩起来了。宝宝为什么不知道镜中的宝宝就是他自己呢?

其实，可以认出镜子里的自己是一种了不起的能力，它反映的是个体自我意识的获得，这意味着个体认识到自己既是行动的主体，又是被观察的客体，认识到自己是一个独立的、独特的存在。而这种能力不是与生俱来的，宝宝从认不出镜子里的自己到认得出镜子里的自己，走过了一段自我意识发展的“旅程”。

通常，5个月之前的宝宝远未形成自我意识，对镜子里的自己并没有什么反应，他们或许会对镜子这个东西本身感兴趣，但只是把它当作一种玩具而已。在5～8个月，随着宝宝社会性的发展，宝宝产生了同伴交往的兴趣，这时宝宝虽然仍未形成自我意识，但会对镜子里的像有特别的反应。他们会认为那是另外一个宝宝，是可以一起玩耍的小伙伴，由此出现了同伴交往的行为，如对“他”微笑、接近“他”、触摸“他”、亲吻“他”等。

在8～15个月，宝宝开始形成主体我，即逐渐意识到自己是行动的主体。而这种认识来自宝宝的行动经验。比如，宝宝碰或抓一下小球，小球发生运动，这使得宝宝感到自己的动作是引起小球运动的原因；宝宝对大人微笑，大人回以微笑，这使得宝宝感到自己的行为是引发大人行为的原因。这些可预测的反应方式给了宝宝一种掌控感，宝宝认识到自己是一个活动的、积极的主体，也乐于主动发起行动以引起周围物体或他人的反应。因此，这个阶段的宝宝虽然还不能认出镜子里的像是自己，但是他们会对镜子里的像更加感兴趣。同时，他们有意地主动做出一些动作，通过自己的动作来引发镜子中的“宝宝”做相同的动作。研究发现，父母对宝宝发出的信号敏感，能促进宝宝主体我的形成，因为这样的父母的宝宝会更容易将自己看成行为的动因。

等到15～24个月，宝宝便开始能形成客体我了，即把自己当成一个客体来观察，能认识到自己的身体特征等。因此，这时的宝宝就可以认出镜子里的像是自己而不是其他人，他们会像大人那样对着镜子观察和触摸自己的身体。而宝宝之所以具备这种能力，是因为这个阶段的宝宝正逐渐学会使用心理表象，宝宝能在头脑中记住自己的面部特征等。除了认知发展以外，社会经验也能影响宝宝的客体我认识。比如，研究发现，安全型依恋的宝宝比不安全型依恋的宝宝能更复杂地认识自己的特征。

心视界

点红实验

刘易斯和布鲁克斯·顾恩采用了一个巧妙的点红实验来考察宝宝自我意识的发展。实验中，把宝宝放到一面大镜子前，然后让宝宝的母亲借口给宝宝擦脸，悄悄地在宝宝鼻子上抹上一点红色的胭脂，之后观察宝宝的反应。结果发现，9个月、12个月的宝宝不会去摸自己的鼻子；而小部分15个月、18个月的宝宝及大部分21个月、24个月的宝宝会去摸自己的鼻子，他们已经认识到镜子里的“宝宝”就是自己了。不过，虽然2岁左右的宝宝能认识到自我，但是他们还没有形成持久的自我认识。比如，波维内利等采用与点红实验类似的研究发现，当让宝宝在等2～3分钟后再观看之前自己的头被贴了东西的录像或照片时，只有3岁以上的宝宝才会去摸自己的头，认识到之前发生的事与自己的联系。

随着自我意识的发展，宝宝逐渐从一个混沌无知的婴儿成长为一个独立的个体。宝宝有了自我意识，才能够进一步发展出自我控制和自我调节，实现健康的个体化与社会化，最终成为一个发展良好的、独一无二的“自我”。

为了帮助宝宝更好地发展自我意识，家长可以参考以下建议。

- 鼓励宝宝探索周围的环境，在相对安全的前提下允许他们随意抓、拿、敲、踢物体等，让他们“动”起来。
- 对宝宝发出的信号保持敏感，如当宝宝对家长微笑、发声时，立即回以微笑、言语反应等，及时满足宝宝的需求，建立良好的亲子依恋关系。
- 可以经常与宝宝玩照镜子的游戏。在照镜子时，可动动宝宝的胳膊、逗宝宝笑等，让宝宝多观察到镜中“宝宝”动作的同步，并告诉宝宝镜子里面的“宝宝”是他自己，但要注意，若宝宝反驳，不必强迫其接受，保持自然的心态。

名言录

知人者智，自知者明。

——春秋时期思想家老子

宝宝常用“宝宝”称呼自己，为什么？

美美快2岁了，叫她“宝宝”她就会答应，她也总是用“宝宝”来称呼自己。比如，她常常对妈妈说“宝宝喝水”“宝宝不哭”“宝宝乖”等。有时，她也会说“美美喝水”“美美不哭”“美美乖”等。美美的妈妈想教她学说“我”，但她好像一时还学不会。

2岁之前的宝宝常常以“宝宝”的身份自居。他们让“宝宝”成为自己的专属名词，总告诉大人“宝宝”怎么了，“宝宝”做什么，如说“宝宝饿”“宝宝吃”，或者用自己的名字称呼自己，像美美一样说“美美饿”“美美吃”，却对“我”漠不关心，不会跟大人说“我”怎么了，“我”做什么。为什么宝宝会用“宝宝”称呼自己，而不用“我”称呼自己呢？

从不会说“宝宝”到会说“宝宝”，从会说“宝宝”到会说“我”，都是宝宝成长的过程。其中的奥秘主要在于宝宝如何认识自我。

一方面，从不会说“宝宝”到会说“宝宝”，这反映了宝宝已经发现自我的存在，且能够认识自我了。5 个月之前的宝宝，还没有形成自我意识，他们的世界几乎浑然一体。他们不知道自己的身体与外界事物的区别，会把自己的手、脚等当成是与外界事物一样的东西来玩。渐渐地，宝宝才开始把自己和周围物体或他人区分开来，而这是宝宝在体验到咬自己的手、脚与咬被子或咬别人的手、脚等的感觉不同之后形成的。后来，在与环境的互动中，宝宝逐渐感受到玩具会因自己的摆弄而动，大人会因自己的微笑而笑等，由此，就像从汪洋大海中脱离出来一样，宝宝发现了自我这个主观的、能动的存在，形成了主体我意识。大约在 15 个月时，宝宝开始形成客体我意识，会把自己当作一个独特的客体来认识。比如，他们逐渐认识到自己的模样。在与抚养者的交流中，宝宝还认识到“宝宝”“美美”等就是对自己的称呼，因此，宝宝也把“宝宝”或自己的名字作为自己这个独特的客体的标签，从而宝宝会说“宝宝”了。

另一方面，从会说“宝宝”到会说“我”，这反映出宝宝进入了一个认识自我的崭新阶段，即实现了主体我与客体我的统一。在宝宝只会说“宝宝”时，宝宝只是把自己当成客体来认识，虽然自己与其他客体有着不同的特征，但仍只是客体。所以，宝宝跟大人说“宝宝饿”“宝宝乖”，其认识的视角就像宝宝认识其他客体，如告诉大人“桌子大”“桌子高”一样。慢慢地，大概到了 2 岁，宝宝才将主体我与客体我整合为一体，不再分离地认识自我，才开始真正理解“我”这个词的含义，逐步学会使用统一的“我”区分抽离出来的客体“宝宝”，从而宝宝会说“我”了。

心视界

宝宝认识自己的身体吗？

心理学家罗切特设计了一个有趣的实验来考察宝宝对自己身体的认识。在实验中，同时给宝宝并排地呈现两段宝宝踢自己的腿的视频，其中一个视频是摄像机从宝宝身后拍的，即宝宝看到的腿是从自己的视角可以看到的腿；而另一个视频是摄像机从宝宝前面拍的，即宝宝看到的腿是从对面观察者的视角可以看到的腿。结果发现，3 个月的婴儿会更久地看观察者视角下的踢腿视频。这说明，3 个月的婴儿已对自己经常看到的身体很习惯了，对从新的视角观察自己的身体很有兴趣。

可见，从说“宝宝”到说“我”，宝宝完成了一个自我认识的飞跃。这种认识让宝宝更加强烈地意识到自己是一个独特的存在，从而越发积极主动地探索这个世界。为了帮助宝宝更好地认识“我”，学会说“我”，家长可以参考下面一些建议。

- 不随意干涉宝宝的行为动作。比如，允许宝宝咬自己的手、脚、被子、玩具，允许宝宝在抓、拿、丢中体验自己的力量感。
- 多与宝宝玩照镜子游戏，也可经常和宝宝一起看宝宝的照片等，让宝宝熟悉自己的身体特征。
- 不要一直使用“妈妈”或“爸爸”称呼自己，多与宝宝进行“你”与“我”的对话，如问宝宝：“我是妈妈，你是谁？”“我很开心，你开心吗？”

名言录

人离开狭义的动物愈远，就愈是有意识地自己创造自己的历史。

——德国思想家恩格斯

宝宝认为玩具能听懂他说的话，为什么？

3岁的妮妮有一只毛绒玩具兔，她特别喜欢，总是和它“谈天说地”，有时还凑到玩具兔的耳朵旁跟它说悄悄话。有一次，爸爸觉得很好玩，就逗妮妮说：“妮妮，你别跟玩具兔说话了，它听不懂的！”谁料妮妮立刻反驳道：“不，它听得懂！你看，它还对我笑呢！”

2岁之后的宝宝跟自己心爱的玩具娃娃说话，认为玩具娃娃能听得懂，这是一个非常普遍的现象。实际上，他们不仅认为玩具娃娃能听懂他们的话，甚至可能认为石头、花草树木等也能聆听、懂得他们。更有趣的是，宝宝不仅认为这些东西能听得懂话，还觉得它们也有喜怒哀乐等。比如，踢玩偶一下，宝宝可能说玩偶害怕、好疼等。这是怎么回事呢？

心理学家将宝宝的上述思维叫作“泛灵论思维”，即一种认为无生命物体也具有有生命物体的特征的倾向。一般来说，2 ～ 6 岁的宝宝都有这种泛灵倾向，他们认为万物都有思想，有愿望，有情感体验，也有动机、意图等。他们相信石头也会想事情，娃娃也会想玩耍，花花草草也会开心难过，春风拂来是为了让风筝飞得更高，春雨落下就是为了滋润大地。在宝宝眼里，可能“太阳公公”“月亮婆婆”并不是一种拟人的说法，而是对会走、会微笑、会为宝宝照亮路的太阳和月亮的真实的亲切称呼。

依据心理学家皮亚杰的观点，泛灵论思维是 2 ～ 6 岁处于前运算阶段的宝宝在思维上的一个局限。这个阶段的宝宝还不能将心理和物理的东西区分开来，对事物之间的关系也难以做出真正的因果性解释。皮亚杰认为，宝宝之所以会表现出泛灵论思维，最主要的原因是前运算阶段思维存在一个最大的缺陷——自我中心主义。因为自我中心主义，宝宝体验着自己的感觉、思想、情感等，然后就会把自己的体验强加到别人身上，也会把自己或人类的目的等强加到物理事件上，由此出现了泛灵论思维。虽然泛灵论思维是宝宝的一种自然的倾向，但是研究发现，如果教宝宝一些区分有生命物体与无生命物体的相关知识，如关于生物的知识、事物运动变化的规律等，能促进宝宝对无生命物体的特征的认识。也就是说，宝宝的泛灵论思维可能与宝宝对物体的知识掌握不足有关。

心视界

皮亚杰与儿童的对话

皮亚杰首创了一种研究儿童心理的方法——临床访谈法。在访谈时，皮亚杰会根据儿童对上一个问题的回答来灵活地决定追问的问题。下面一段对话是皮亚杰应用临床访谈法的例子。从对话中，可以看出儿童泛灵论思维的痕迹。

皮亚杰：为什么云彩会走？

儿童：我们走的时候，它们也跟着走了。

皮亚杰：你能让它们走吗？

儿童：每个人都能，当人走的时候，它们也走。

皮亚杰：当我走着，你站着不动，云彩也在走吗？

儿童：是的。

皮亚杰：到了晚上，每个人都上床睡觉了，云彩还在走吗？

儿童：是的。

皮亚杰：但是，刚才你对我说，当有人走路的时候，云彩才走的。

儿童：它们总是在走，当猫在走的时候，还有狗，它们使得云彩也跟着走。

泛灵这种奇特的思维，让宝宝体验着一个更加独特的世界。这个世界活泼多姿，处处荡漾着生命的灵动，丰富着宝宝的认知与情感体验。当然，宝宝不能停留在泛灵论思维阶段，总是生活在主观创造的世界。成长意味着要更加真实地面对这个世界，认识事物的本质，避免混沌一片。

因此，家长既需要理解和尊重宝宝思维发展的过程，又需要帮助宝宝慢慢学会更加成熟地思考周围的事物。以下是一些建议。

- 当看到宝宝与玩具等无生命物体说话时，不要批评、制止或笑话他们，可以适时加入，促进亲子交流。
- 当宝宝认为万物有灵时，可以利用这一点培养宝宝的爱心和同情心等，如教育他们要爱护动物，爱护花花草草，若伤害它们，它们会很疼、很伤心的。
- 可以和宝宝一起阅读儿童科普绘本，带宝宝参观博物馆等，帮助宝宝掌握关于客观世界的知识，帮助宝宝客观地认识世界。

名言录

智慧属于成人，单纯属于儿童。

——英国诗人蒲柏

宝宝抢占排头，为什么？

花花正在上幼儿园中班，一直以来她都有个爱好，就是去抢占排头。每次知道快要排队了，她就显得特别激动，也常常早早地就在自己的座位上“跃跃欲试”。一听到老师发出排队的口令，花花就飞快地冲上前去。为了能站在排头，有几次花花还和别的小朋友闹别扭了。

站在排头似乎对很多幼儿园的宝宝来说都有着特别的魔力。他们每次听到老师要求站队时，总爱争着抢着去站排头，有时还会为了这个位置和小伙伴们争吵打闹。抢到排头的宝宝欢欣雀跃，仿佛赢得了什么价值连城的宝贝；没有抢到排头的宝宝唉声叹气，惘然若失，有时甚至哭起来。简简单单站个队而已，宝宝为什么总是爱“上演”这你争我抢的一幕呢？

在宝宝眼里，站队可不是什么简简单单、无关紧要的事，抢到“排头兵”的位置对他们而言意义重大。

首先，抢到排头意味着争得了老师的关注。宝宝都渴望得到他人尤其是重要他人的关注。比如，在家里，宝宝渴望得到父母的关注，举个例子来说，当父母和客人专心聊天时，宝宝常常“心有不甘”，总想着寻个理由打断父母，或央求父母给自己倒水，或请父母为自己更换电视节目等，有时甚至不惜调皮捣蛋以引起父母的注意。从家庭走向幼儿园，宝宝的社会关系发生了很大的变化，老师成为宝宝心中的另一个重要他人，宝宝也渴望得到老师的关注。因此，他们喜欢靠近老师，站在老师的眼皮底下。而队列的排头是离老师最近的地方，宝宝自然想占据这个地理优势。得到老师的关注，也满足了宝宝被他人尊重的基本需要。

其次，抢到排头意味着得到了被老师积极评价的机会。通常站在排头的宝宝不会调皮捣蛋，而是会为了得到老师的表扬等，努力地好好表现。宝宝之所以如此看重老师的积极评价，主要是因为幼儿阶段的宝宝已经会对自我进行评价了，但是，他们的自我评价能力还比较低，处于外在自我评价期。在这一时期，宝宝在评价自我时很“轻信”他人的评价，若他人是宝宝心中的权威人物，宝宝更会对这个权威人物眼中的自己深信不疑。在幼儿园里，老师作为一个“大领导者”，是宝宝心中的权威人物。而站在排头，宝宝的一举一动都很容易被老师评价，得到老师这个权威人物的肯定，能极大地满足宝宝自我尊重的基本需要。此外，如果自己成功抢到了排头，宝宝会觉得自己很有能力，对自己做出积极的评价，这也能增强宝宝自尊的体验。

最后，抢到排头可能意味着获得了被爱的感觉。老师可能不只是宝宝心中的权威人物，还可能是宝宝除抚养者之外的依恋对象。根据多重依恋理论，宝宝可以和多个环境中扮演不同角色的成人建立不同的依恋关系，甚至有研究指出，良好的师生依恋关系

心视界

宝宝自我评价的特点

幼儿期的宝宝能够进行自我评价，但他们的自我评价并不成熟，主要表现出如下几个特点：①比较依赖别人的评价。比如，问宝宝为什么觉得自己是个好孩子，宝宝常常回答因为爸爸妈妈或老师这么说。②比较笼统、局限，往往只能从某个方面粗略地评价自己。③倾向于评价自己的外部行为。比如，宝宝说“我很棒，因为我把饭都吃完了”。④倾向于过高地评价自己。比如，宝宝认为自己唱歌唱得最好听，自己从来都不会害怕等，而事实上并非如此。

可以对安全性低的亲子依恋关系起到补偿作用。当老师是宝宝良好的依恋对象时，宝宝会表现出如依恋父母一般的状态，渴望被老师爱，希望老师能守护在自己身边。抢着站排头，是宝宝正在主动创造让老师守护在自己身边的条件。与老师建立亲密的关系，得到被老师爱的感觉，满足了宝宝内在安全感的需要。

所以，对宝宝来说，抢到排头真的像是赢得了价值连城的宝贝。这宝贝是关注、是积极评价、是被爱的感觉；而这宝贝的连城价值是他人的尊重、是自尊、是内在安全感。

为了既满足宝宝的心理需求，又避免宝宝之间争吵打闹的局面，以下建议供幼儿园老师参考。

- 在日常生活的点点滴滴中，多跟每个宝宝进行积极的眼神、言语、肢体交流，如真诚地对每个宝宝微笑，不让站在排头成为宝宝获得老师关注的唯一机会。
- 淡化排头的潜在寓意，如可以随机请多个站在不同位置的宝宝帮老师照看前面的宝宝，肯定每位宝宝在队列中的积极表现，让宝宝明白，无论站在哪里都可以当好宝宝。
- 制定明确的排队规则，如按照从矮到高的顺序排，偶尔也可增加些新鲜感，如事先和宝宝约定，按照宝宝的表现让宝宝轮流自主地选择站在哪里。

名言录

世界上没有一朵鲜花不美丽，没有一个孩子不可爱。因为每一个孩子都有一个丰富美好的内心世界，这是学生的潜能。

——文学家冰心

宝宝爱抢玩具，为什么？

2 岁的悠悠平常在家里很讨人喜欢，可是她在外面跟别的宝宝玩时，总是爱抢人家的玩具。自己没有的玩具她要抢，自己家有的玩具她也去抢，有时，连她根本不爱玩的那些玩具，都难逃一劫。一旦抢不到，悠悠就发脾气，甚至动手打人。

2 岁左右的宝宝在和同伴玩耍的时候经常出现抢玩具的行为。比如，看到别的宝宝手里有个小风车，就想去抢这个小风车，即使宝宝家里其实已经有一大堆风车了。他们不依不饶，往往只有自己成功抢到了玩具或家长给他们买了一模一样的玩具后才肯罢休。有时，宝宝看到别的宝宝手里有零食，也会“想方设法”去得到那个零食，但在得到之后，可能并不是爱不释手地享受美味，反倒是心满意足地置之不理了。

2 岁左右的宝宝爱抢玩具等，这是宝宝的物主意识发展的表现。物主意识就是一种占有意识，一种占有感。而宝宝这种占有感的产生是与宝宝自我意识的发展密切相关的。1 岁之后，宝宝逐渐形成明确的主体我意识，即知道自己是行动的主体。比如，宝宝知道自己抓、拿等动作可以直接引起物体位置的变化，这能给宝宝带来一种愉悦的控制感。在生命的第二年里，宝宝开始发展出对客体我的意识，即把自己当作一个客体来认识。

他们逐渐认识到身体特征等这些让自己独特的属性，其中也包括自己的拥有物。由此，宝宝萌发了物主意识。到 2 岁时，宝宝开始会使用“我”这个代词来指代自己。确立自己占有什么东西，能增强宝宝确立自己独特性的体验，所以，宝宝会更频繁地说“这是我的！”“那是我的！”，甚至喜欢宣称那些其实并不属于宝宝的东西也是他们的。也就是说，随着宝宝自我意识的日益增强，宝宝变得越来越爱占有。而这个时期宝宝的自我控制能力还很弱，也难以考虑到他人的感受，所以，那种占有的欲望不仅仅表现在宝宝的语言中，还会表现在他们的动作里，从而很容易出现“抢”这种行为。而一旦抢到手，欲望就得以满足，至于抢到的是什么东西其实无所谓。当然，如果别人手里的东西恰恰是宝宝喜欢的东西，宝宝“抢”的可能性就会更高。

此外，家长不良的养育行为可能会加剧宝宝爱抢玩具等行为。比如，有的家长太溺爱宝宝了，无论宝宝说什么话都认为是对的，无论宝宝提什么要求都给予满足，这容易使宝宝更加自我中心，理所当然地认为看到的东西都可以是自己的。而当宝宝抢同伴的东西时，有的家长甚至“帮忙”请求别的宝宝把东西让给自己的宝宝，这也使宝宝更加享受“抢”带来的愉悦感，以后更喜欢发起争抢的行为。

所以，宝宝抢玩具等行为既是宝宝物主意识驱使的结果，是为了满足自己的占有欲，又是家长教养行为的产物。占有欲的适当满足能增强宝宝的自我意识体验，但若过分满足或总是用“抢”这种行为来满足自己的占有欲，宝宝就容易真的变得自私自利，难以产生分享、协作的意识和行为，不能收获良好的同伴交往关系。

为了帮助宝宝早日放弃“抢”这种行为，做出更加适宜的同伴交往行为，家长可以参考以下建议。

心视界

婴儿的同伴交往

婴儿的同伴交往是分阶段发展的。在大约 6 个月的时候，婴儿才开始出现同伴社交行为，如短暂地对小伙伴笑、碰碰小朋友等，但通常婴儿的友好行为得不到对方的应答，婴儿交往的注意力更多地集中在玩具等物品上，所以，这个阶段可称为以客体为中心的阶段。在 12～18 个月，婴儿之间的交往进入简单交往时期，一个婴儿的社交行为会及时得到另一个婴儿的回应，即婴儿之间开始有了相互的应答，如相互对着笑、给对方拿玩具等。18 个月之后，婴儿相互影响的时间会更长，交往的形式也更复杂，即进入了互补性交往时期。在这个时期，婴儿能与同伴进行和谐的交往。比如，更加乐于模仿对方，可以共同玩角色扮演游戏等。

- 爱宝宝，但不溺爱宝宝。比如，当宝宝说别人的东西也是自己的时，不要认同，应平和而坚定地向宝宝解释那是别人的。

- 当看到宝宝抢东西时，可先观察，给宝宝自己解决问题的机会，若宝宝自己解决不了，先请他们听听彼此的感受，然后告诉抢东西的宝宝抢是不对的，引导他们尊重东西主人的意见，选择一起玩、轮流玩等方式。

- 平时多多鼓励宝宝将喜欢的东西和别人分享，让宝宝和别人互换玩具等。当宝宝做出主动分享的行为时，及时表扬他们。

名言录

在道德教育方面，只有一条既适合于孩子，又对各种年龄的人来说都最为重要，那就是：绝不损害别人。

——法国思想家、哲学家卢梭

宝宝突然“不不相逼”，为什么？

亮亮 2 岁多了，之前一直是个很温顺的乖宝宝，但近来变得越来越不听爸爸妈妈的话了，总爱说“不”，唱反调。比如，不让他买薯片等垃圾食品，他非要买；天气冷了，让他加件衣服，他偏不穿；让他收拾玩具，他嘟嘴、摇头，有时甚至故意把玩具踢得到处都是。

俗话说：“一岁金，两岁银，三岁四岁恼煞人。”踏着成长的脚步，宝宝似乎越来越从那个招人爱的“小天使”化身为一个令人头疼的“小魔头”。在 2 岁之后，即使一向乖巧的宝宝也会时不时地耍起小性子，开始把“不行”“不要”等挂在嘴边，对大人不依不饶，就像故事中的亮亮那样，常常把大人“逼”得一个头两个大。他们不仅会对大人的命令、要求提出抗议，有时还会拒绝大人的帮助，甚至反过来对大人提出要求等，希望大人顺从。比如，大人看到宝宝夹不到菜，就帮宝宝夹，结果宝宝倔强地要大人把菜夹走；和大人一起玩时，宝宝要自己决定玩什么、怎么玩，如果大人不依从，他们也可能闹起脾气来。宝宝这是怎么了呢？

其实，这不是宝宝出了什么问题，而是他们正迈进了心理发展的“第一反抗期”。第一反抗期是发展中的正常现象，也可以说是成长的必经之路。它通常在宝宝 2 岁左右时出现，在 3 岁半到 4 岁时达到顶峰，到 6 岁时结束。那为什么宝宝越长大却突然越“不听话”了呢？究其原因，2 岁左右的宝宝逐渐意识到自己是一个独立的主体，这意味着，宝宝觉得可以不再依赖别人，并有了自己的想法，也可以按照自己的想法自主地做决定，而这在很大程度上得益于宝宝日益增长的动作技能。拿宝宝会走路来说，宝宝所看到的世界就不再受限于大人双腿行走的范围了，宝宝可以挣脱大人的怀抱，自己随意去探索那令人着迷的世界，也可以带领大人走进自己探索的世界。可以自我决定，可以自主地影响或控制外部世界，这对宝宝而言是一个令人兴奋不已的伟大体验。于是，宝宝也开始不断探索和验证自己这来之不易的奇妙力量，喜欢什么事都能符合自己的意愿，一旦有所违背，他们就如同受到了什么可怕的威胁或挑战，立即高举“不”字旗帜，急躁不安地摆起反抗阵营，俨然一股不达目的誓不罢休之势。但宝宝的目的并不是逼迫或惹恼大人，而是捍卫或满足自己的自主需要。

心理学家埃里克森也指出，在 18 个月到 3 岁这一人格发展的重要阶段，宝宝正面临着“自主对羞愧怀疑”的心理危机，经历着从外部控制到内部控制的转变，产生了独立自主的要求。如果大人仍把宝宝当成襁褓中的小婴儿，过分保护，万事包办，或对宝宝独立探索过程中的点点失误大惊小怪或百般斥责，那么宝宝就会怀疑自己的能力，产生羞愧感。相反，如果大人在合理的范围内给予宝宝自己做事情的机会，并鼓励宝宝独立探索，在宝宝寻求帮助时提供必要的指导，那么在这一过程中，宝宝就能逐渐发展出意志这种良好的心理品质。这样一来，宝宝会变得既可以独立自主，又能够自我控制，从而很好地解决自主对羞愧怀疑这一心理危机，成长的脚步变得越来越坚定执着。

心视界

自我决定理论

美国心理学家德西和瑞恩提出了自我决定理论。它假设人是积极的个体，生来就有着追求心理成长和发展的倾向，但是，若要有效发挥这种先天倾向的功能，还需得到社会环境对个体与生俱来的三种基本心理需要，即胜任需要、关联需要及自主需要的满足。胜任需要体现的是个体感觉到自己有能力在具有挑战性的任务上获得成功；关联需要体现的是个体感觉到与他人建立联系，被爱，被尊重；而自主需要是自我决定理论尤为强调的内容，体现的是个体感觉到自己是行动的主人，能控制周围的环境，即自我决定。很多研究表明，老师的自主支持能促进学生的内部学习动机，家长的自主支持也能促进孩子更好地成长。看来，第一反抗期的宝宝正迫切渴望着自我决定呢！

这样说来，面对宝宝的“不不相逼”，家长应该调整心态，变烦躁为欣慰，因为，宝宝是在用行动告诉大人，他们也有自己的主张。可以说，不是宝宝长大了就“不听话”了，而是宝宝的“不听话”正宣告着他们长大了。

为了帮助宝宝顺利度过第一反抗期，成长为一个具有独立性的自主宝宝，家长可以参考以下几点建议。

- 当宝宝具有一定的动作技能，如抓握、走路后，鼓励宝宝尝试使用勺子吃饭、帮忙捡玩具等，促进宝宝自主需要的萌发。
- 当宝宝发出了“不行”“我自己来”等信号时，在安全的合理范围内，耐心地放手让宝宝自己做，必要时提供指导，并及时对宝宝的成功进行赞扬和肯定。
- 当必须对宝宝提出要求时，使用商量、建议的口气而不是命令的口气，并给宝宝提供选择的可能，比如说：“外面好冷，穿少了会感冒，会很难受的。我们加件衣服吧？这里有红色、蓝色、黄色的外套，它们都好漂亮呀，你想要穿哪件？”
- 当预料到宝宝可能不遵从要求时，在活动之前就明确表达自己的要求，并时常提醒宝宝。如果宝宝真的无理取闹，就可以转移宝宝的注意力或采取不理睬等冷处理方式，事后再跟宝宝重新强调自己的要求。

名言录

路要靠自己去走，才能越走越宽。

——法国科学家居里夫人

宝宝“一叶障目”，为什么？

3岁的淘淘正在和小朋友们玩捉迷藏的游戏，只见他蹲在一棵小树下，紧紧地用两只手捂住自己的眼睛，好像完全意识不到那棵树根本挡不住他的身体。如果问淘淘为什么捂住自己的眼睛，他还总是“自信”地说：“这样我就看不到别人，别人也看不到我了呀！”

故事中的淘淘在玩捉迷藏时，用手把自己的眼睛捂上，天真地以为这样别人就看不到自己了，恰似那“一叶障目”的楚人。生活中，很多幼儿期的宝宝都像淘淘这样，虽然很喜欢玩躲猫猫，却是一个非常不“专业”的玩家。比如，他们躲到窗帘后，全然不顾自己的腿还明晃晃地露在外面；他们一股脑钻到桌子底下，根本不理会四周并没有遮挡的东西；有的宝宝知道用被子盖住自己的全身，却直挺挺地坐在床上。宝宝怎么会有如此好笑的行为呢？

宝宝的“一叶障目”，其实反映了幼儿阶段宝宝认知发展中的一个典型的局限，那就是心理学家皮亚杰所说的“自我中心主义”。也就是说，这个阶段的宝宝总是以自己的观点看待世界，认识不到别人会有不同的观点，以为自己看到的、想到的、感受到的也就是别人所看到的、想到的、感受到的。皮亚杰通过经典的三山实验来说明宝宝的自我中心主义。在实验中，他先让儿童熟悉桌子上的三座错落放置的不同颜色、大小和形状的小山模型，允许儿童从不同的角度观察，然后让儿童坐在模型一侧，把一个娃娃放在模型的另一侧，要求儿童在几张从不同角度拍摄的山的照片中选择一张对面娃娃视角下的小山风景，结果，大部分学龄前宝宝选择的是他们自己看到的风景照片，认为对面娃娃看到的跟自己看到的一样，表现出了自我中心。宝宝的这种自我中心通常会比较广泛地表现在他们的行为里。比如，在挂电话时，有的宝宝不是用语言跟对方说“再见”，而只是在电话这头使劲做着挥手的动作，以为对方也看得见。

当然，宝宝一般不会一直这样自我中心。宝宝在不断地与他人进行社会交往的过程中，会逐渐摆脱这种思维方式，表现出“去自我中心”，即能够进行观点采择，从他人的角度思考问题。研究表明，宝宝之间的游戏互动特别是假装游戏能促进宝宝观点采择能力的发展。因为在游戏中，宝宝经常扮演不同的角色，这使得宝宝意识到别人的观点与自己的观点是不同的，尤其是在互动中发生冲突时，宝宝更能意识到彼此不同的观点，为了解决冲突，宝宝还需要协调不同的观点。研究者也指出，宝宝的同伴交往可能比宝宝与大人的交往对宝宝观点采择能力的作用更大。这可能是因为同伴比大人更愿意与宝宝玩假装游戏等，也可能是因为大人在与宝宝互动时常常迁就宝宝，而同伴与宝宝的互动更为平等，这种互动使得相互思考别人的观点更加必要。

心视界

皮亚杰低估了宝宝？

皮亚杰根据三山实验说明 7 岁之前的宝宝是自我中心的。但有人认为皮亚杰的三山实验难度太大，结果低估了宝宝的能力。比如，博克设计了一个宝宝更为熟悉的农场景观实验，让宝宝指出开着小火车参观农场的动画人物看到了什么，结果发现，3 岁的宝宝能从他人的角度做出回答。很多研究也发现，在听故事的任务中，4 岁的宝宝能理解别人在特定情境中的情绪，也开始能理解别人的信念会与自己的信念不同。虽然这些研究证明宝宝并不像皮亚杰所说的那样完全自我中心，但这也不代表宝宝就完全非自我中心。比如，即使是 7 岁的儿童也难以理解和自己看同一幅图的他人可能与自己有不同的想法。或许正如皮亚杰后来修正的，应把宝宝的自我中心主义看成一种倾向而非能力的缺失。

总的来说，宝宝那些“一叶障目”的好笑行为是宝宝自我中心主义的思维特点导致的，这种思维特点会受到社会交往经验，尤其是同伴交往经验的影响。值得注意的是，自我中心主义只是宝宝认知方面的特点，与自私无关。不过，自我中心不利于宝宝的社会适应，宝宝需要学会“去自我中心”。

为了更好地帮助宝宝走出自我中心主义，下面有一些建议可供家长参考。

- 不迁就宝宝，学会拒绝宝宝的不合理要求，并耐心地向宝宝讲解自己拒绝的理由，让宝宝明白其中的原因。
- 和宝宝进行角色扮演游戏，如宝宝扮演家长，家长扮演宝宝，游戏的内容既可以是日常生活中已经发生的事情，又可以是假想的情境。
- 鼓励宝宝多和别的宝宝交往，不要害怕宝宝间的冲突，在发生冲突时，适时引导宝宝关注其他宝宝的想法。

名言录

每个人都有一个与众相同的自我和一个与众不同的自我，只是所占比例不同。

——英国作家劳伦斯

宝宝“视而不见”，为什么？

6个月的小宝正坐在床上拿着身边的玩具玩，妈妈想逗小宝，就笑嘻嘻地“夺”过小宝手中的玩具，把它藏到了枕头底下，结果小宝只是看了一眼枕头，然后就很快去玩其他玩具了。过了好久，小宝也没有要去枕头下面找玩具的意思。

在照看宝宝的过程中，家长有时为了逗宝宝玩，故意把玩具藏在身后或垫子下面，期待宝宝和自己玩找东西的游戏。但是，年幼的宝宝往往“不配合”，他们好像对玩具在自己面前消失的过程“视而不见”。即使是宝宝最心爱的玩具，当它在宝宝眼皮底下被藏起来时，宝宝也不知道去玩具消失的地方找。这是为什么呢？

实际上，当宝宝会去寻找藏起来的物体时，他们就已取得了认知发展的一次重大进步，即获得了“客体永久性”的概念。也就是说，只有宝宝认识到，如果自己看不到物体，物体也不是就从这个世界上消失了，而是继续存在的时候，宝宝才会去寻找那些在眼前消失的物体。通常来说，心理学家正是通过观察宝宝会不会或如何找被隐藏的物体，

来考察宝宝客体永久性的发展。

一般说来，8 个月前的宝宝还不能理解客体永久性。因为年幼的他们依赖于自己的感觉和动作，在他们的世界里，只有自己看到的、听到的或触摸到的才是存在的，所以，当把好玩的玩具放在他们面前时，他们会饶有兴致地玩，而若用手或布把这个玩具完全遮住时，他们就认为玩具不存在了，不再对它感兴趣。

在 8 ～ 12 个月时，宝宝才形成客体永久性的认识。他们能够理解即使物体不在自己的视线之内，物体也存在。所以，这时的宝宝就开始会去找藏起来的东西了。研究发现，宝宝客体永久性的发展与爬行等运动经验密切相关。因为爬行能够使宝宝多次体验到周围固定的物体在眼前消失、重现、消失、重现，而这启发着宝宝消失的物体也可能再次出现。

虽然 8 ～ 12 个月的宝宝具有了客体永久性认识，会去找藏起来的物体，但是他们的寻找能力还很有限。比如，当玩具连续被藏到一个地方时，宝宝每次都能找到，但若玩具接着被藏到另外一个地方，宝宝就又会“视而不见”，仍去原来的地方找。而 12 ～ 18 个月的宝宝能成功找到藏在另外一个地方的玩具，不过，这一年龄段的宝宝寻找物体的能力也不完善。比如，当别人当着宝宝的面把玩具攥在手里，让宝宝看不到玩具，然后将玩具藏到某处时，宝宝就“糊涂”地去别人的手里找。而 18 ～ 24 个月的宝宝能轻松找到这种情况下被藏起来的玩具。

客体永久性的获得是宝宝认知发展的一个里程碑，它使宝宝对周围世界的理解更加真实，更加深刻。宝宝可以把不断变化的事物看成稳定而连贯的整体，也能将不断消失、重现的抚养者看成恒定的客体，不会把短暂的分离当作永远的别离，这可以增加宝宝的安全感。

心视界

犯“A 非 B 错误”的宝宝

心理学家皮亚杰在用藏东西游戏研究自己 10 个月大的女儿杰奎琳的客体永久性认识时，发现了一个有意思的现象。皮亚杰把杰奎琳心爱的鹦鹉玩具连续两次藏在了她左侧的床垫下（位置 A），杰奎琳两次都找对了；接着，皮亚杰拿过她手中的鹦鹉玩具，在她眼前将玩具移到了她右边的床垫下（位置 B），结果杰奎琳却还是去她的左侧找玩具。这就是所谓的“A 非 B 错误”的一个例子。这种错误在 8 ～ 12 个月的宝宝身上很常见。不过有研究表明，让位置 A 和 B 的差异性更大，或延长寻找的间隔时间等，可降低他们犯 A 非 B 错误的可能性。A 非 B 错误的发生反映了宝宝在把自己的客体永久性认识转化为成功的寻找行动方面还存在困难。

客体永久性对宝宝的发展如此重要，为了促进宝宝客体永久性的获得，这里有一些建议。

- 可以适时进行爬行训练，当宝宝会爬的时候，在保证安全的前提下，让宝宝自由爬行。
- 多在宝宝面前演示“藏与找”。比如，可有意地给宝宝看一个有吸引力的玩具，再把玩具藏在身后，对宝宝说“咦，不见了”，然后再把玩具拿出来，说“咦，找到了”，如此反复。
- 多和宝宝玩躲猫猫的游戏。在玩时，可先露出一部分身体，等宝宝熟悉后，再完全藏起来。

名言录

事实并不因为被忽视而不复存在。

——英国作家艾·赫胥黎

宝宝对动画片“情有独钟”，为什么？

3 岁多的轩轩迷上了动画片，从幼儿园放学回到家，就赶紧坐到电视机前。动画片一开始，他就目不转睛地盯着电视屏幕，还时不时呵呵地笑。平时活泼好动的他，这时候就好像变了个人似的，一动不动，有时连饭都不乐意按时吃，觉也不愿按时睡。

像轩轩这样，看起动画片来“废寝忘食”的宝宝并不少见。在信息时代，宝宝常常通过电视、电脑或家长的手机看动画片，他们看动画片时那种喜悦、专注的神情，简直像是与动画的世界融为了一体。之后，他们还能有模有样地模仿动画人物的音调、话语及动作等。事实上，宝宝不仅对动画类的短片情有独钟，他们对某些广告也兴趣十足。他们一听到广告声，多半会立刻停下手头的游戏，目不转睛地盯着电视屏幕直到广告结束。这是为什么呢？

首先，动画片有着很好的视听效果，画面鲜艳，动感十足，角色配音特色鲜明，背景音乐活泼有力，这些都很容易瞬间捕获宝宝的注意。在婴幼儿期，宝宝的注意以无意注意为主，即宝宝经常是漫不经心地被某个东西吸引，而不是带着明确的目的或任务去注意某个东西。心理学研究表明，新异、高强度、运动变化等是能引起个体无意注意的事物的重要特征。而动画片几乎涵盖了这些特征，这些特征也常常贯穿整个动画片播放的进程，因此，动画片既能引起宝宝的无意注意，又能较好地维持宝宝的注意。

其次，动画片色彩鲜明、形象生动的特点符合宝宝感知觉和记忆的发展特点。与色彩暗淡、单调的东西相比，宝宝更喜欢颜色亮丽、有意思的东西。与宝宝注意的发展相同，宝宝的记忆是以形象记忆为主的无意记忆，也就是说，凡是直观形象、鲜明具体的事物，就容易引起宝宝的记忆。宝宝能够记住动画片的情节，也使得宝宝能够持续看下去。

最后，动画片的设计与宝宝的思维和想象力的发展特点相适应，而这一点尤为重要。随着认知能力的发展，宝宝逐渐获得了一些关于日常生活事件的认识，宝宝也能够理解以动画形式呈现的东西与现实生活之间的联系。在认知需要的驱动下，宝宝对新的体验充满兴趣，对宝宝来说，动画片里“不同寻常”的故事可以满足他们获得新体验的渴望。在这个阶段，宝宝还发展出了丰富的想象力。动画片天马行空、引人入胜，为宝宝充分发挥自己的想象力提供了无限空间。能在自己想象的世界里恣意驰骋，往往令人无限着迷。

由此可见，是动画片与宝宝认知发展的适应才使得宝宝那么喜欢看动画片。而有些广告也具有与动画片一样符合宝宝认知发展的特征，所以正如前文所说的，宝宝也会对这些广告很痴迷。

虽然宝宝爱看动画片，但它对宝宝的发展是一把双刃剑。一方面，设计精良的动画片能丰富宝宝的认知体验，促进宝宝思维的发展；另一方面，如果家长一味地把动画片当成宝宝的“托管”，忽视亲子互动，会对宝宝的社会技能发展造成不良影响。从生理上，长时间地看动画片不利于宝宝视觉的发展，也大大增加了宝宝出现肥胖等风险。此外，一项研究显示，仅仅让 4 岁宝宝看 9 分钟的动画片就能即时地降低宝宝控制冲动、计划自己行为的能力。

心视界

该不该让宝宝看电视？

英国《星期日泰晤士报》曾刊登了美国得克萨斯大学的阿莱莎·休斯顿教授撰写的一份研究报告。该报告指出，那些每天看 2 小时电视的 2～3 岁宝宝在阅读、算术和词汇上的得分要比不看电视的同龄宝宝高出 10%。但值得注意的是，随着年龄增长，电视的这种优势效应会逐渐减弱。4 岁以上的宝宝如果每周看电视的时间超过 16 小时，那么他们的学习表现会差于不看电视的同龄宝宝。而美国儿科学会建议，尽量限制 2 岁以前的宝宝看电视，大于 2 岁的宝宝每天看电视的时间应低于 1 小时。

因此，宝宝对动画片的情有独钟是家长和老师需要理解并提供必要帮助和引导的事。下面是一些建议。

- 为宝宝挑选内容积极向上的动画片，不让宝宝观看包含暴力等消极内容的动画片。
- 控制宝宝看动画片的时间，如规定宝宝每天只能看两集动画片，时间尽量不超过 1 小时。
- 陪宝宝一起看动画片，并适时向宝宝提问，也及时回答宝宝的提问，避免宝宝形成完全被动地看动画片的习惯。
- 丰富亲子活动，如一起做游戏、逛公园、参观博物馆等，扩大宝宝的兴趣范围，避免让看动画片成为宝宝唯一的休闲方式。

名言录

到广阔的天地中去，聆听大自然的教诲。

——美国诗人威廉·布赖恩特

宝宝喜欢咬手指，为什么？

5岁男孩嘟嘟从1岁起就喜欢吃衣角、咬被角，后来，在妈妈的反复阻止下，他虽然不再吃被角，但随后又开始咬手指、咬指甲。除参加游戏、吃东西以外，多数时间他都会将双手手指轮流放入口中吮吸，吮吸时口水直流，弄得身上脏兮兮的。嘟嘟的手指甲也从来不需要用指甲刀修剪，都是用嘴巴啃掉的。

与嘟嘟喜欢咬手指的行为相似，有些宝宝还喜欢咬自己的嘴唇、咬毛巾、啃笔头，有的宝宝甚至会埋头去咬脚趾、啃脚趾甲。总之，只要是能够塞到嘴巴里的东西，他们总是习惯性地去啃咬、吮吸，即便父母阻止也鲜有成效。咬手指之类的行为非常常见，它可以发生在任何年龄段的儿童身上，甚至可能持续到成人时期。

宝宝咬手指的行为有多种可能的原因，而作为一种吮吸行为，它最早可追溯到宝宝刚出生后就能表现出来的吮吸反射。吮吸反射是哺乳动物及人类婴儿先天具有的一种反射。当用手指等触碰新生儿的嘴唇时，新生儿就会开始有规律地吮吸这些物体。这种反射使喝奶成为一种自动化的动作，不需要后天的学习，具有生存价值。通常，吮吸反射会在宝宝出生后的 4 个月内消失，逐渐被宝宝自主的吮吸行为所代替。虽然不自主的吮吸行为在 4 个月之后就会消失，但是当宝宝饥饿而抚养者没有及时提供食物时，宝宝会很自然地把手指作为进食对象，通过吮吸手指来获得犹如吮吸妈妈乳房一样的满足体验。

依据心理学家弗洛伊德的观点，0 ～ 1 岁的宝宝处于口唇期，其获得快感的方式主要来自嘴唇与舌头的吸吮和吞咽活动及牙齿咬的活动。一方面，如果宝宝在口唇期的“口欲”没有得到充分满足，比如，过早断奶或总是遭受饥饿，那么宝宝就容易出现发展停滞，到了幼儿期仍表现出咬手指等行为，仿佛停留在了口唇期这个发展阶段。另一方面，即使宝宝的“口欲”得到了充分满足，若宝宝在这个发展阶段遭遇其他的重大挫折，如总是受到严厉的斥责或虐待，宝宝也容易形成咬手指等刻板行为；而宝宝若在其他的发展阶段遭遇重大挫折，面临很大压力，其行为模式也可能倒退到口唇期这个发展阶段，宝宝通过咬手指等看起来很幼稚的行为方式来减轻自己的心理压力。

可见，咬手指等行为可能是宝宝的一种习惯性的应激方式，可以在一定程度上缓解宝宝的心理压力。但是，咬手指等既不卫生，又不能有效地帮助宝宝正面解决压力问题，因而它不利于宝宝的身心健康发展。为了避免宝宝形成咬手指等习惯，或帮助宝宝克服咬手指等行为习惯，家长可以参考如下几点建议。

心视界

新生儿的反射

反射是指对刺激的一种自动的反应。宝宝在出生后就能表现出一些反射。新生儿的某些反射具有很强的生存价值。比如，眨眼反射可以保护宝宝的眼睛免受强光等刺激；吮吸反射保证了宝宝能够摄取营养；当触摸新生儿嘴角周围的面颊时，他们会把头朝向刺激的方向，这种觅食反射可以帮助新生儿找到乳房或奶瓶。新生儿的另一些反射看上去没有突出的生存价值，但它们可能具有一定的适应意义。比如，当用手指去触摸新生儿的手心时，他们就会紧紧地握住触碰他们的手指，这种抓握反射可能有助于婴儿和抚养者之间建立良好的互动。新生儿的有些反射会持续终生，有些则在几个月后消失，反射的出现与消失可作为评估宝宝神经系统发育情况的重要指标。

● 关注和及时满足宝宝的进食需要，充分满足宝宝最初吮吸的欲望。比如，及时给宝宝喂奶，不要过早断奶等。

● 有些宝宝的吮吸行为发生在出牙期，宝宝由于牙床不舒服而爱咬手指等，此时可以为宝宝买一些磨牙棒或者磨牙饼干等。

● 不要忽视或粗暴地对待宝宝，让宝宝感受到家长热忱、恒久的爱。家长的爱可以很有效地避免宝宝出现发展的停滞或形成咬手指等刻板行为。

● 在宝宝忽然无意地咬手指等时，不要立即强制性地制止，可适时转移宝宝的注意力。比如，给宝宝玩具、陪宝宝一起做游戏等，以此中断宝宝咬手指等行为活动。

● 若发现宝宝总是咬手指等，也不要大发雷霆，可温和、坚定地告诉宝宝咬手指的危害，更重要的是，应敏感地了解宝宝的内心世界，温柔地抚慰可能正承受着过大压力的宝宝，和宝宝一起分析问题，寻求正面解决问题的方法。

名言录

人都有吮吸的欲望。

——奥地利心理学家弗洛伊德

宝宝挑食，为什么？

3 岁的凡凡特别喜欢吃肉，不喜欢吃蔬菜。每次吃饭，凡凡都会迅速锁定桌上的肉，也不用大人帮忙，自己夹起红烧肉或直接用手抓起鸡腿什么的就往嘴里塞；而对于青菜、胡萝卜等，凡凡甚至看都不看一眼。如果哪顿饭没有肉，凡凡就会把嘴噘得高高的，有时干脆闹绝食。

挑食现象在幼儿中很常见。面对一桌丰盛的饭菜，有的宝宝像故事中的凡凡那样“无肉不欢”，光吃肉不吃蔬菜；有的宝宝嘴更刁，如吃瘦肉不吃肥肉，吃猪肉不吃鱼肉，吃白萝卜不吃胡萝卜，吃白菜不吃菠菜等。挑食容易导致宝宝营养不均衡，妨碍宝宝的生长发育，导致宝宝营养不良或者肥胖等。

宝宝挑食，是宝宝的一种食物选择行为，反映了宝宝的一种食物偏好。宝宝为什么会形成这种食物偏好呢？

首先，宝宝的能量需求会影响宝宝的食物偏好。生长发育中的宝宝对能量的需求较大，他们会偏好那些高热量的食物，且这种偏好可能是进化而来的一种先天的倾向，所以，比较普遍地，与水果、蔬菜相比，宝宝偏爱吃肉类、甜食等；在水果、蔬菜中，宝宝更喜欢吃能量较高的，如香蕉、土豆。高能量的食物可以让宝宝很快获得饱腹感，使宝宝觉得很满足，这种满足的愉快体验会使得宝宝喜欢上这种食物的口味、气味等。

其次，宝宝的味觉敏感性会影响宝宝的食物偏好。宝宝在吃某些食物时，尝到的味道可能与别人不同，这可能是受特定基因决定的，也可能是在后天味觉经验中形成的。有的宝宝先天会觉得菠菜、花椰菜的味道很苦，觉得香菜的味道很怪，因而较难接受这些食物。在日常饮食中，如果宝宝总吃过咸的食物，宝宝对咸味的敏感性可能就会下降，导致宝宝觉得某些食物淡而无味，难以下咽。

再次，宝宝接触食物的机会会影响宝宝食物偏好的形成。接触食物包括看或吃食物，可以增加宝宝对食物的熟悉性，而熟悉的食物才有可能引起宝宝的好感。宝宝接触食物的机会与宝宝自身的气质特点有关，更与家长的喂养行为有关，且这两方面存在相互作用。有研究指出，对新食物的反应更加警觉的宝宝出现挑食的可能性更大。这可能是因为这些宝宝更倾向于回避新食物，他们需要花更长的时间来适应新食物，但很多时候，家长并没有给他们那么长的时间。比如，有的家长可能逼宝宝吃某种食物，这会增加宝宝对这种食物的消极体验，使得宝宝更害怕或者讨厌这种食物；有的家长一看到宝宝不喜欢吃，就不再提供这个食物，宝宝还没来得及熟悉和适应。由此可以看出，家长的喂养行为对宝宝食物偏好的影响是很大的。家长是宝宝食物的提供者，决定着宝宝能吃到什么食物。可以说，家长在为宝宝提供食物时，其实已经替宝宝做了选择，已经影响了宝宝接触不同食物的机会。比如，有的家长平时只做自己喜欢吃的，有的家长误以为吃肉长身体就只给宝宝喂肉等，久而久之，宝宝也就习惯了吃自己吃过的食物，形成了比较稳定的食物偏好。

最后，宝宝挑食可能是宝宝观察学习的结果。宝宝会通过观察他人对食物的反应，从而决定做出什么样的饮食行为。宝宝倾向于模仿重要他人，如父母、同伴的饮食行为。如果宝宝看到家长在吃某种食物时眉头紧锁、一脸厌恶，宝宝也倾向于拒绝吃这种食物。

心视界

别人吃什么，我吃什么

2岁左右的宝宝开始明显地对新食物表现出警觉，这种反应可以保护开始自己吃饭的宝宝避免吃到不安全的食物。研究发现，宝宝会通过观察他人对新食物的反应来决定是否吃这个新食物。有研究者在午饭前给27名2～5岁的宝宝提供了一份宝宝陌生的、某种颜色的面食当零食，分别考察了他们在熟悉成人在对面坐着、看熟悉成人吃不一样颜色的面食，以及看熟悉成人吃颜色一样的面食三种情境下对新食物的反应。结果发现，与前两种情境相比，在观察到熟悉成人吃和自己的食物看起来完全一样的食物后，宝宝更乐于接受这个新食物。

虽然宝宝先天就具有更喜欢或不喜欢某些食物的倾向，但是后天环境尤其是家庭环境可以对宝宝的食物偏好发挥重要的塑造作用。当宝宝的挑食行为影响到宝宝的饮食质量时，其才成为一个需要解决的问题。也就是说，保证宝宝的饮食质量才是家长更该关注的事情。对此，家长可以做些什么呢?

- 不要总是用汉堡包、甜食之类的食物来奖励宝宝的行为，以免增强宝宝对高热量食物的偏好。
- 以营养均衡为准则，给宝宝提供多样的、健康的食物，不要因为自己喜欢什么或者宝宝喜欢什么，就只给宝宝提供什么。
- 当希望宝宝尝试某种食物时，不要强迫宝宝吃，给予宝宝适应的时间。可以连续多次（如 8 ～ 15 次甚至以上）给宝宝提供这种食物，每次都让宝宝看到家长非常喜欢吃这种食物，还可以把这种食物做得好看、好闻些，以吸引宝宝。
- 若宝宝实在接受不了某种食物，而这种食物又含有对宝宝而言重要的营养物质，可以想办法用其他含有同类营养物质的食物来代替。

名言录

一个人不先感到饥渴，便享受不到饮食的乐趣。

——古罗马哲学家奥古斯丁

宝宝成了“小胖胖”，为什么？

浩浩刚出生时生长发育良好，身长 49 厘米，体重 6 斤[①]，都在正常水平。可慢慢地，浩浩的体重好像增长得过快了。当 1 岁左右的同龄男宝宝只有 18 斤时，浩浩已经快22斤了。现在4岁多的浩浩体重已接近50斤，幼儿园的小朋友都叫他“小胖胖”，浩浩觉得很不开心。

从躺在父母怀里的那个“小不点儿”到不再可以被轻松抱起的“小大人”，宝宝的生长变化好似发生在眨眼之间。6 个月时，宝宝的体重就能比出生时增加 1 倍，1 岁宝宝的体重更是迅速增长到出生时的 3 倍。不过，从第二年起，宝宝的生长发育会减缓，通常开始慢慢变瘦。但是，有的宝宝的体重可能居高不下，也有的宝宝在学前期又体重激增，成了名副其实的小胖胖。

造成宝宝肥胖的因素有很多，如遗传、早期营养不良等生理因素。和身高一样，体重也具有遗传的特点。研究发现，同卵双生子的体重很相近，而异卵双生子的体重相差较大。如果父母肥胖，那么宝宝肥胖的可能性会增加。早期营养不良的宝宝也有成为小胖胖的风险。这是因为，在早期营养不良的

① 1 斤 =0.5 千克。

环境下，宝宝的身体出于自我保护会自动降低新陈代谢的速率，并维持这种较低的新陈代谢水平，如果后来营养充足，宝宝可能因不能快速消耗而变胖。早期营养不良也会阻碍宝宝大脑食欲控制的功能，使得宝宝在充足的食物面前不能控制自己而暴饮暴食。这便涉及引发肥胖的更为直接的因素了。

宝宝肥胖的直接原因可以说是不良的饮食习惯和运动的缺乏。而不良的养育或社会环境会使宝宝形成这些不良的生活习惯。有的家长存在过度喂养的情况，比如，每当宝宝哭泣时就认为宝宝饿了，总是用食物安抚他们。有的家长总是给宝宝吃高脂肪的食物，久而久之，宝宝会形成吃高脂肪东西的饮食偏好。也有的家长喜欢将食物尤其是高热量的垃圾食品作为奖励宝宝的手段，如对宝宝说：“如果你在幼儿园表现得好，晚上我就带你去吃汉堡包。”“你把碗里的青菜吃完后，我就给你糖吃。”这种方式会使宝宝对汉堡包、糖等食物更加喜爱，因为这些食物还具有奖赏的意义。更糟糕的是，它还可能使宝宝觉得家长试图引诱自己吃的青菜等是令人讨厌的东西。如果家长一味诱惑或强迫宝宝吃东西，那么，宝宝既可能吃得过多，又不易发展自主的饮食控制能力。此外，有的家长限制宝宝的自由活动，或用电视代替家长的陪伴，使得宝宝运动量不足，甚至不爱运动。有研究表明，宝宝肥胖的可能性与看电视的时间存在很大相关。长时间坐着看电视，使宝宝消耗的热量少；在看电视时，宝宝也常不停地吃零食，从而摄入了过多的热量；宝宝还会从电视中更多地观看到鼓励他们吃不健康食物的广告，这些广告往往非常有吸引力，会增加宝宝对不健康食物的接受程度及渴望。

肥胖无疑会危害宝宝的身体健康，如增加宝宝患高血压、高血脂等的风险。肥胖的宝宝也容易成为同伴嘲笑或排斥的对象，这不良的社交关系不利于宝宝情绪的发展，可能导致宝宝出现敌对或自卑心理等。有的宝宝在面对这些压力时，还会消极地通过满足自己口欲的方式缓解内心的焦虑，结果形成一个恶性循环。家长可以参考如下几点建议，来避免宝宝成为小胖胖或帮助成了小胖胖的宝宝积极面对。

心视界

母亲孕期过度增重，宝宝容易肥胖

当宝宝还是一个小胎儿时，宝宝的营养完全来源于母亲。为了给宝宝提供充足的营养，有的母亲会有意摄入更多的食物，故意增重。有研究者对母亲孕期增重与宝宝身体发育的关系进行了考察。他们分别记录了母亲在第 1 次产检时及分娩前的体重，同时记录了宝宝在出生 42 天、3 个月、6 个月、9 个月及 12 个月时的身长、体重。结果发现，母亲孕期增重过度的宝宝在各测量时间内，身长与母亲孕期增重适中或过少的宝宝的身长差不多，但体重增长过快。研究表明，母亲孕期增重过度，会导致宝宝容易肥胖。

- 关心宝宝的身高、体重等指标，参考医生所给的幼儿生长发育标准了解宝宝的生长发育情况。

- 保证宝宝身体发育所需要的营养，尤其注意营养的均衡。适时地给宝宝提供适量的、多样的健康食物，避免过度喂养，不要认为宝宝能吃就行。同时，可有意地向宝宝强调健康食物的好处，如让他们长得高等。

- 避免把甜点、汉堡包等食物作为一种奖励，也避免过分控制宝宝吃什么及吃多少，让宝宝形成自主地根据自己的饥饿信号而不是奖赏等进食的习惯和能力。

- 允许宝宝自由活动，鼓励宝宝尤其是已有些肥胖的宝宝动起来。比如，平时在家多陪伴宝宝，和宝宝一起做游戏，避免宝宝形成看电视的习惯；多带宝宝去游乐场玩，去户外骑车等；还可以用宝宝喜欢的活动奖励宝宝良好的表现。

- 当宝宝因肥胖而遭受到别人的嘲笑时，应及时安慰宝宝，让宝宝在爱中学会原谅，增加宝宝恢复正常体重的信心。

名言录

生命在于运动。

——法国作家伏尔泰

宝宝经常尿床，为什么？

5 岁的晨晨在两三岁的时候就几乎天天尿床，现在虽然不那么频繁了，但也总是隔三岔五地尿一次床。小伙伴们知道了他经常尿床的事，给晨晨起了一个绰号——“地图专家”。每每听到小伙伴们这么叫他时，晨晨觉得很难为情。

一般说来，随着宝宝排尿系统的发育和自主控制排尿能力的提高，大约 2/3 的宝宝到 3 岁时就可以不再尿床了，可是，有大约 10% 的宝宝到 5 岁时还出现尿床的情况。在这些经常尿床的宝宝中，有的甚至近乎天天尿床，在白天也常尿裤子；也有的宝宝在家不尿床，偏偏在幼儿园尿床。当大人批评他们或者同伴笑话他们后，他们尿床的情况似乎更严重了。

如果 3 岁以下的宝宝发生尿床现象，家长大可不必紧张。神经系统发育不成熟，排尿的正常习惯没有养成，或白天贪玩、睡前过于兴奋等都是造成他们尿床的可能原因。但是，若 5 岁以上宝宝依然经常出现尿床行为，就要当作儿童遗尿症来对待了。儿童遗尿症，是儿童的一种排泄习惯障碍，指儿童经常出现与年龄不相称的遗尿行为，多见于 5 ～ 10 岁儿童身上，男孩的发生率更高。

一方面，宝宝尿床可能是因为根本没有形成自主控制排尿的能力。这种情况的遗尿症可叫做原发性遗尿症，表现为从小到大一直尿床，其原因主要在于遗传、器质性病变等因素。研究表明，父母双亲有遗尿症史的宝宝患遗尿症的可能性为77%。当宝宝存在神经系统缺陷、膀胱发育不良等影响泌尿系统功能的躯体疾病时，宝宝容易患上原发性遗尿症。此外，父母过早地开始排尿训练或者排尿训练方法过于粗暴等都可造成宝宝排尿控制的紊乱。

另一方面，宝宝可能已形成控制排尿的能力，患上遗尿症另有其因。这种情况的遗尿症叫做继发性遗尿症或功能性遗尿，表现为5岁前曾有过一段时间不尿床，5岁以后再次出现尿床，很多时候这是由宝宝过大的心理压力造成的。比如，父母亲离异、新生家庭成员的加入等可能使得宝宝觉得失去了家长的爱，内心变得非常焦虑不安；家庭搬迁、新入园等生活环境的重大改变可能引起宝宝过度的紧张、不适应。这些焦虑、紧张就很容易破坏宝宝之前已建立起来的自主控制排尿能力，造成功能性遗尿。在宝宝尿床后，家长或老师的严厉批评与惩罚、同伴的嘲笑等，会加剧宝宝内心焦虑、紧张的状态，从而加重宝宝的遗尿症。

宝宝经常尿床，不仅会干扰宝宝的日常生活，还容易导致宝宝自卑、惧怕集体生活等，不利于宝宝身心健康成长。因此，家长或老师不能掉以轻心。如果宝宝存在生理方面的问题，应及时带宝宝去医院治疗；如果宝宝没有生理问题，家长或老师可以参考以下方法进行引导和干预。

- 当宝宝尿床后，不要批评、惩罚或嘲笑宝宝，也不要表现出很担心的样子，可温和地告诉宝宝尿床很正常，它是宝宝成长的一次挑战，家长或老师会帮助宝宝成功面对这次挑战，以此减少对宝宝的精神刺激，增强宝宝不尿床的信心。

心视界

精神分析学家眼中的排泄训练

精神分析学家弗洛伊德认为，1～3岁的宝宝处于肛门期，他们会从排泄中获得快感，所以，排泄训练会带来宝宝与家长之间一定程度的矛盾。而家长在排泄训练活动中所表现出的行为、态度会对宝宝日后人格的发展发挥非常重要的作用。比如，如果家长的态度过于严厉，宝宝将来可能会变得过分清洁、固执、注意小节等；如果家长的态度太过宽松，宝宝将来可能会变得非常邋遢、挥霍无度、放肆等。1～3岁的确是对宝宝进行排泄训练的关键时期。依据埃里克森的观点，这个阶段的宝宝学会控制排泄的过程，是他们解决自主对羞耻这个心理社会危机的一个过程。成功的排泄训练有助于宝宝获得自主感，避免体验到羞耻。

● 减少容易导致尿床的客观因素。比如，白天要避免疲劳，适当控制饮水，睡前避免过度兴奋等。

● 加强排尿习惯训练。最简单的办法是定时将宝宝叫醒如厕，需注意方式要温和，如果宝宝说没有尿，不要强迫宝宝尿尿。

● 找到使宝宝感到紧张、焦虑的重要心理因素，帮助宝宝缓解内心的紧张、焦虑。比如，无论生活发生什么变故，都要让宝宝感受到自己对宝宝的爱；鼓励宝宝说出内心存在的担忧，一起讨论解决担忧的方法。

名言录

人人都承认，任何事物只要存在，就有它所以存在的原因。

——英国哲学家大卫·休谟

宝宝喜欢问“我是从哪里来的？”，为什么？

洋洋是个3岁的小男生，他最近特别喜欢问爸爸妈妈“我是从哪里来的？”这个问题。爸爸妈妈不知道如何回答，就开玩笑地告诉洋洋，他是从石头里蹦出来的。谁料洋洋信以为真，到处去跟小伙伴们说自己是从石头里蹦出来的。

“我是从哪里来的？”这是3岁左右的宝宝经常爱问家长的一个问题。如果不给他们一个答复，他们就会“喋喋不休”。很多时候，宝宝最后得到的答案是：“你是从石头里蹦出来的！”“你是我从垃圾桶里捡来的！”“你是充话费送的！”等。不少宝宝对此深信不疑。但宝宝这种“天真地相信”可能会伤害他们那幼小的心灵。比如，当宝宝相信自己是被捡来的或送的时，宝宝可能就会觉得自己是被抛弃的，自己一点儿也不重要，甚至怀疑父母是否真心爱自己等，这不利于宝宝自尊的发展，也容易造成宝宝缺乏安全感等。

首先，宝宝喜欢问“我是从哪里来的？”，这与宝宝自我意识的发展有着密切关系。宝宝会问“我”怎么怎么样的问题，表明宝宝已有了“我”的概念，正渴望着认识自我。在2岁左右，宝宝的自我意识会发生一次质的飞跃，他们不仅具有了主体我的意识，还开始获得客体我的意识，会将自己当作一个与他人独立的对象，如能认识到自己独特的样貌。具有较完整的“我”的概念的宝宝也积极地开启了对自我的探索。

其次，宝宝喜欢问“我是从哪里来的？”，这反映了宝宝思维的发展。因为不同于“我长得怎么样？”“我表现得怎么样？”之类的比较具体的问题，“我是从哪里来的？”这个问题更加抽象。而幼儿阶段的宝宝才开始有抽象思维的萌芽，抽象思维的萌芽使得宝宝对自我的积极探索逐渐变得深入。

此外，宝宝喜欢问“我是从哪里来的？”这个问题是宝宝拥有好奇心的表现。宝宝年纪虽小，但对什么问题都想问个究竟，性问题同样是宝宝想要探究的问题，虽然宝宝可能并未意识到这是个有关“性”的问题。宝宝对自己从哪里来的好奇与对其他事物的好奇一样，是非常自然的。随着宝宝生活经验的丰富，宝宝常会注意到有关生命的现象，如看到小鸡从鸡蛋里孵出来、小草从地里破土而出等，这些也可能启发着宝宝对自己是从哪里来的产生强烈的好奇心。

可见，宝宝喜欢问“我是从哪里来的？”，其实是宝宝成长的体现，是宝宝对自我的生命起源的好奇。那么，面对宝宝的这个问题，家长应该怎么做呢？以下几点建议可供参考。

- 接纳宝宝对“我是从哪里来的？”这个问题的好奇心。当宝宝问这个问题时，不要讥笑或斥责宝宝等，不要让宝宝产生问这个问题是“可耻”的感觉。

心视界

利用绘本进行性教育

中国家庭和学校往往羞于对儿童谈“性”，甚至谈“性”色变，而对幼儿阶段的宝宝进行性教育其实是非常必要和重要的。为了既避免家长或老师在开展性教育时的尴尬，又能对宝宝进行科学、系统的性教育，绘本可以作为一个非常有效的教育工具。在利用绘本对宝宝进行性教育时，教育者首先要树立正确的性教育观。性教育的目的除了传授卫生知识等，更重要的是培养宝宝健康的性价值观。其次，教育者要根据宝宝的年龄发展特点有针对性地选择不同主题内容的性教育绘本。而除了绘本这个工具，教育者也可以借助角色扮演游戏这个手段，让宝宝在游戏中加深情感体验。

● 不要含糊、闪烁其词地回答宝宝的“我是从哪里来的？”这个问题，以免让宝宝觉得这个问题很神秘，更不要与宝宝开那些对宝宝来说其实很无情的“玩笑”。

● 和宝宝一起观看幼儿绘本、幼儿性教育动画短片等，以此来帮助宝宝寻找问题的答案，进行科学的性教育。

名言录

认识你自己。

——古希腊哲学家苏格拉底

宝宝更愿意与爷爷奶奶在一起，为什么？

峻峻从小就住在爷爷奶奶家，由爷爷奶奶照顾，爸爸妈妈只是下班后过来看看他。现在峻峻上幼儿园了，每天放学后，他还是先由爷爷奶奶接回去，然后等爸爸妈妈下班后一起回自己的家。可是，当爸爸妈妈来接峻峻回去的时候，他常常不肯走，央求爸爸妈妈就在爷爷奶奶家住，有时还哭哭啼啼的。

由于父母的经济或时间等限制，许多宝宝几乎从小就和爷爷奶奶或姥姥姥爷一起生活。有的宝宝居住在祖辈家里，常年难得见到父母几次，或者只在晚上、节假日才回到父母的家；有的宝宝虽生活在三代同堂家庭，但主要是由祖辈帮助照顾。这种祖辈与孙辈一起生活，祖辈参与抚养孙辈的全部或大部分活动的抚养方式，叫作隔代抚养。有不少接受隔代抚养的宝宝对祖辈产生了偏爱。比如，与爸爸妈妈相比，他们更愿意和爷爷奶奶或姥姥姥爷一起玩；晚上睡觉时，他们更愿意和爷爷奶奶或姥姥姥爷一起睡；等等。为什么他们更愿意与祖父母或外祖父母在一起呢？

首先，隔代抚养的宝宝偏爱祖辈，是因为他们觉得可以从（外）祖父母那里获得更多的情感满足。宝宝和（外）祖父母一起生活，受到（外）祖父母无微不至的照料，在与（外）祖父母亲密的互动过程中，宝宝就会与（外）祖父母建立起深厚的情感联系——依恋。宝宝深深依恋着谁，并不必然取决于谁生育了他，而是谁给了他温暖。虽然在宝宝成长的过程中，其依恋的对象并不局限于一个人，但在宝宝心里存在首要依恋对象与次级依恋对象之分，他们会更倾向于从首要依恋对象中寻求安全感的满足。如果祖辈是宝宝心中的首要依恋对象，宝宝就会表现出对祖辈的偏爱。除了依恋，宝宝也可能是为了缓解父母造成的心理压力而更愿意与（外）祖父母在一起。当父母之间总是争吵，或过于严厉，经常责骂、惩罚宝宝时，宝宝会感受到很大的心理压力，若让他们在冲突不断的父母与关系亲密的（外）祖父母之间做出选择，他们自然会选择（外）祖父母。

其次，隔代抚养的宝宝偏爱祖辈，往往也因为他们觉得可以从（外）祖父母那里获得更多的物质满足。在生活中，很多（外）祖父母比父母更溺爱宝宝，宝宝想吃什么就给宝宝买什么，宝宝想玩什么也竭尽全力满足。比如，父母不允许宝宝吃糖或看电视，但（外）祖父母觉得无伤大雅，甚至会为了逗宝宝开心而特意给宝宝买很多的糖果，播放宝宝最爱看的动画片。一边是在父母身边“克制自我”，一边是在（外）祖父母身边“大快朵颐”，“及时行乐”的宝宝自然更愿意留在（外）祖父母身边。

隔代抚养是祖辈对孙辈的一种精力、情感等的投资，研究发现，祖辈投资可以提高孙辈的幸福感，有利于孙辈的社会适应。当然，也需看到，不是什么样的隔代抚养都会促进宝宝的成长。如果宝宝在接受隔代抚养的过程中疏远了父母，则会阻碍宝宝情感的健康发展。有研究者指出，祖辈对孙辈的溺爱是隔代抚养的最大弊端。那么，为了帮助隔代抚养的宝宝健康成长，父母可以做些什么呢？下面几点建议可供参考。

心视界

母子依恋与祖孙依恋

宝宝不仅可以与母亲形成依恋关系，还可以与祖父母形成依恋关系，而母子依恋与祖孙依恋的影响因素及对宝宝成长的作用存在差异。比如，不少研究指出，宝宝与母亲在一起的时间不会影响母子依恋的安全性，而宝宝与祖父母在一起的时间与祖孙依恋的安全性有正相关关系。有研究者考察了北京市72个在宝宝母亲上班时由奶奶或姥姥看护宝宝（14～22个月）的家庭，结果发现：母子依恋与祖孙依恋的安全性之间存在中等程度的正相关；与母亲及奶奶或姥姥同时建立了很高质量的依恋关系的宝宝的社会–情绪性发展最好；在作用强度对比上，母子依恋的安全性更能预测宝宝社会–情绪性发展的各个领域的表现。

- 认清自己应承担的养育宝宝的责任，不要像个“甩手掌柜”，完全把教养宝宝的重担推给父辈。即使因客观原因不能陪在宝宝身边，也应常常抽时间通过电话、视频等方式向祖辈了解宝宝的表现，与宝宝交流。
- 当在宝宝身边时，保持家庭的和睦，积极地与宝宝互动，如和宝宝一起做游戏、给宝宝讲故事、举行家庭郊游活动等，增进宝宝与自己的积极情感联系。
- 肯定祖辈的辛劳，多与祖辈沟通关于教养宝宝的问题，以达成祖辈和父辈教养方式的一致性，不溺爱宝宝，也不过分严格要求宝宝。

名言录

教育孩子的实质在于教育自己，而自我教育则是父母影响孩子的最有力的方法。

——俄国作家列夫·托尔斯泰

宝宝没有安全意识，为什么？

鹏鹏的父母平时反复教育他，“不要跟陌生人走”“不要告诉陌生人家人的信息”，但 4 岁的鹏鹏在一次陌生人测试中还是被假扮的陌生人“拐”走了。测试开始时，妈妈带着鹏鹏在逛街，忽然鹏鹏说口渴了，这时妈妈便让鹏鹏站在原地，叮嘱鹏鹏在妈妈买水回来之前不要乱跑，也不要跟别人走开。鹏鹏虽然答应了，但是不久，经陌生叔叔的几次劝诱，他就跟着说要带他去游乐场玩的陌生叔叔走了。

在生活中，宝宝真可谓“初生牛犊不怕虎”，似乎全然认识不到什么是危险，对危险的事物没有什么防范意识。比如，周围有尖锐的桌角还玩转圈圈的游戏，手里拿着牙签还跑来跑去；不管东西可不可以食用就往嘴里送，不管手湿不湿就拿着插头甚至小铁棒去玩插座；听到陌生人的一句迷惑的话或看到陌生人的一块诱人的糖果，就对陌生人言听计从；等等。宝宝这样没有安全意识，大大增加了他们受到意外伤害的风险，威胁着宝宝的身心健康成长。

宝宝缺乏安全意识主要与生活经验不足有关。宝宝年龄小，存在安全知识的空白区，在很多情况下，他们根本认识不到自己的行为有什么不当，将会造成什么样的后果。比如，他们可能不知道如果在桌子旁边转圈圈，就容易撞在尖尖的桌角上而受伤；不知道手里拿着尖锐的东西，若不小心摔倒了或被人撞到了，就容易被手里的东西戳伤；等等。虽然家长或老师经常会直接告诉宝宝一些安全知识，但有时家长或老师可能只是概括地说什么危险，要注意安全，而囿于宝宝的认知发展水平，他们还不具备成熟的抽象思维，很难理解和记住大人告诉他们的逻辑，而依然只是按照自己对世界的感觉和理解来行动，因而成人的抽象说教很难增加宝宝的安全意识。另外，家长的过度保护也会造成宝宝生活经验的不足。如果宝宝一直生活在“绝对安全”的环境里，或家长总是替宝宝做好万全之策，宝宝便难以对危险形成深刻的感受或认识。

宝宝缺乏安全意识，经常做出一些危险的举动，也与宝宝具有很强的好奇心有关。宝宝的好奇心很强，探索欲旺盛，什么都想亲自动手一探究竟。对 0 ～ 2 岁的宝宝来说，动作更是他们探索世界的重要方式。宝宝看到像食物一样的药丸可能就好奇它可不可以吃，它是什么味道，在不知道还有其他探索方式的情况下就把药吞了。宝宝也可能对有着各种形状小孔的插座感兴趣，但是他们又不知道什么样的探索行为才是合适的，于是就把手或小棍子之类的东西伸进孔洞里，去看看里面究竟有什么东西或会产生什么效果等。另外，当大人告诉宝宝“这个有电，不许碰”这些话时，它们有时可能起到“禁果效应”的作用，反而促使宝宝非要探个究竟。

宝宝较低的自我控制能力容易使宝宝做出一些冒险的举动。宝宝自我控制能力的发展水平较低，对他们来说，学会停止、抑制某些行为并非易事。有研究表明，要求 2 ～ 4 岁的宝宝对某种信号不做反应比让其做出反应要困难得多。比如，让宝宝看到绿灯亮就

心视界

禁果效应

“禁果”一词来源于《圣经》中的故事，故事中，夏娃在上帝的明令禁止下觉得智慧树上的禁果越发神秘，深深被其吸引，最后忍不住偷吃禁果。类似这种“越禁止越想得到”的现象就称为“禁果效应”。禁果效应包含的心理现象是个体的好奇心及逆反心理。好奇心是个体面对新异的事物时可能产生的一种心理状态，因此“新鲜”的感觉是诱发好奇心的前提。那些被独断禁止或掩饰的东西往往存在信息空白或模糊的特点，因而让人觉得很神秘、很好奇，渴望弄个清楚明白。逆反也是个体的常见心理现象，逆反经常意味着自我主张、自我控制，它能满足个体自主的需要。宝宝的好奇心很强，也有自主的需要，因而在宝宝身上也容易产生禁果效应。

挤压手中的橡皮球，看到红灯亮就不挤，结果无论什么灯亮，他们都倾向于挤压橡皮球。因此，当陌生人拿着对宝宝来说有很强诱惑力的糖果等时，即使宝宝先前知道要注意安全，这时他们也可能抵制不住诱惑，将安全意识抛之脑后。

那么该如何帮助宝宝逐渐发展出安全意识，有效地保护自己呢？家长或老师可以参考如下几点建议。

● 用直观详细的方式丰富宝宝的生活经验。比如，可以适当抓着宝宝的手去触碰尖角、牙签等，让宝宝自己体验某些“危险”；可以给宝宝看安全教育的绘本、动画片或真人视频；也可以模拟危险情境，与宝宝进行角色扮演游戏，等等。

● 给宝宝创造一个相对安全的探索环境，对稍大些的宝宝，可引导他们采用更好的探索方式。比如，把药品或插座等放在宝宝够不到的地方，给宝宝买一个玩具插座，请宝宝在突然想做某事时先告知大人等。

● 增强宝宝的自我控制能力。可以充分利用成人的言语指导，如不断用言语提醒宝宝危险的事物；也可以利用宝宝的自我言语指导，如教宝宝在诱惑面前重复大人的叮嘱等。

名言录

为其所应为，这样的人才是勇敢的。

——俄国作家列夫·托尔斯泰

宝宝易跌撞、不怕疼、拒触摸，为什么？

小石头是个 2 岁多的男孩，看起来挺机灵的，可是走起路来总是怪怪的，容易撞倒东西，经常绊脚跌倒。他打预防针时从来都不哭，一开始大家都以为他很勇敢，总表扬他，后来发现小石头哪怕是额头碰到桌角，甚至磕破皮流血了，他都毫无反应。小石头还很不喜欢被别人抱，甚至不让别人摸他……小石头怎么会这样呢？

在日常生活中，的确有一些宝宝与故事中的小石头很相似，会走路了还总是跌跌撞撞，动不动就被眼前的东西绊倒了，可又不怕疼，好像没有痛觉一样。有的还喜欢自己转圈玩，好像不管转多久都不觉得晕。他们走路不像样，就连坐着也容易东倒西歪。有的还和小石头一样特别排斥与别人的身体接触，也非常害怕陌生的环境。这些宝宝看起来好像生活在一个感觉失衡的世界，这究竟是为什么呢？

感觉是人类认识和把握世界的开端，是人类一切心理现象的基础。人类的视、听、嗅、味、触等感官，就像通讯员一样将感知到的各种各样的信息传递给司令官——大脑，大脑这个司令官就对这些信息进行综合处理，统一协调后再将指令下达给各感官通讯员，使得个体对环境做出适宜的反应。这个大脑统合多个感觉通道信息的过程便是感觉统合。通常，这种感觉统合的能力在宝宝 3

岁前就可得到很好的发展。若宝宝的这种能力发展不足，就会出现像小石头那样的现象，而这种现象就叫作感觉统合失调。感觉统合失调的临床表现很多，可分为前庭感觉失调、本体感觉失调、触觉系统失调、视觉系统失调、听觉系统失调等。上述容易跌倒、热衷旋转是前庭感觉失调的常见表现，“坐无坐相”、无法控制自己身体或动作的力度是本体感觉失调的常见表现，触觉过于敏感是触觉系统失调的常见表现。视觉或听觉系统失调的宝宝则可能“视而不见”或“听而不闻”，如看书时会跳行，真把别人的话当耳旁风等。因为感觉统合出了问题，这些宝宝也常常伴随一些情绪情感或语言问题，如不安、孤独、无缘无故地发脾气或发音不清等。

那么，宝宝为什么会出现感觉统合失调呢?

首先，感觉信息的统合依赖于大脑这个生理基础，任何有可能造成大脑发育不良的因素都很容易造成宝宝的感觉统合失调。比如，母亲在孕期抽烟、喝酒、喝浓茶等，宝宝营养不良、因意外伤害或疾病引起脑部缺氧或损伤等，这都可能使宝宝在不同阶段出现不同程度的感觉统合失调。

其次，感觉统合能力的发展得益于感觉经验，任何有可能阻碍宝宝获得充足感觉经验的因素也容易造成宝宝出现感觉统合失调。比如，胎儿离开母体时的压迫感是宝宝的一次重要的感觉学习体验，剖宫产等会使得宝宝失去这样的经验，增加宝宝患感觉统合

心视界

儿童感觉统合能力发展评定量表

目前有一个包含58个项目的“儿童感觉统合能力发展评定量表”可以用来有效评估儿童的感觉统合能力。它要求父母或其他知情人根据儿童最近1个月的情况填写。以下是几道例题，可供初步了解。

- 喜欢旋转或绕圈子跑，但不晕不累。
- 虽然看到了仍碰撞桌椅、旁人、柱子、门墙。
- 手脚笨拙，容易跌倒，拉或扶起困难。
- 穿脱衣裤、扣纽扣、拉拉链、系鞋带动作缓慢、笨拙。
- 怕爬高，拒走平衡木。
- 语言不清，发音不佳，语言能力发展缓慢。
- 对亲人特别暴躁，强词夺理，到陌生环境则害怕。
- 独占性强，若别人碰他的东西，常会无缘无故发脾气。
- 对危险和疼痛反应迟钝或反应过于激烈。
- 视而不见，过分安静，表情冷漠或无故嬉笑。

失调的风险。而在早期，如果家长缺乏与宝宝的交流，忽视对宝宝的抚摸和抚慰，或者对宝宝过度保护，过分限制宝宝的活动范围，使得宝宝缺乏适龄的动作经验，阻隔了宝宝在充分的感觉刺激中自主协调的锻炼机会，也可能导致宝宝出现感觉统合失调。

感觉统合失调妨碍了宝宝通过适应性的动作和感觉体验这个丰富多彩的世界，对宝宝认知、情感和社会性的发展都带来了不利影响。为了帮助宝宝很好地实现感觉统合，家长可以注意以下几点。

- 注重孕期保健。保证孕期科学、合理的饮食，杜绝烟、酒、浓茶等，保持心情舒畅。尽可能避免早产、剖宫产，保证宝宝足月自然分娩。

- 丰富宝宝的感觉刺激。例如，多抚摸和抚慰宝宝，经常和宝宝交流，多让宝宝倾听不同类别的声音或大自然的声音，也可给宝宝准备颜色分类、拼图、走迷宫之类的玩具等。

- 给宝宝提供活动的空间和机会，鼓励宝宝自由探索环境。例如，允许宝宝爬上爬下，让宝宝多参加体育活动或户外游戏，让宝宝自己动手做力所能及的事等。

- 增强人际互动。既要重视亲子之间的交流，又要创造同伴之间的交往，以增强宝宝的社会适应能力。

- 若宝宝出现感觉统合失调的表现，应及时寻求专业人员的鉴定和帮助，以制订更有针对性的感觉统合训练方案，并对矫正抱有信心和耐心。

名言录

感官训练可以培养敏锐的观察者，适应现在的文明时代，更能实际地应用于日常生活中。

——意大利幼儿教育学家蒙台梭利

宝宝总把东西往嘴里放，总爱到处摸，为什么？

君君8个月大了。她不管抓到什么东西，总喜欢往嘴里放，还经常尝得津津有味。有一次，妈妈买了一个毛绒敲背锤，君君就抱着这个锤子啃了好久。君君的那双手也总是不闲着，这儿摸摸，那儿抓抓，不管安不安全，也不管脏不脏。

宝宝喜欢做的事情常常让大人觉得不可思议。他们喜欢吮吸自己的小手，喜欢捧着自己的小脚丫啃啊啃，有时还喜欢不停地咬喂饭的小勺子，仿佛是要尝遍所有能放进他们小嘴里的东西。宝宝也喜欢“动手”，看到新奇的东西总要去摸一摸、捏一捏，有时也喜欢抓树叶、泥巴甚至屎粑粑等，仿佛是要摸遍所有他们的小手能触及的东西。宝宝为什么会有这样特别的喜好呢？

从出生到6岁，宝宝经历着各种感觉的敏感期，此时的宝宝对感觉刺激非常敏感，他们积极主动地借助各种感觉器官与周围环境进行互动，获得视、听、嗅、味、触等感官体验，从而不断地在小脑袋中构建着他们对这个神奇世界的认识。而宝宝总把东西往嘴里放，总爱到处摸，是宝宝处于触觉敏感期的表现，是宝宝的一种探索活动。

首先，宝宝总把东西往嘴里放，体现了宝宝口腔触觉的发展。口腔是宝宝与自己及外界联系的最初也最自然的渠道。随着宝宝手的抓取动作及手眼协调能力的发展，4～6个月的宝宝可以用手去抓取脚丫、勺子、皮球等物体，并成功地把这些物体送到自己的嘴边，由此迎来了口腔触觉的敏感期，开始了他们的口腔探索之旅。在这个旅途中，宝宝口腔的第一个重要任务就是用它来认识身体的其他部分，于是宝宝把自己的小手放进嘴里，把自己的小脚丫放进嘴里等，体验着手、脚的软硬程度及咬自己的身体的感觉等；宝宝口腔的第二个重要任务是用它来认识外界事物，于是宝宝还把玩具放进自己的嘴里，把别人的手放进自己的嘴里等，体验着玩具的属性及咬别人身体的感觉等。在不同的口腔触觉体验中，宝宝既构建着对外界事物的认识，又构建着对自我的认识。

其次，宝宝总爱到处摸，体现了宝宝手的触觉的发展。在1岁左右，宝宝手指的灵活性有了很大提高，这使得宝宝可以更加自如地去抓取任何自己感兴趣的东西，宝宝手的触觉敏感期也随之而来，开始了他们的双手探索之旅。于是，宝宝用他们的小手去摸摸这个，摸摸那个，不停地捏捏、搓搓等，感觉着物体是冷是热、是方是圆、是软是硬、是光滑还是粗糙等。在这个过程中，宝宝手的活动是一种智能的活动，宝宝凭借手的触觉加深了自己对世界的认识。

口和手是宝宝早期探索世界的重要和有效途径，可以帮助宝宝认识自我，认识世界。家长应该充分利用自然赋予宝宝的这种发展助力。下面几点建议可供家长参考。

- 接纳宝宝用口和手进行探索的行为。当宝宝把东西往嘴里放，到处抓、摸等时，如果无伤安全，就不要任意喝止或惩罚。

心视界

心理发展的敏感期

在心理发展的过程中，宝宝会经历感觉、知觉、语言、人格发展等不同方面的敏感期。之所以叫敏感期，是因为与其他任何时候相比，宝宝在这个时期对某方面的刺激尤为敏感。换句话说，在某一敏感期内，相应刺激产生的影响是最大的：适宜的刺激会发挥最大程度的积极影响，而不适宜的刺激会造成最大程度的不良影响。这提示家长，关注和把握好宝宝心理发展的敏感期，及时提供良好的教育，往往能够事半功倍。

● 关注宝宝口腔的触觉敏感期，经常给宝宝洗手，可为宝宝提供具有不同软硬程度等的安全、卫生的玩具。

● 关注宝宝小手的触觉敏感期，为宝宝提供不同形状、质地等的材料，还可多带宝宝去户外，让宝宝用双手探索大自然。

名言录

儿童是在敏感期学会调适自己并获得特定能力的。

——意大利幼儿教育学家蒙台梭利

宝宝迟迟不会走路，为什么？

军军快 1 岁半了，可还是爬来爬去，迟迟不迈出人生的第一步，爸爸妈妈都非常着急。周围跟军军差不多年龄的宝宝，早在 1 岁左右就开始学走路，现在已走得稳稳当当，甚至“健步如飞”了。军军是怎么了，为什么迟迟不会走路呢？

宝宝出生后的第一年，是大动作发展最为迅速的阶段。所谓大动作，又叫大运动，指的是大肌肉的动作，涉及全身较大幅度的动作，如抬头、翻身、坐起、爬行、走、跑、跳等，这些也被称为宝宝成长发育的里程碑。一般而言，宝宝在出生后的前 2 个月就能实现对头颈部的控制，3 ～ 4 个月开始会翻身，6 个月左右能够独立坐着，7 ～ 8 个月会爬行，9 ～ 10 个月可扶着站立，12 个月左右开始走路，到 3 岁左右可以沿直线奔跑、双脚跳等。大部分的宝宝在 12 ～ 14 个月时能学会走路，若宝宝在 18 个月的时候仍不会独立行走，则属于行走动作发展缓慢的情况。

引起宝宝迟迟不会走路的因素有很多，主要包括以下几点。

首先，疾病、营养不良等生理因素可导致宝宝走路较晚。每一项大动作的发展都离不开一定的生理基础，它们与支配该动作的中枢神经系统的发育及骨骼、肌肉的成熟息息相关。流感或耳部感染等疾病可能会影响宝宝的平衡能力，使宝宝不能很好地独立站立，推迟宝宝学会走路的时间。宝宝营养不良，造成宝宝的下肢骨骼及肌肉无法很好地支撑自己的整个身体，或抬不起双腿，也会阻碍宝宝学会走路。

其次，缺少必要的环境支持条件会导致宝宝走路较晚。比如，家长总是抱着宝宝，或者常常让宝宝坐在婴儿车内，或者长时间地将宝宝放置在学步车中等，限制了宝宝活动的自由，使得宝宝无法练习走路，甚至不能够做出行走的动作。宝宝衣物穿得过多过厚，也会使宝宝的活动受限。宝宝是从扶着站立、扶着行走逐渐发展到自由行走的，当环境中缺乏宝宝可以借助的支持物时，宝宝很难一步就实现自由行走的目标。

最后，宝宝自身缺乏走路的动机也会导致宝宝走路较晚。动作发展的动力系统理论认为，宝宝每一个动作发展的里程碑都是宝宝通过自己努力练习获得的，而宝宝之所以会努力练习，是因为宝宝受到了可以更好地探索自己感兴趣的事物等目标的驱动。可见，宝宝具有走路的内在动力也是宝宝学会走路的重要因素。在生活中，如果宝宝周围的环境太过单调，引不起宝宝探索的欲望，或宝宝感兴趣的东西都能在第一时间内被放置到宝宝跟前等，都会降低宝宝自主行走的必要性，宝宝就不会那么迫切地想要努力练习，发展走路这个新的动作技能。此外，若宝宝在学习走路的过程中体验到了非常大的挫折，如严重的摔伤，或者家长对宝宝进行行走训练的态度过于严格，会降低宝宝学习走路的积极性，延迟宝宝学会走路的时间。

心视界

宝宝动作发展的规律

宝宝的动作发展存在以下几个规律。

1）从无意到有意。宝宝最初的动作多为一些先天的反射，是无意识的，不受心理活动的支配，之后，逐渐产生有意识、有目的的动作。

2）从整体到分化。宝宝初生时，动作是全身性的，总是全身活动；随着生长发育，动作逐渐局部化、准确化。

3）从头到尾。宝宝首先发展的是与头部有关的动作，如转头、抬头；其次是躯干的动作，如翻身、坐；再次是四肢的动作，如爬；最后是脚的动作，如走等。

4）从大到小。宝宝先发展出大动作，如抡臂，而后才学会比较精细的动作，如抓握等。

直立行走可以解放宝宝的双手，扩大宝宝的活动范围，使宝宝更加见多识广，由此，学会走路为宝宝探索世界开启了一扇崭新的大门。学会走路也大大提高了宝宝的自主性，促进了宝宝人格的发展。为了帮助宝宝更好地学会走路，家长可以参考以下建议。

- 保证宝宝的营养均衡，特别是钙的摄入量要充足。同时要注意，不可一味地补充营养导致宝宝体重过重，避免增加宝宝行动的负担。
- 适时温和地进行一些低强度的动作训练。比如，5 个月时，可搀扶宝宝的腋下，让宝宝尝试短时间站立；6 个月时，帮助宝宝做一些跳跃动作；7 个月时，辅助宝宝完成一蹲一站的连贯动作；8 ～ 9 个月时，让宝宝练习扶着家具站立。
- 给予宝宝自由活动身体的机会，不要总是抱着宝宝或把宝宝固定在婴儿车上等。同时，为宝宝的自由活动提供一些必要的支持。比如，在家中摆设一些可供宝宝扶持的适宜家具，并随时在旁协助，或自己充当宝宝扶持的工具等。
- 诱发宝宝产生行走的欲望。比如，在宝宝需要站立才可以够到的地方放置一些很有吸引力的玩具，鼓励宝宝自己去拿等。

名言录

活动是认识的基础，智慧从动作开始。

——瑞士心理学家皮亚杰

宝宝能“拿起西瓜”却很难“捡起芝麻”，为什么？

小涵快 1 岁了，看到自己感兴趣的东西，如橡皮球，就会去抓着玩。但小涵还不能很好地用手捡起纽扣之类的东西。有一次，小涵不小心把旺仔小馒头洒到了桌上，她想捡起来吃，试了好几次都没有成功，不是刚拿起来就掉了，就是用力过大把小馒头捏碎了。

跟故事中的小涵一样，很多 1 岁之前的宝宝可以很好地拿起较大的东西，如海绵填充的皮球，但不能灵巧地用手捡起像小珠子、葡萄干这样的小东西，也常常不能只用一根手指抠出容器里的东西。对大多数这个年龄阶段的宝宝来说，“拿起西瓜”比较轻松，而“捡起芝麻”却很难，这是为什么呢?

与翻身、坐起、爬行等涉及身体较大幅度移动的大动作相对，手的抓取、抓握等涉及身体部位小肌肉群运动的较小幅度的动作，属于精细动作。其中，手的抓取和抓握正是最重要的精细动作。与大动作的发展一样，宝宝手部精细动作的发展同样需要经历一个过程。宝宝刚出生后就表现出抓握反射，即会无意识地紧紧握住放在手心的物体，也会不自主地表现出前抓取行为，即用手够取前方物体的倾向，但因为协调性较差，宝宝近乎是胡乱挥动手臂，不能准确地够到物体。在 3 个月左右，宝宝不自主的抓握反射和前抓取行为就会消失，逐渐被自主的抓握和抓取行为所取代。4 ～ 6 个月的宝宝发展出尺骨抓握，即手指向手掌闭合，呈爪状，虽然动作显得很笨拙，但这足以使宝宝抓起一些较大的东西，如毛绒玩具、小汽车等，他们也能不依赖视觉，成功地抓住在黑暗的环境中发光的物体。这个阶段的宝宝还开始可以协调双手的活动，如一只手握住物体，另一只手拨弄，或把物体从一只手换到另一只手。随着宝宝手指技能的娴熟，到 1 岁左右时，宝宝能够进行钳形抓握，即使用拇指和食指去抓握物体，双手的动作变得更灵活，这样宝宝就逐渐可以捡起较小的东西，如葡萄干、小豆子，可以拧门把手等。

精细动作的发展依赖于一定的生理成熟，只有与精细动作相关的神经系统和小肌肉发育完善后，宝宝才可以更好地自主控制自己的双手和手指。精细动作的发展也需要一定的经验积累，宝宝的任何动作技能都并非一蹴而就的，均是在重复练习中不断调整、巩固而慢慢熟练掌握的。

可以自主够物和抓握物体，给了宝宝更充分地探索物体的途径。在自由操纵物体的过程中，宝宝可以发现和认识到物体更多的属性，如大小、形状、软硬、轻重等，由此促进宝宝认知的发展。有研究指出，宝宝精细动作的发展也能刺激宝宝大脑的发育，进而提高宝宝的认知能力。1 岁左右是宝宝精细动作发展的关键时期，家长可以针对 1 岁左右的宝宝，适当进行一些动作训练，促进宝宝精细动作的发展。以下建议可供参考。

- 在宝宝面前放置一些颜色鲜艳、能发出悦耳声音的中等大小的玩具，如小摇铃等，并告诉宝宝玩具的名字，激发宝宝主动够取和抓握玩具的欲望。

心视界

“手巧心灵”

有研究者认为，宝宝精细动作的发展会通过不断激活相应脑区从而促进宝宝认知的发展。因为宝宝在进行精细动作时，小脑、纹状体、前额叶皮层等都会被激活，而这些脑区不仅与运动控制有关，还参与一些认知活动过程。比如，小脑与时间判断、知觉–空间判断等有关；纹状体与学习、记忆等有关；前额叶皮层也与记忆等多种认知过程有关。对这些脑区的不断激活，可促进这些脑区结构与功能的发展成熟。这可谓“手巧”而“心灵”。

● 在宝宝会抓较大的物体之后，让宝宝练习用手指捏取一些小物体，如葡萄干、小馒头等。注意开始的时候不要放太小、太光滑的东西。如果宝宝做不到，可以给宝宝做示范或抓着宝宝的手指帮助其练习。

● 让宝宝用手指去撕拉橡皮泥，或者转动玩具的发条等，通过这些活动来锻炼宝宝手指的力量。

名言录

儿童的智慧在他的手指尖上。

——苏联教育家苏霍姆林斯基

宝宝喜欢爬，为什么？

巧巧 8 个月了，她会爬而且特别喜欢爬。每当爸爸妈妈把她从婴儿车中抱出来放到地毯上后，她就开始兴奋地爬来爬去，一会儿去追滚动的小球，一会儿沿着墙根前进，一会儿看着不远处的妈妈，咯咯地笑着迅速爬到妈妈跟前，玩得不亦乐乎。

俗话说："一听二看三抬头，四撑五抓六翻身，七坐八爬周岁走。"一般到 7 ～ 8 个月的时候，宝宝开始获得爬行能力。从不会爬到能够熟练地爬，宝宝的爬行动作发展呈现出了一定的规律：5 ～ 6 个月时，宝宝就已经在为爬行做准备了，他们趴在床上，会以腹部为中心，左右挪动身体，但由于前臂的支撑力不足，他们还不能往前爬，当想拿前面的玩具时，常常原地打转；到了 7 个月左右，随着手臂力量的增强，宝宝开始可以进行腹地爬行，即腹部贴着地面，几乎全靠手臂的力量匍匐前行；在 8 ～ 9 个月，宝宝能够抬起腹部，依靠手和膝盖向前爬行，即进行手膝爬行；之后，10 个月的宝宝可以交替着移动自己的手和腿，更加自如地爬行。宝宝在学会爬后，通常都会对自己的这项新技能感到非常满意，并乐此不疲地爬来爬去。宝宝为什么那么喜欢爬呢?

首先，爬行给了宝宝一个全新的探索物理环境的方式，可以让宝宝获得更多新奇有趣的体验。作为宝宝第一个自主的位移动作，爬行大大扩展了宝宝探索的空间，给予了宝宝自主寻求更丰富的感知觉刺激的机会。宝宝一旦学会了爬，若看到自己感兴趣的东西，就可以立即爬着去拿到它，而不必依赖、等待家长给自己拿来。宝宝目之所及，甚至目之不可及，都能成为宝宝亲身探索之处，这极大地满足了宝宝的好奇心。在爬的过程中，宝宝还可以发现物体在眼中的影像随着自己身体的爬行运动发生丰富、奇妙的变化，如近大远小、消失重现，又如"横看成岭侧成峰"等，这都让宝宝觉得新鲜又有趣。

其次，爬行给了宝宝一个独特的探索社会环境的方式，增加了宝宝获得积极社会互动经验的机会。与坐在某个地方不会乱动的宝宝相比，会四处爬的宝宝肯定会引起担忧宝宝安全的家长的格外注意。在学会爬之前，宝宝只能"呼唤"家长来到自己的身边，而具备爬的能力后，宝宝可以爬到家长的跟前，更直接有效地发起互动交流。而当宝宝欣喜地朝着家长爬来时，家长往往也感到非常欣慰和喜悦，常常自发地拍手或伸开双臂迎接宝宝，在宝宝到达时拥抱或亲吻宝宝等，这种亲密的互动温暖着宝宝渴望被爱的心灵。当宝宝遇到陌生人或其他害怕的事物时，爬行也使得宝宝可以立即回到家长身边，寻求家长的抚慰，满足其对于安全感的需要。

可见，对于宝宝而言，爬行不是一种毫无意义的四肢运动，而是一种自主寻求与周围环境积极互动的重要方式。爬行过程既锻炼了宝宝四肢肌肉的力量、身体协调性等，又促进了宝宝空间认知等的发展，还满足了宝宝的情感需求。因此，家长应该鼓励和帮助宝宝学会爬行。以下是一些建议。

- 在宝宝五六个月会翻身时，可在宝宝头顶前上方放一些色彩鲜艳的玩具，并逐渐增加玩具的高度，促使宝宝抬头，用上臂支撑身体等，增强宝宝颈部及上肢肌肉的力量。

心视界

爬行与空间问题解决

研究者以 8～10 个月的宝宝为研究对象，探讨了爬行经验与一种重要的策略性空间问题解决行为——迂回行为之间的关系。所谓迂回行为，是指当遇到空间障碍而不能直接达到目的时，采用间接的途径达到目的，如绕到玻璃橱窗的后面去拿橱窗里的东西。上述研究借助了一个只有顶面及三个侧面的透明玻璃盒道具。在任务中，宝宝只能从玻璃盒的顶面看到玻璃盒里的很有吸引力的玩具，若宝宝想要拿这个玩具，就必须从盒子下方的开口而不是直接从顶面去拿它。结果发现，会爬的宝宝比不会爬的宝宝更多地成功做出了迂回行为。这可能是因为会爬行的宝宝在生活中更常遇到需要采取迂回行为的情境，获得了相关的问题解决经验。

- 在宝宝 7 个月左右时，可以把宝宝喜欢的玩具放在宝宝前方不远但触及不到的地方，或在前方拍手呼唤宝宝，逗引宝宝往前移动。
- 在宝宝逐渐熟练腹地爬行以后，可以适当用手交替抵住宝宝的一侧足底，或推动宝宝对侧手脚，训练宝宝手膝爬行。训练过程中也要注意适时休息，不要勉强宝宝。
- 在宝宝可以较熟练地手膝爬行后，保证宝宝周围环境的安全，鼓励宝宝自由地爬行。在宝宝爬向家长寻求交流或抚慰时，热情地迎接或温柔地安抚宝宝。

名言录

尊重宝宝的发展自由，包括帮助宝宝培养发展的能力。

——意大利幼儿教育学家蒙台梭利

宝宝喜欢爬上爬下、跳来跳去，为什么？

睿睿2岁了，活泼伶俐，但非常“淘气”。在家里，他喜欢在床上、沙发上爬上爬下、跳来跳去，经常推着爸爸的转椅冲到这边、冲到那边，也玩遍了家里的每一个角落。他尤其对孔洞很着迷，有一次，睿睿还把他的拼接玩具棒塞进了房间的锁孔里。

在日常生活中，几乎每位宝宝都有过和睿睿一样的行为。有的宝宝喜欢摆弄盒子、瓶子等容器，开开合合或不停地把小玩意丢进去、取出来；有的宝宝喜欢扔、捡东西，如使劲把小球扔得远远的，然后兴奋地追上它，捡起来再换个方向扔；有的宝宝喜欢到处钻，桌子底下、凳子底下甚至床底下都常是他们的“容身之处”；不少宝宝也爱爬楼梯、攀梯子，上上下下，还喜欢在爬上高处后，“嘿呦”一声往下跳，惹得大人“心惊肉跳”。宝宝为什么喜欢这些活动呢？

细看宝宝的这些活动，它们有两个共同之处：一是它们都与宝宝的身体运动有关，如抓、爬、走、跳等；二是它们都与空间关系有关，如内外、远近、深浅、高低等。意识到这两点，便可以逐渐理解宝宝为什么喜欢爬上爬下、跳来跳去之类的了。宝宝带着有限的知识来到这个世界，在认识世界的过程中，他们不是被动的接受者，而是积极的探索者，他们无比好奇地主动去探索、发现，并不断建构着自己关于世界的认识，其中，对世界所包含的空间关系的认识也不例外。而对 2 岁之前的宝宝来说，当他们能够自主地控制身体后，动作是他们探索、认识世界的主要途径，自然而然也是他们探索和认识空间关系的重要方式。所以，宝宝把小物体往容器里塞进、拿出，在物体进与出的过程中体会着内与外的空间概念；宝宝扔东西，在扔与捡的过程中感受着物体与自己之间距离的远近；宝宝钻桌子、爬楼梯，在来回进退中用自己的身体“演示”着上下、前后、左右、深浅等；宝宝从高处往下跳，在快速移动中用自己的身体“丈量”着空间到底有多高、有多大……可见，宝宝爬上爬下、跳来跳去等，皆是宝宝借助自主动作，积极主动地寻求空间线索、探索空间关系、构建自己的空间感的表现。

宝宝随性地积极探索这个世界，追求着好奇心与自主感的满足。但宝宝的随性对家长来说无疑具有不小的挑战性，宝宝内心需要的满足需要家长的适时引导。为了有效地帮助宝宝形成良好的空间感，家长可以做些什么呢？以下建议可供参考。

- 在宝宝抓、爬等自主动作还未发展好之前，主动为宝宝创造接触多种空间线索的机会。比如，多推着或抱着宝宝四处走动，在抱宝宝时，还可尝试不同的姿势，横着抱、竖着抱、面对面抱或面向外抱等。

心视界

新生儿也有空间知觉

在运动经验中，宝宝建构和巩固着对空间的认知，其中包括大小恒常性，即物体的实际大小不会因观察距离等的变化而变化。有研究者发现，刚出生 2 天的新生儿就能对物体的实际大小表现出一定的认识。在实验中，研究者先让宝宝在多个距离下观察一个立方体，其中一组宝宝看的是边长 5.1 厘米的小立方体，另一组宝宝看的是边长 10.2 厘米的大立方体。等宝宝熟悉之后，再给宝宝同时呈现上述两个立方体，其中边长 5.1 厘米的小立方体在近处，距离宝宝 30.5 厘米，边长 10.2 厘米的大立方体在远处，距离宝宝 61 厘米，这使得两个立方体在宝宝视网膜上的影像大小相同。结果发现，宝宝能认识到这两个立方体的实际大小并不相同，之前看到小立方体的宝宝对远处的大立方体更感兴趣，而之前看到大立方体的宝宝对近处的小立方体更感兴趣。

- 在宝宝发展出自主动作后，要保证周围环境的相对安全，如收拾好电插座、给方桌角装上防撞护角等。密切留意宝宝的活动，同时给予宝宝通过操纵物体或爬、跳等方式充分探索环境的机会。
- 多与宝宝一起玩涉及空间关系的游戏，如蹲下起立、躲猫猫、走迷宫、搭积木、折纸等。在玩游戏时，可有意识地使用前后、左右、高低、上下等空间概念词语与宝宝交流。
- 增加宝宝自主放置物体、寻找物体等的生活经验，如让宝宝帮忙把碗筷摆放在桌子上，让宝宝到鞋柜里取自己的小鞋子等。

名言录

要解放孩子的头脑、双手、脚、空间、时间，使他们充分得到自由的生活，从自由的生活中得到真正的教育。

——教育家陶行知

宝宝是个“近视眼”，为什么？

钧钧是个刚出生 1 周的宝宝，他对光线的反应比较敏感，当光线突然由暗转亮的时候，钧钧就会自动闭起眼睛躲避强光。但钧钧似乎是个“近视眼”，当妈妈拿着玩具逗他时，他好像不感兴趣似的，只有当玩具离钧钧近一点的时候，他才有一些反应。

视觉是人类发展最晚的一种感觉能力。在生命发展的最初期，宝宝都必然会经历上述钧钧表现出来的视觉发展阶段。具体来讲，他们的视力很差，可以说是个“近视眼”，只能把视力集中在较近的物品上，但其实对于很近的物体，他们也不能完全看清楚，看到的只是一个模糊的影子。为什么宝宝开始时会是个“近视眼”呢？在了解宝宝视觉能力发展的特点之后，这个问题就会迎刃而解了。

宝宝是带着很不完善的视觉感觉系统从妈妈肚子里面的漆黑世界来到这个明亮的世界的。新生宝宝的视觉神经通路还未发育成熟，甚至视网膜的密度还不够，负责调节眼睛与物体距离的晶状体肌肉也不

够有力。所以，虽然他们可以感受到光亮，能感受到色彩，但是不能对物体进行准确的聚焦，看到的事物大多是模糊不清的。也因为他们眼肌控制能力弱，导致眼球运动不协调，所以，这时的他们不仅是个“近视眼”，有时还会像个“斗鸡眼”。随着宝宝的成长，他们的视觉会逐渐发展完善。

在 1 个月左右，宝宝清晰的视力范围为 20 ～ 25 厘米，他们喜欢注视明暗对比度高的、相对复杂的图案。2 ～ 3 个月时，宝宝视觉集中的能力越来越好，能够注视较远处的物体几分钟，也能追随运动的物体，还能够逐渐辨别出面孔和颜色。3 ～ 4 个月时，宝宝的注视时间延长，可更顺利地捕捉视野范围内移动的物体，并展现出对某种颜色的偏爱。4 ～ 5 个月时，宝宝的视觉进步很快，视网膜的发育日渐成熟，他们还能够匹配看到的与听到的东西。6 个月左右时，宝宝双眼聚焦能力基本成熟，视力接近 0.1（小数记录），可通过调整自己的姿势来看清物品。而到了 6 岁左右时，宝宝的视力就已经充分发育得和成人一样了。

视觉是人类最重要的感觉之一，大约 80% 的外部信息都是由视觉获取的。随着视觉的发展，宝宝不仅看东西越来越清楚，还逐渐整合视觉信息，发展出深度知觉等能力，更加准确地认识周围的世界。

从宝宝视觉发展的规律来看，半岁以前是视觉迅速发展的时期，半岁以后宝宝的视觉就已接近成人水平。那么，在宝宝视觉发展的快速期内，家长需要注意或者能够做些什么呢？以下建议可供参考。

- 3 个月时，给宝宝观看颜色鲜艳的图画。在挑选图画时尽量遵循每幅图只有一个主题的原则，如一只动物、一棵大树等。在让宝宝看的同时还可重复说出图画的名称。
- 4 个月时，锻炼宝宝追随光点的能力。可在晚上将房间内灯光调暗一些，将宝宝抱起，让手电筒的光点在房间内移动，如使光点做上下、左右及圆周运动等，引导宝宝观看移动的光点。

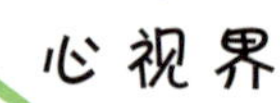

宝宝有偏好的颜色

英国萨里婴儿研究室曾对 250 名出生 4 个月的宝宝进行了一项关于颜色偏好的研究。实验中，研究者向宝宝呈现不同的颜色，观察并记录宝宝看不同颜色的时间。结果发现，宝宝盯着蓝色、红色、紫色和橙色的时间最长，盯着褐色的时间最短。这说明蓝色、红色、紫色和橙色是宝宝偏爱的颜色，而褐色是宝宝最不喜欢的颜色。此外，宝宝的颜色偏好具有个体差异，有些宝宝只有一种喜爱的颜色，而有些宝宝对多种颜色都表现出兴趣。

● 5 个月时，锻炼宝宝辨别物体细节的能力。比如，引导宝宝观察纽扣、棋子等较小的物体。需要特别注意的是，此时父母或成人应陪伴在旁，以防宝宝将较小的物品放入口中，发生危险。

● 6 个月时，给宝宝观看动态的物体，如飞翔的小鸟、奔驰的汽车等，还可多给宝宝看一些立体的图形，促进宝宝三维空间思维的发展。

名言录

视觉是我们最敏锐的感觉。

——古罗马政治家西塞罗

宝宝没有良好的阅读习惯，为什么？

3岁的当当有很多图书，为此，爸爸妈妈特意给他买了一个小书架，可当当总是把自己的图书扔得到处都是。每天当当会拿着书让爸爸妈妈讲给他听，但是，他不习惯爸爸妈妈一页一页地读，常常抢着翻到他最感兴趣的那一页，等爸爸妈妈刚把这一页讲完，他就立刻兴奋地把另外一本书塞到爸爸妈妈的手里。

不少宝宝很早就开始进行阅读活动了，慢慢也产生了对阅读活动的兴趣，但是，有些宝宝即使喜欢看书，也没有良好的阅读习惯。有的宝宝不爱护图书，总是把书到处乱丢，在学会拿笔后，还在书上乱涂乱画；有的宝宝在看书时，不会按照封面、内页、封底的顺序一页页地看，而是非常随意地翻到哪页就看哪页，在重新阅读一本书时，他们更是径直跳到自己感兴趣的那一页看；有的宝宝很不专注，常常手里的一本书还没看完，就着急去拿另外一本书。

宝宝没有良好的阅读习惯，既与宝宝的身心发展特点有关，又可能与家长不恰当的示范引导有关。

在不爱护图书方面，对2岁之前的宝宝来说，图书只是他们的玩具，因此，他们会像玩玩具一样“玩”图书。动作是他们探索玩具的方式，自然也是他们探索图书的方式，宝宝会从扔书、撕书、揉书等行为中获得探索的乐趣。随着认知发展水平的提高，当宝宝能够区别对待图书与玩具，意识到要爱惜图书后，他们还可能因为不能很好地控制自己翻书等动作的力度而弄坏图书。此外，如果宝宝看到家长平时把看完的报纸、杂志等随手乱放，发脾气时乱撕报纸等，宝宝就很容易直接模仿，也“粗暴”地对待自己的图书。

在不会逐页阅读方面，首先，宝宝不会考虑到图书的编排规律，他们只会依从自己的兴趣去阅读。至于封面上的题目是什么，作者是谁，封底上有什么补充的信息等，往往不是宝宝感兴趣的内容。有些图书，如认知卡片类图书的内页内容本就不是连续的，它们不是一个完整的故事，从哪一页看其实都可以，这样宝宝更会直接去选择自己感兴趣的那一页。而如果宝宝接触的都是这类图书，那么他们就不易形成从头到尾按顺序阅读的意识。其次，翻书涉及宝宝手指的精细动作，熟练掌握这个动作对年幼的宝宝来说具有一定的难度，尤其是当图书的纸张比较薄的时候。

在不能专注阅读方面，这是与宝宝注意的发展特点密切相关的。宝宝的注意稳定性还比较差，他们把自己的注意力维持在某一活动上的时间只有 5 ～ 15 分钟。因此，要宝宝坚持专心地阅读 15 分钟以上，是一件很困难的事。宝宝的注意力很容易受到干扰，当其在阅读过程中看到另外一本自己感兴趣的书、听到电视的声音或发现在一旁玩手机游戏的父母时，他们很可能就抑制不住其他的书、电视或游戏的“诱惑”，发生注意的转移。

良好的阅读习惯有助于宝宝更有效地获取知识，更充分地享受阅读活动所带来的快乐，也有助于宝宝日后对学习生活的适应。家长可以帮助宝宝养成良好的阅读习惯。以下建议可供参考。

心视界

父亲参与亲子共读好处多

有研究指出，父亲参与亲子共读，可大大提高宝宝的阅读兴趣，帮助宝宝形成良好的阅读习惯，发展宝宝的词汇和表达能力。因为父亲可能对宝宝语言的数量和质量更敏感，能更为频繁地使用多样化的词汇和更长的话语同宝宝交流，更少矫正宝宝的话语，不会设置过多的语言要求。此外，也有研究表明，那些父亲经常陪伴阅读的宝宝，不仅在集中注意力等行为上表现得更好，而且入园后在数学科目上有优异表现。

- 让宝宝学会爱护图书。在第一次亲子阅读的时候，就与宝宝商定不能在书上乱涂乱画，要把看完的书及时放回到书架上等。对 2 岁之前的宝宝，尤其注意选购一些不易撕坏的图书。家长也要为宝宝树立爱护图书的好榜样。

- 教宝宝学会逐页阅读。按照封面、内页、封底的顺序引领宝宝认识图书，热情地为宝宝逐页讲述。当宝宝要跳着读时，鼓励宝宝耐心些等待，同时，还可用新的角度为宝宝解读当前页。对稍大些的宝宝，示范正确的翻书方式。

- 保持宝宝在阅读时的注意力。比如，为宝宝创设一个干扰相对少的阅读环境，在宝宝开始进行阅读活动时，要求宝宝每次只取一本图书，也不要开着电视，不要在旁边玩电子游戏等。同时，注意不要选购页数过多的图书。

- 良好的阅读习惯是在多次阅读活动中逐渐形成的，应让阅读成为宝宝的一个自然的日常活动。比如，与宝宝约定每天的某段时间为亲子共读或家庭阅读时间，和宝宝一起阅读不同种类的图书，还可多带宝宝去逛书店等。

名言录

如果说我有一点成就的话，那是我从我父亲那里接受了早期教育的结果。是父亲从小培养了我的阅读习惯，我还可以断言，早期阅读使得我进入社会比别人早了 25 年时间。

——英国哲学家约翰·斯图亚特·穆勒

宝宝自己也会选书，为什么？

4 岁的涵涵正在和妈妈一起逛书店。她与往常一样，在儿童图书书架面前来回地转着，像个大人似地精挑细选，最后很满意地给自己选了一套图画书《小鸡球球的大成长》和一本《爷爷一定有办法》。涵涵对妈妈说："我发现新的小鸡球球故事书了，我要买回去看！这本《爷爷一定有办法》，幼儿园老师给我们讲过，可好看了，我想买回去讲给你听！"

除了玩具，不少宝宝也常被一些儿童图书深深吸引。他们在书店里，无须大人指点，就可以在众多的图书中选出几本书来，年龄稍大些的宝宝还能同涵涵一样，给出自己选择的理由。有时大人精心为宝宝挑出几本非常有教育意义的书，而宝宝可能丝毫不感兴趣。允许宝宝自己选书，有助于宝宝自主性的增强，也有利于宝宝对阅读产生更浓厚的兴趣。

宝宝自己会选择看什么样的书，说明宝宝对图书已有自己的偏好。

一方面，宝宝的图书偏好与宝宝的认知发展水平有关。宝宝最初的思维活动依赖于动作，所以他们会觉得像玩具的、动手操作性强的响纸书、洞洞书、翻翻书等很有意思。幼儿阶段宝宝思维的主要特点是具体形象性，因而宝宝会更喜欢以图画为主的、形象生动的图书，尤其是光看图画就能很好地理解内容的图书。随着宝宝想象力的发展，宝宝会对那些充满想象的及允许宝宝充分发挥自己的想象力的故事类图书感兴趣。因此，那些有着大量留白的图书，即使没有鲜艳夺目的色彩，哪怕只有黑白色，也可能是宝宝的最爱。

另一方面，宝宝的图书偏好与宝宝的日常生活体验或经验有关。比如，在宝宝的成长过程中，他们会经历各种害怕，怕黑、怕陌生环境、怕与爸爸妈妈分离等，这时如果宝宝看到书中的主角有着和自己一样的体验，说着自己内心想说的话，宝宝就很容易产生情感共鸣，被图书内容打动。在生活中，宝宝也有自己非常喜爱或熟悉的动画人物等，这种喜爱或熟悉的感觉便会使得宝宝很容易注意到画有这些熟悉的人物形象的图书。与熟悉性类似，宝宝之前的阅读体验也会影响宝宝的图书偏好，如故事中的涵涵，她在幼儿园里获得的关于《爷爷一定有办法》这本书的积极阅读体验指引着涵涵选择了它。

虽然宝宝自己可以选择图书，但是他们选书时的随意性较大，有时可能只是一时兴起，买回去就不感兴趣了，而这并不利于宝宝阅读兴趣及良好阅读习惯的培养。因此，家长在尊重宝宝自主性的同时，为宝宝提供建设性的引导，推荐和选购优秀的图书，也是很有必要的。以下几点建议可供家长参考。

- 根据宝宝的认知发展特点选购图书。例如，可为 0 ～ 2 岁的宝宝选择一些操作性强的触摸书、洞洞书、翻翻书等，为 3 ～ 6 岁的宝宝选择一些形象生动、情节易懂的故事类绘本等。

心视界

图书偏好的性别差异

就像宝宝玩玩具“男女有别”一样，不同性别的宝宝对图书的偏好也可能不同。一项研究分析了 180 名 3 ～ 6 岁宝宝在幼儿园的自主阅读活动中选择的图书的类型（包括文学故事类、学习智能类、综合画刊类、趣味游戏类、科普类和绘画美工类）。结果发现，宝宝最爱选择文学故事类图书，很少选择绘画美工类图书。在幼儿园小班中，女宝宝比男宝宝选择学习智能类图书的次数多；在幼儿园中班中，男、女宝宝选择不同类型图书的次数没有明显区别；在幼儿园大班中，女宝宝比男宝宝选择综合画刊类图书的次数多，而男宝宝比女宝宝选择科普类图书的次数多。

- 关注宝宝的情绪情感体验，可结合宝宝成长中遇到的问题来选择图书。例如，有的宝宝害怕夜晚，可以为他们选择一些以温馨夜晚为主题的书。宝宝也渴望得到家长爱的表达，因而可以为他们选择一些表达深厚亲情的图书。
- 在书店里购书时，允许宝宝自主挑选他们感兴趣的图书。若根据以往经验，宝宝是真的喜欢，就可以满足宝宝购买的欲望；如果买回去后宝宝不会再翻看，就可以和宝宝一起在书店里看，并耐心地告诉宝宝不是什么图书都有买的必要。

名言录

读一本好书，就是和许多高尚的人谈话。

——德国文学家歌德

宝宝不爱阅读，为什么？

4岁多的安安很喜欢玩积木、拼图和小火车等玩具，就是不喜欢看书。虽然家里的书架上有很多图画书，但他几乎没有想过主动去拿几本书来看一看。有时，妈妈耐心地给安安讲书中的故事，安安也表现出一副心不在焉的样子。

有些宝宝和安安一样，看起来对阅读图书一点儿也不感兴趣。他们可以没日没夜地玩玩具、做游戏，或者看动画片，却不会捧起一本书来翻阅或主动请爸爸妈妈读给他们听。当爸爸妈妈想读给他们听时，他们总是很果断地拒绝。在亲子共读的过程中，他们很不情愿，甚至感觉“备受煎熬”，好像恨不得马上挣脱“阅读的魔爪”。

宝宝不爱阅读，体现了宝宝阅读兴趣的缺乏，是宝宝关于阅读的内部动机不足的表现。宝宝天生具有强烈的好奇心，最初会在好奇心的驱使下探索图书这种新奇的东西。

如果宝宝在探索图书的过程中获得了积极的体验，就会保持对图书的兴趣，也容易逐渐产生阅读的兴趣。也就是说，兴趣是与积极的体验分不开的。根据自我决定理论，个体内部动机的强弱取决于自主、胜任和关联三种基本需要满足的程度。由此，宝宝缺乏阅读兴趣这种内部动机，与宝宝在阅读活动中没有充分满足自主、胜任或关联需要的消极体验有很大关系。

首先，在自主方面，宝宝渴望做自己行动的主人，而不是被别人安排，尤其是随着自我意识的发展，宝宝自主需要的诉求更加强烈。比如，2 岁左右的宝宝开始喜欢说“不”，开始什么事情都想自己来，在阅读这件事上自然也不例外。而在现实生活中，很多家长忽视了宝宝阅读的主动性，如在宝宝不想看书的时候要求宝宝看书，在宝宝选了一本自己感兴趣的书时却执意要宝宝看家长手里的书等，把阅读变成了一件宝宝接受控制、服从命令的事。渴望自主、享受自由的宝宝肯定不会对这样的事有兴趣，反而会十分厌恶。

其次，在胜任方面，宝宝只有觉得自己有能力看懂图书，才会继续进行阅读活动。如果图书的内容超过了宝宝的认知发展水平，宝宝无法理解，就会引发宝宝内心的挫败感。家长不恰当的提问容易引发宝宝的挫败感，过高的要求容易挫伤宝宝阅读的积极性。比如，有的家长过于强调图书的知识性，总是问一些宝宝很难答上来的问题，甚至把识字当成宝宝阅读的目的。

最后，在关联方面，关联是指与他人建立亲密的联系。可以说，幼儿图书是一种听觉读物，因为宝宝不识字，宝宝需要家长读给他们听，而这种方式实际上已为宝宝与家长建立亲密的联系创造了机会。最初宝宝喜欢阅读，在很大程度上正是源于享受与家长亲密交流的时光。在亲子阅读的过程中，宝宝可能会被家长搂抱着，与家长发生肌肤接触，感受到家长的温暖。但是，有的家长“浪费”甚至是“毁灭”了这样的机会，如随意拒绝宝宝的阅读请求、在阅读时不耐烦、批评宝宝等。当阅读不能成为宝宝感受家长亲密情感的机会时，宝宝便不会享受这样的阅读时光了。

心视界

早期阅读的预测作用

有研究发现，儿童早期口语词汇的丰富性和复杂程度，以及早期阅读的兴趣、习惯、方法等的建立，可以预测儿童未来阅读能力的发展，因而这些可以作为检测儿童是否可能存在阅读困难的早期指标。早期阅读技能不足的儿童在入学后容易出现学习困难问题，甚至可能无法顺利完成高中学业。哈佛大学的一项针对 3 ～ 19 岁儿童和青少年的语言及阅读能力的长期研究也显示，幼儿初期的语言能力及阅读的条件、环境、能力与他们未来的阅读能力及学习成绩存在很高的相关。

许多研究表明，早期阅读不仅能够促进宝宝注意力、想象力和语言能力的发展，还能拓展宝宝的视野，丰富宝宝的情感世界。那么，如何才能让宝宝喜欢阅读，成为一个“小小爱书人”呢？如下建议可供家长参考。

- 给予宝宝自主选择的机会。比如，让宝宝自己选择他们感兴趣的图书，或自主决定阅读的时间、地点、方式。尤其注意不要打断宝宝正开心进行着的活动而强迫宝宝阅读。
- 满足宝宝的胜任需要。比如，为宝宝选择图文比例适当、生动形象且宝宝能够理解的图书；只要宝宝喜欢，可反复为宝宝阅读同一本书。
- 满足宝宝的关联需要。比如，欣喜地接受宝宝的阅读请求，让宝宝坐在家长的腿上，耐心、饱含热情地为宝宝讲述等。
- 淡化阅读的知识性或教化目的，注重阅读的趣味性。比如，不要求宝宝识记文字，不要求宝宝背诵；在阅读时，尽量有声有色，还可灵活地采取多种阅读方式，如角色扮演、轮流阅读、看图自由创作等。

名言录

喜欢读书，就等于把生活中寂寞的辰光换成巨大享受的时刻。

——法国启蒙思想家孟德斯鸠

宝宝受到表扬却不开心，为什么？

5 岁的小涵花了大半天的时间画了一张人物像，她原本想画幼儿园的王老师，可怎么画都觉得不像。她拿着画给妈妈看，告诉妈妈这是她画的王老师。妈妈接过画，虽然也觉得画得很不像，但是看到小涵失落的神情，就笑着对小涵说：“哇，画得真像！你真棒！”可小涵听了，好像更不开心了。

宝宝成长的每一步都值得期待，值得肯定。宝宝也常常敏感和满心欢喜地接受着大人的肯定。当对 2 岁多的宝宝竖起大拇指，或对他们说“你真棒！”之类的话时，他们总是洋洋得意，露出自豪的神情。可慢慢地，宝宝对表扬的反应开始有了变化：并不是什么样的表扬都可以让宝宝欢欣鼓舞，宝宝受到表扬后可能一脸茫然，也可能闷闷不乐，甚至怒气冲冲。这是为什么呢？

首先，随着社会经验的积累，宝宝可以更好地判断大人的表扬是否真诚，也会更在意大人的表扬是否真诚，他们喜欢真诚的表扬。一方面，敷衍的表扬会让宝宝觉得大人并不关心自己。比如，宝宝兴高采烈地向大人展示他们的杰作，原本期待着大人细细欣赏、大加夸赞，结果大人不愿停下手头的工作或游戏，只是匆匆瞟一眼，草草地说句“好，真棒”便不再理睬，宝宝就会感受到大人是在敷衍自己，根本无心评价自己。如果每次大人都用“好！”“你真棒！”“我要表扬你！”等过于概括的话表扬宝宝，宝宝慢慢地也会把这当作一种敷衍的表扬。另一方面，违心的表扬会让宝宝觉得大人并不理解或尊重自己。正如故事中的小涵，她知道自己画得一点儿也不像，只是希望妈妈安慰或鼓励一下自己，结果妈妈毫无说服力地夸奖她画得很像，小涵能感受到妈妈的违心，她可能觉得妈妈不理解自己内心的需求，还可能觉得妈妈的表扬带有笑话自己的意味。

其次，随着认知能力的发展，宝宝会从大人的表扬中建构自己对成功的认识，包括成功的定义和成功的原因，而在这个过程中，大人不适宜的表扬可能使宝宝产生消极的体验。比如，过分关注结果的表扬容易给宝宝造成很大的压力，也容易使宝宝怀疑大人的爱。因为当大人总是仅仅因宝宝考了好分数、得了好名次而表扬宝宝时，宝宝会认为成功就是取得好成绩、好名次，但这种成功有很多的不确定因素，尤其是涉及与其他宝宝的比较时，不确定感使得宝宝很有压力；在大人经常性的针对结果的片面描述中，宝宝会觉得大人的眼里只有成绩、名次等东西，没有自己，根本不体谅自己努力的过程、内心的感受等，从而觉得大人并不爱自己。而“你真聪明”“你是个天才”等针对个人特质的表扬也容易使宝宝忧心忡忡。因为在这种表扬中，宝宝会认为自己成功的原因就是自己的聪明才智，成功是对聪明才智的证明，如果宝宝同时相信聪明才智是无法改变的，那么一旦失败，宝宝就会觉得这是自己无能的证明，这将极大地打击宝宝的自尊心，所以，在受到表扬后，宝宝可能只是表现出片刻的欢愉，很快就开始为可能发生的失败而焦虑起来。

心视界

特质表扬与过程表扬

在教育心理学中，有两类表扬受到了研究者的很大关注，即特质表扬与过程表扬。特质表扬针对的是被表扬者的个人特质，如“你真聪明”“你真能干”“你是个天才”；而过程表扬针对的是表扬者做事情的过程，如“你真努力”“你真用心”“你想到的这个方法真好”。众多研究表明，在学业环境中，过程表扬好于特质表扬。因为接受特质表扬的儿童倾向于抱着证明自己有多么聪明的目的去学习，一旦失败就容易觉得自己无能，不愿坚持或再次尝试；而接受过程表扬的儿童倾向于抱着掌握知识的目的去学习，在失败的时候只是觉得自己不够努力或方法不对，会付出更多努力或改变方法继续做。

表扬在宝宝的心里占据着重要地位。宝宝会认真地对待大人的表扬，并思考大人的表扬所传递出的信息。恰当的表扬可以激发和保持宝宝前进的动力，促进宝宝自信地迎接挑战，充分发挥自己的潜能；而不当的表扬会伤害宝宝的自尊，使得宝宝焦虑不安，在困难面前望而却步。因此，表扬是一门学问，是需要大人细细琢磨的事。以下建议可供参考。

- 表扬要真诚，充分显示对宝宝的积极关注。比如，停下手头的事，欣赏宝宝的成果，温柔地望着宝宝的眼睛，发自内心地表扬宝宝。
- 表扬要具体，即具体地针对宝宝在行动过程中所付出的努力和采取的方法，避免强调结果或宝宝的个人特质。比如，对宝宝说："你不停地练习，付出了很大的努力，我真为你感到高兴！"
- 表扬要适时适度，即在宝宝真的需要表扬的时候提供恰如其分的表扬。比如，当宝宝完成了一件很容易的事时，慎用表扬，以免宝宝怀疑自己的能力；当宝宝表现得非常出色时，注意不要将表扬变成吹捧。

名言录

称赞不但对人的感情，而且对人的理智也起着很大的作用。

——俄国作家列夫·托尔斯泰

宝宝迷恋图画书，为什么？

晨晨 3 岁了，最近她特别痴迷于读图画书，爸爸妈妈白天上班，她就一个人读图画书，而且读图画书的时候特别专注，经常一动不动地坐上 1 小时以上，看到精彩的地方会不由自主地手舞足蹈。晚上等爸爸妈妈都回来后，她还要缠着爸爸妈妈陪她一起看绘本或读故事。

像晨晨这样痴迷于图画书的现象其实比较普遍，很多家长都反映他们的宝宝在学龄前阶段特别喜欢图画书。那么，为什么 3 岁左右的宝宝对图画书如此迷恋呢？

第一，宝宝在这一阶段已经形成了基本的图形知觉能力。图形知觉指的是人对物体形状特性的认识，是视觉、触觉、动觉协同活动的结果。宝宝在 1 岁左右就能识别物体的点、线条、朝向、运动等，而且不需要主观意识的努力。宝宝的图形知觉能力是个体与环境在不断的相互作用中发展的，2 岁多的宝宝开始对物体形成具体形象，动作图示符号化。

第二，宝宝的图形知觉能力并不是先天的，而是在与周围人（尤其是父母、朋友）的互动中不断发展起来的。父母和宝宝一起阅读图画书不仅有助于培养亲子感情，而且对宝宝具有引导作用，让宝宝能够积累一些关于文字、图画的经验，维持更长的注意力，可促进宝宝图形知觉能力的发展，也为他们独立进行阅读和更高水平的学习奠定基础。

第三，作为世界上音、形、义结合的文字——汉字，其最初形态是象形的。经过文字的不断改革，现在保留下来的文字只有 10% 还保留着象形文字的特征。而这 10% 的象形文字却是宝宝最初接触到的字，如山、水、日、月、田、火等。这些酷似物体本身的汉字对宝宝有着独特的吸引力。一方面，宝宝原本就喜欢看图形，另一方面，他们早期看到的汉字近似图形。这样，宝宝在不知不觉中就迷恋上看图画书了。

让宝宝从小在书香中长大，多么美妙！其实，宝宝迷恋图画书还可以促进宝宝阅读能力的发展，如果家长和老师能给予宝宝及时的关注、引导和启发，对宝宝日后阅读及认知能力的发展有较大的益处。既然宝宝阅读图画书多多益善，那么，家长和老师应该怎么做呢？为此，我们给出如下建议。

- 父母的参与极为重要。父母参与的形式可以从主导阅读、念书给宝宝听，到一起读、互相解释、互相问问题，然后以宝宝为主导，宝宝讲书或者念书，甚至在原有读本基础上共同创作或改编。
- 父母和老师引导的方式应该循序渐进。在阅读的开始阶段，每次阅读的时间可以在 5 分钟左右，此后慢慢变长，切不可操之过急。从见到书、亲近书、玩书，再逐渐过渡到家长引导。

心视界

早期阅读：宝宝良好发展的助推器

早期阅读经验对宝宝未来的读写等认知能力的发展具有促进作用。一项长达 10 年的研究表明，在起始聪明程度和阅读能力相同的情况下，上学前阅读经验越丰富的儿童 10 年后阅读能力越强，一般知识水平也越高。可以说，早期阅读经验是宝宝良好发展的助推器。不过，家长需要注意，不要强迫或过早要求宝宝开始进行阅读活动。有研究者认为，匆忙的早期学习和贫瘠的环境一样，都不利于宝宝大脑的发育。

- 宝宝阅读的材料从图逐步到字。开始阶段的材料最好以图为主，随着宝宝阅读经验和能力的增加逐步向字、图“各顶半边天”，以字为主过渡。当宝宝年龄小和刚开始早期阅读时，注意选择画面简单明快、主题突出、色彩鲜艳的绘本。
- 早期阅读要重视引导宝宝通过阅读理解世界、扩展经验，不要让宝宝脱离情境死记硬背或者鹦鹉学舌。要鼓励、支持宝宝主动发表自己的小见解。
- 应当注重在父母、老师与宝宝互动的环境中让宝宝习得文字经验，阅读有韵律的歌谣、简单的诗词等有助于宝宝把握语言的韵律，逐步发现文字和读音的联系。

名言录

人类所需要的，是富有启发性的养料，而阅读，则正是这种养料。

——法国作家雨果

宝宝 1 岁左右就能学英语，为什么？

舟舟从 1 岁多开始接触英语，到现在已经两年多了，说得一口流利的英语，平时在家中与爸爸妈妈交流都是使用英语，而且舟舟的汉语也比较好，能熟练地在汉语与英语之间进行转换。舟舟马上要上学了，妈妈担心如果同时学习英语和汉语，是否会产生混淆，另外同时学习两种语言，舟舟是否能受得了呢？

像舟舟这样在学龄前阶段就开始学习英语的宝宝越来越多，宝宝从小就能讲简单的英语其实是一件非常令人羡慕的事情，但是许多家长也产生了和舟舟妈妈一样的担心，即同时学习汉语和英语，会使它们产生混淆吗？实际上，婴幼儿时期的宝宝具有比较强的语言学习能力，能够学习除母语外的语言。研究发现，新生儿就有能力分辨任何语言的语音差异，1 岁多就可以开始学习英语了。这是为什么呢？

首先，宝宝从 3 个月开始发音时就已经有能力学习英语了。宝宝 3 个月左右会发出一些咕咕哝哝的声音，如“a”等，到了 9 个月咿呀学语时，能发出一些连续的元音音节。宝宝到 1 岁左右的发音就可以由语音转入简单的字词了，如果能给宝宝提供一些英语学习的环境，宝宝就会自然而然地说出一些英语单词。因此，出生后的宝宝本身就有学习英语的能力。

其次，宝宝的英语学习过程是一个社会互动的过程。良好的英语环境为宝宝学习英语提供了较好的基础。现代生活中随处都可以看到一些英文标识，如门牌、店铺的牌、广告等，还有英语动画片等都能让宝宝接触到英语。更重要的是，随着互联网应用的普及，电子信息也逐渐走进宝宝的世界，这使宝宝有机会接触到一些讲英语的人与事。当这些人与事同宝宝的生活形成共鸣时，他们就会受到影响，产生学习英语的兴趣。

最后，宝宝学习英语是一种模仿成人的过程。宝宝学习英语还需要一定的语境，这个语境就是有人使用英语和他交流。现在的年轻家长基本上都会英语。在宝宝睡前，有的父母自己在学习英语，或者父母之间用英语简单对话。宝宝也会模仿父母的样子说起英语。当宝宝会模仿父母说英语后，不知不觉地与父母进行了最简单的英语对话，如“Hi”“Hello”“Good morning”等。这个模仿过程为宝宝潜移默化地习得英语提供了条件。

虽然宝宝在 1 岁左右就可以学习英语，但是家长注意不要强迫宝宝学习，在有条件的情况下让宝宝自然而然地学习英语，把学习英语当作一种乐趣。另外，没有条件让宝宝学习英语的家长也不要着急，人类大脑具有强强的可塑性，保证了终身都有学习的能力，因此，宝宝学习英语并没有不可逆的“时间窗口”。有研究对高达 230 万移民到美国的西裔和华裔的大规模数据分析发现，即使晚学英语，也有可能学好。

因此，对于希望宝宝学习英语的家长，下面有一些建议。

- 家长不应强调枯燥的单词、句子记忆，不应强迫宝宝立刻表现出所学到的东西。不必频繁地纠正宝宝的发音、语调、用词或句式。
- 营造英语学习的氛围，在家里的一些物品和玩具上可以贴上英语单词，让宝宝在这样的环境中潜移默化地习得英语。

心视界

宝宝在社会互动中学习语言

美国华盛顿大学教授对两组 9 个月大的美国宝宝进行了测试。第一组宝宝与讲汉语的成人在一起玩玩具、说话，第二组宝宝则与讲英语的成人在一起互动，这样经过 12 次的相处，结果发现，第一组宝宝能够识别汉语语音，而第二组宝宝不能。研究发现，如果将上述实验中宝宝听成人面对面讲汉语的情境换为看成人讲汉语的录像视频或听成人讲汉语的录音带，那么，宝宝就不能识别汉语语音了。可见，直接的社会互动在宝宝的语言学习中起着至关重要的作用。

- 在日常生活看到什么，就说什么，经常和宝宝使用英语交流互动。例如，看到桌子，就教宝宝说 table，看到玩具，就教宝宝说 toy 等。利用生活场景来学习，日积月累，宝宝可以接触、掌握大量英语词汇。
- 家长和宝宝一起看英语版的绘本、故事书等都有助于宝宝学习英语。

名言录

掌握了另一门语言，就拥有了第二个灵魂。

——法兰克王国查理曼大帝

宝宝识字容易写字难，为什么？

桐桐今年5岁半了，虽然认识几个字，但是始终不会写字，他觉得汉字的书写太难了，虽然桐桐很喜欢画字，但是认认真真写字对他来说还真是比较难，他甚至觉得准确地使用铅笔都很费劲。桐桐其实也非常着急，可是就是写不好字。宝宝会认字但写不好字，为什么呢？

许多家长发现自己学龄前的宝宝像桐桐这样不太会写字，此时家长不必惊慌。研究发现，2～4岁的宝宝中有90%处于涂鸦状态，5岁宝宝中95%能准确地临摹画字，但有75%不能以正确的笔顺、姿势稳定地书写简单的汉字；6岁以上的宝宝基本能以正确的笔顺、姿势准确地书写简单的汉字。对2～6岁幼儿的研究发现，约有一半的2～3岁的宝宝可以识别自己的姓名，但直到4岁才有不到20%的宝宝可以写自己的名字。

首先，视觉能力的发展为宝宝识字奠定了基础。识字主要要求宝宝能够对字形进行恰当的视觉分析和整合，并能形成字形和字音的正确联结。宝宝在7个月左右时的视觉就能分辨出不同的物体，1岁左右的宝宝视觉发展得较为成熟，对客体有着较为清晰的判断，因此宝宝有足够的能力识字。

其次，写字的要求比认字复杂得多，需要记忆、精细动作的共同发展，对宝宝的挑战较大。写字对宝宝技能的要求非常精细，需要宝宝有较好的手眼协调能力，需要宝宝对汉字进行有意观察、分析后，整合视觉信息、手部动作技能把头脑中的表征准确地再现出来，这对宝宝来说无疑是一项高难度任务。而且把字正确地书写表达出来依赖于手部肌肉的精细动作，宝宝手部的肌肉活动远没有成熟，难以胜任写字的要求。

最后，汉字与其他文字相比，笔画多、部件多、部件组合方式多，因此，汉字的字形也格外复杂。与 26 个字母构成的英语相比，形体各异的汉字对宝宝来说是难以逾越的障碍。目前，《汉语大词典》《中华大字典》收录的笔画最多的现代简体汉字竟有 64 画。在学龄前阶段，教宝宝认识汉字是必要的，但是让宝宝写汉字却不是件容易的事，宝宝会识字但不会写字是非常普遍的现象。

宝宝学习识字和写字的关键在于应该引导得法、量力而行，不要过分强求、操之过急。家长可以教 2 岁左右的宝宝识字，等到 8 岁左右，宝宝的手对笔基本有了一定掌控能力，此时开始学写字完全来得及。另外，虽然学龄前的宝宝不需要熟练掌握汉字的书写，但是仍然需要在家长的协助下积累丰富的汉字识读与书写的准备技能，增加对汉字的熟悉度。随着宝宝认识的汉字越来越多，适当的书写练习对于汉字的精细区分和深入加工也有一定促进作用。

总而言之，宝宝早期识字经验优先，识字和写字无须同步。为了促进宝宝写字的准备技能的发展，我们给出如下建议。

- 幼儿期的识字和写字重在发展兴趣、积累经验、准备技能，切忌定任务、要求数量、一步登天。
- 丰富宝宝的识字、写字经验。在宝宝经常接触的玩具、物品上贴上相对应的字卡，使宝宝进入一个生动、有趣、形象、直观的汉字环境中，让宝宝在不知不觉中轻松、愉快地识字。

心视界

宝宝什么时候会写自己的名字？

生活在字母文字系统下的宝宝，如美国宝宝，通常是在 3～4 岁时开始能够书写出自己名字的首字母，到 5 岁或 6 岁时逐渐学会按顺序完整地写出自己的名字。那生活在汉字文字系统下的我国宝宝的情况如何呢？研究发现，宝宝在 2 岁时会认自己的名字，但他们完全不能照着样子写自己的名字；3 岁宝宝虽然也不能正确地写出来，但是他们写出的东西开始能让人看出来写的是名字而不是别的字；在 4～5 岁时，宝宝开始能够写出自己名字包含的所有笔画，但字的空间结构常常发生错误；等到 6 岁时，几乎所有宝宝都能正确地写出自己的名字了。

● 宝宝动笔总是从画画开始，所以宝宝把写字叫画字。家长可以让宝宝在学写字之前多涂多画不同长度的线条、不同角度的折线、位置不同的线段组合等。

● 宝宝快上学前，教他们正确的执笔姿势和坐姿。比如，用右手拿笔，笔杆右斜靠虎口，拇指和食指轻轻捏笔下端。正确的坐姿要头正、胸挺、肩平、胸口稍离开桌子、脚放平。

● 教给宝宝书写汉字的基本笔画。汉字的结构是由点、竖、横、撇、捺这些基本笔画组成的，当父母教宝宝写字时，应遵循汉字笔画书写顺序。

名言录

要循序渐进！我走过的道路，就是一条循序渐进的道路。

——数学家华罗庚

宝宝会“分苹果”，却不会“1+1=?”的问题，为什么？

大田3岁多了，如果使用画有苹果的贴纸，用手指着上头的2个苹果，问他：“宝宝快看，这里有2个苹果，宝宝和爸爸平分，每人能分到几个？”他能很准确地说：“爸爸1个，宝宝1个。”但是如果问：“宝宝，那1加1等于几呀？”他就只能嘟嘟囔囔地重复一下问题而答不上来。用贴纸他就会算，换种方式问他就不懂，这到底是为什么呢？

家长可能也在自己的宝宝身上发现过与上面这个宝宝类似的算术行为——用饼干、糖豆等实物和宝宝玩数量的分解组合游戏，宝宝能顺利完成，一旦使用数字符号进行简单的加减法，宝宝就糊涂了。那么，在成人眼里差不多的算术问题，宝宝为什么只会“分苹果”却不会用数字做加减法呢？这要从宝宝的思维特点说起。

宝宝能回答“分苹果”问题，取决于他已经具备了基本的数量认识和一定程度的数概念。国外最新的实验研究已经表明，婴儿 5 个月大时就能辨别点集所代表的数量多少。这种对非符号数量（即用实物或实物形象所代表的数量）的理解优势是幼儿能解决“分苹果”问题的重要基础。到 3 岁时，由于受过家庭和幼儿园的教育，宝宝已经掌握了一定的数字符号知识，初步认识了具体事物个数和数字符号的对应关系。也就是说，宝宝知道了 1 个或 2 个苹果的数字含义，能借助卡通贴纸准确地从 2 个苹果中分出 1 个苹果。

尽管如此，宝宝却回答不了抽象的“1+1=？”的问题，这是由于这一年龄阶段的儿童的思维具有鲜明的直觉性和形象性，而且此时宝宝的语言能力处于快速发展期，他们需要借助形象理解语言的意义。从这个角度说，“分苹果”问题的优势就在于它大大减轻了宝宝理解数量分解组合问题的认知负担，帮助其直观地理解问题的含义。当然，在没有苹果贴纸的情况下，只用言语表达“苹果”，宝宝也能较好地理解，因为苹果是宝宝熟悉的事物，已经在其脑子里形成了清晰的形象，宝宝能在一定程度上借助形象进行理解和回答。

心视界

婴儿也会加法

心理学研究中有这样一个实验：在 5 个月大的婴儿面前的展示箱中放入 1 个米老鼠玩偶，让婴儿注视该玩偶，直到其失去兴趣（该阶段的目的是确保婴儿注意到了该玩偶），然后，用挡板挡住该玩偶，再当着婴儿的面将另一个米老鼠玩偶放到挡板后，最后把挡板放下。这时挡板后面呈现 2 个玩偶（可能结果）或 1 个玩偶（不可能结果）。结果发现，婴儿更久地注视玩偶数量为 1 而不是 2 的情境，这表示婴儿对玩偶数量为 1 这个不可能的结果感到奇怪。婴儿也觉得 1 个米老鼠加 1 个米老鼠等于 2 个米老鼠，而不是 1 个米老鼠。

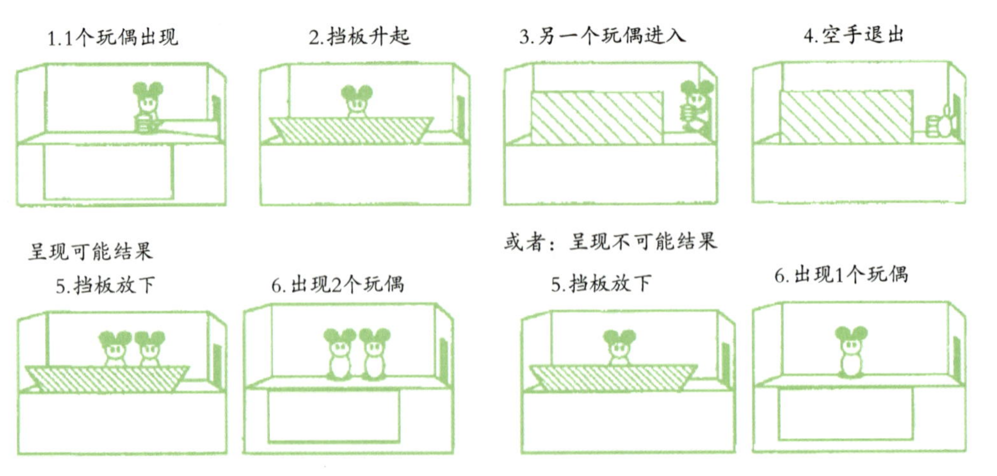

可见，对于宝宝来说，解决“1+1”的问题比“分苹果”的问题要复杂得多，这个问题对数学能力和抽象思维能力的要求更高。除了问题本身表述的抽象度更高外，宝宝在理解数字“1”的含义的基础上，还需要理解“加”的概念，理解等式的意义，这些概念显然并不是宝宝当前的思维能力和知识经验所能认识的。实际上，这些概念的组合已经形成了初步的数理逻辑，这种数理逻辑需要在宝宝思维更成熟、知识经验更丰富时才能掌握。

那么，教育者应该如何顺应该阶段宝宝的思维和数认知能力发展特点，培养宝宝的数学能力呢？以下建议可供参考。

- 可以丰富环境设置，布置一些可供宝宝认识数量和数字的玩具，借助玩具进行数数训练。比如，可用宝宝喜欢的卡通玩偶等和宝宝玩给物说数（拿几个物品放在宝宝面前，让他说出有几个）和给数取物（让宝宝拿出一定数量的积木）等游戏，帮助宝宝掌握实物和数字的关系。
- 父母或老师可以发挥创造力设计一些小游戏，如在拍手游戏中增加“拍一下”“拍三下”“拍许多下”等内容，让宝宝边运动边学习数学知识。
- 带宝宝外出时，可以和宝宝一起多留心生活中的数学信息，选择宝宝感兴趣的、贴近他们生活的事物，从中提取数学教育的素材，引导宝宝观察周围环境的数、量、形、时间、空间等现象。

名言录

数缺形时少直观，形缺数时难入微。

——数学家华罗庚

宝宝对撕书、撕纸乐此不疲，为什么？

轩轩是一个 1 岁的男宝宝，平时非常好动，总是爬来爬去，妈妈要时刻关注他的动向，很费神。最近妈妈给他买了一本书，本打算给他讲故事，让他安静地看书。结果轩轩看了没多长时间，就把书页撕下来了，还把书页撕成一条一条的。除了撕书，轩轩现在见到纸就撕，撕成条，撕成片，乐此不疲，而且非常满意自己的“成果”。轩轩妈妈不知道该鼓励还是该制止这种“破坏”行为。

这不是轩轩的独特行为，也不是轩轩妈妈一个人的烦恼。“撕纸”这种行为在宝宝中普遍存在，不分区域与国界。这种行为还伴随着一个有趣的现象，即宝宝边撕纸边欢笑、边快乐。这种行为不是宝宝脾气暴躁的体现，也不是一种暴力行为。那么，宝宝这么喜欢撕纸、撕书是为什么呢？

首先，其中有宝宝思维发展的表现。心理学家皮亚杰认为，2 岁以前的宝宝也是有思维能力的，只是这种思维能力不能通过语言表达出来，而是借助动作表现出来，这是思维发展的第一个阶段，即感知运动阶段。这个阶段的宝宝通过触摸、摆弄周围环境中的物体来认识世界。撕纸能够对原有事物进行较明显的改变，儿童通过撕纸明白自己的小手可以改变纸的形状，并逐渐明白目的与手段之间的关系。

其次，其中也有宝宝手部精细动作的表现。故事中的轩轩在 1 岁时迷上了这一活动，实际上，撕纸这样的动作在宝宝 6 个月之后就开始出现。6 个月之后，宝宝的手指灵活度不断增强，开始由较大的摔、打等粗动作发展到较小的抓、捏等精细动作。精细动作是指凭借手及手指等部位的小肌肉或小肌肉群的运动。相对于用手揉搓、拍打等动作，撕纸需要用手指捏，然后用力，调动的是手指这样更小的肌肉群，因此，撕纸可以让宝宝体验对手部精细动作的操作。

最后，这说明了宝宝自主控制能力的增强。宝宝通过撕这个动作，发现纸张的形状发生了变化，听到了撕纸的声音，因而产生了满足感。在更早期，宝宝由于生理发展的限制，不能控制自己的身体，更不能控制外物。偶然发现自己能够通过手的动作改变纸的形状并发出声响时，其自控感得到满足，就会主动重复这一动作，从而感到快乐。同时，撕纸的动作与“刺啦”的声响同时发生，宝宝会对这种联结产生好奇，不断探索，这是宝宝主动自发学习的萌芽。

总之，撕纸这个动作不仅锻炼了手指的灵活程度、增强了小肌肉的力量，还能锻炼手眼协调能力，刺激大脑发育，是宝宝其他能力发展的重要基础。因此，父母不必对这个“碎纸机”感到懊恼，不要急着制止宝宝的撕纸行为，可以根据实际情况加以引导，更好地锻炼宝宝的精细动作，培养其自控能力和思维能力。在这个过程中，父母可以遵循以下几条原则。

- 如果宝宝撕了书，父母可以及时制止，明确告诉他不能撕书，然后用其他纸张代替。但父母不要过于责备，应以引导为主。

心视界

精细动作发展与认知发展

有研究以 5～7 岁的儿童为对象，考察了精细动作发展与认知发展的关系，结果发现，儿童的精细动作技能可以预测儿童 1 年以后的阅读和语文成绩，且书写能力强的儿童比书写能力差的儿童在学习数字、字母及复杂的学习任务方面进步更快。也有研究发现，宝宝的精细动作与宝宝的推理能力呈正相关。研究者认为，精细动作发展对认知发展的促进作用可能是通过促进大脑皮层结构和功能的成熟而实现的。

● 父母可以参与到宝宝撕纸的过程中，如让宝宝将纸撕成不同的形状，试着让宝宝从无目的的乱撕变成按照一定的方法撕，这样能让他的手部动作更加精细，而且可以锻炼宝宝的想象力。

● 在宝宝快乐地撕纸这一过程中，父母可以提供不同颜色、材质的纸张，有意引导宝宝注意颜色、形状的变化，通过这个过程让宝宝了解形状的拆分和组合，加强其对颜色、图案、形状的认知。

名言录

每一种工作都蕴藏着无穷的乐趣，只是有些人不懂得怎么去发掘他们罢了。

——法国思想家、哲学家卢梭

宝宝喜欢画画，为什么？

自从 2 岁的彬彬有了蜡笔，他每天就无比兴奋地拿着蜡笔在家里到处画来画去。书上、墙上、衣服上，甚至他的玩具上都被他左一笔、右一笔地画得不成样子，真是一片狼藉。但彬彬满不在乎，一画起来似乎就停不下来了，完全乐在其中，这是为什么呢？

1 岁之后，宝宝慢慢学会拿笔，而一旦他们拿起笔来，可能就会像彬彬那样“恣意妄为”，在他们眼里，无论是书上、桌子上、椅子上、墙上，甚至是沙发上、衣服上，都是他们“下手”的好地方。而他们画出来的东西，常常就像大人们戏称的“鬼画符”一般“不堪入目”。不过，对宝宝来说，这些乱七八糟的线条是他们引以为豪的杰作。不管家长和老师如何看，他们依旧兴趣盎然，到处乱涂乱画，似有“一发而不可收”之势。

其实，宝宝喜欢画画是宝宝在特定年龄段的正常表现。一般来说，1 岁半到 4 岁的宝宝正处于涂鸦期，此时，宝宝画画是随意的，没有什么目的。这是他们开始绘画的先兆。

在涂鸦期早期，即 1 岁半到 2 岁，宝宝主要通过动作来思考和认识这个世界，而画画是宝宝动作的产物。通过“画”这个动作，宝宝了解到“笔”这个物体的特性。而当他们发现自己还可以随心所欲地借助画这个动作产生各种各样的线条或者获得五彩缤纷的颜色刺激时，他们会觉得非常新奇，因此对画画产生了兴趣。只是，这个时期的宝宝的肌肉控制能力还很弱，他们难以熟练地控制自己的手肘和手腕的运动，因而只能画出很不规则的、零乱的线条。即使如此，对于 1 岁半到 2 岁的宝宝而言，画画仍是他们乐于采取的探索和掌控周围环境的一种方式。

在涂鸦期后期，即 2 ～ 4 岁，宝宝的思维发生了重大飞跃，他们发展出了形象思维。随着形象思维能力的飞速提高，宝宝思考的内容像画一样充满了生动具体的形象，图画这种形式非常符合宝宝思维发展的特点，能更好地体现宝宝头脑中的世界。因此，对于语言表达能力尚不成熟的宝宝来说，画画给了他们一个能有效表达自己的方式。此外，此时宝宝的创造力和想象力在不断发展，画画给了他们一个能充分发挥自己的创造力和想象力的空间。因此，宝宝对画画的兴趣更为浓厚。而随着宝宝对肌肉的控制能力的提升，他们开始能更好地控制自己涂鸦的动作，画画的能力也飞速发展，他们可以画出一些比较有规则的图形，如漩涡或圆形等，当然，囿于精细动作和认知能力，他们的画看起来仍很“印象派”。但宝宝在画画过程中感到了自己动作控制能力的提升，这使宝宝在画画的过程中获得了更多的成就感。

可见，画画是宝宝驰骋思维、锻炼精细动作的一种有趣的活动。有研究认为，宝宝涂鸦的线条与他们的性格和心理健康状态有关系，宝宝早期的涂鸦作品甚至能反映他们与母亲的关系的发展变化。

为了保护宝宝这一“合情合理”的喜好，同时避免宝宝的“恣意”带来的烦恼，家长可以参考以下建议。

● 明确告诉宝宝哪些地方可以画，哪些地方不可以画，并给宝宝一个可供乱涂乱画的空间。比如，给宝宝准备一个可轻易擦洗的墙膜、黑板或画板等。

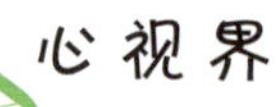

儿童画与心理治疗

儿童的语言能力有限，但形象思维发展较早，他们能够通过形象的方式展现自己的思考，因此，一些心理学家开发了儿童绘画心理治疗的方法。他们认为儿童随意而作的画虽然看似杂乱无章，但实际上能映射出儿童心理的内容。心理咨询师通过分析儿童的画，能够发现儿童的内心世界。儿童通过绘画，能表达他们无法用言语表达的经历和感受，释放不良情绪，所以绘画本身就有一定的治疗作用。

● 在宝宝画画的过程中，不干涉他们，不用成人的眼光指责他们的“胡作非为”，让他们跟随自己的思维去自由创造。

● 当宝宝画完后，可以请宝宝讲述他们画的内容，并亲切地倾听，对稍大些的宝宝，还可以请他们给画命名等，以此促进宝宝的思维及语言表达能力的发展。

● 对宝宝自己得意的画作，可以整理在一起，如做一个“我的小画册”或贴在墙上等，增强宝宝的成就感。

名言录

我用一生的时间学习向孩子那样画画。

——西班牙画家毕加索

2岁前宝宝记住的东西到6岁后就忘了，为什么？

甜甜小时候记性特别好，两三岁的时候就可以背古诗了，她的父母教过她背很多古诗。现在她已经快8岁了，可是，不仅背古诗用的时间越来越长，而且小时候会背的好多诗词都忘记了，过去背过的诗甚至一点印象都没有。这是为什么呢？

甜甜的事情不是个例，相信很多家长在宝宝成长过程中都或多或少地存在这种疑虑。当父母想跟孩子分享小时候的故事或者询问他们以前背诵过的诗词时，却发现孩子一脸茫然地问："有过这事吗？我怎么不记得啦？"这种"记忆缺失"现象的原因是什么呢？

首先，这种记忆缺失现象是符合宝宝的记忆发展规律的。宝宝的记忆容量是随年龄而增长的，1岁以前的记忆容量十分有限，宝宝只能记得经常接触的人、事、物。比如，照料者若是与宝宝分离一个月，宝宝就有可能会不记得。而且宝宝在6岁前是以无意记忆和机械记忆为主，还不会使用记忆策略去有目的地进行记忆，对记忆的内容也没有深刻的理解，因此，他们很容易遗忘发生过的事情。

其次，宝宝不记得小时候的事情，与记忆形式的变化有关。处在婴儿期的宝宝，在记忆和回忆事情时依赖于事物的形象，随着年龄的增长，他们记忆、回忆的方式也在变化，即多将语言作为记忆的载体。因此，当孩子想要回想婴儿期所经历的事情时，此时回忆的方式已经与当时记忆的方式无法匹配了，就出现了这种遗忘的现象。这种观点就可以解释上面例子中妈妈的疑问——为什么宝宝背不出小时候记住的古诗。可能宝宝在小的时候并没有理解诗的意义，仅从音节上记忆，而长大后在回忆时会回忆意义，因而就无法搜索到曾经记忆的诗了。

最后，这与宝宝自传体记忆的发展有关系。自传体记忆就是对与自我经验有关的信息进行记忆和回忆的过程。大一点的儿童可以通过与成人之间的交谈来分享和复述记忆，进而使其自传体记忆得到发展。但是，婴儿期的宝宝受语言、自我意识和认知发展所限，无法很好地与成人沟通，因此，其自传体记忆没有得到发展，于是就出现了记忆缺失的现象。

上文从不同的角度解释了宝宝的遗忘现象，存在类似烦恼的家长无须担心，因为这是每个孩子在成长过程中都会经历的。既然如此，是否还有必要在孩子年龄比较小的时候教给他们知识，带他们出去增长见识呢？答案是肯定的，虽然每个孩子都会经历记忆遗忘，但是他们的发展是连续的，他们无法回忆出事情不等于这些事情对他们没有丝毫影响，只是这些影响潜伏起来，在成长中默默地发挥着作用。那么对于处在“遗忘期”的宝宝，家长能做些什么呢？下面有一些建议。

- 经常与宝宝分享发生过的事情，越详细越好，这样他们记住的事情可能会更多。

心视界

语言与记忆

有研究者设计了一个有趣的研究来考察 2～4 岁宝宝的言语记忆与非言语记忆。第一天，他们给宝宝介绍了一个神奇的可以“缩小”物体的机器，请宝宝玩；第二天，他们对宝宝进行言语及非言语记忆测试。结果发现，虽然 2 岁宝宝能从多张图片中找出他们昨天玩的物品的图片，也能成功动手操作昨天玩的神奇机器，但是，他们不能很好地用言语向研究者描述昨天玩的游戏的特征；而 4 岁的宝宝能较好地完成言语及非言语记忆测验。也就是说，2 岁宝宝的言语记忆还比较差。结果还显示，宝宝的语言能力越高，其言语记忆及非言语记忆表现越好。据此，研究者指出，语言习得是克服婴儿期遗忘的必要条件，不过，它并不是充分条件，因为宝宝还需要在开始时就用语言对记忆的内容进行描述。

● 用更多方法或辅助工具来帮助宝宝记忆，可以是视频、图片或实物，找到最适宜自己宝宝的方法。

● 不要认为自己的宝宝还小或腼腆害羞，就不与他们进行沟通，亲子沟通对自传体记忆的发展有很好的作用。

● 鼓励宝宝多与家长或朋友分享“昨天发生的事”，让宝宝从“倾听者”逐渐转向“分享者”，尤其在 4 岁以后。

● 发现宝宝开始“遗忘”时，不要失望，不要批评。不要跟宝宝说：“你看你小时候都会，怎么现在不会了，越长大越笨。”要对宝宝说：“亲爱的，你真棒，想不起来不要紧，我们再来复习一遍。”

名言录

习惯一旦培养成功之后，便用不着借助记忆，很容易地自然地就能发生作用了。

——英国哲学家洛克

宝宝睡前喜欢让父母讲故事，为什么？

明明快 3 岁了，白天跑跑跳跳玩了一天，到晚上还是特别有精神头，非要缠着家长给他讲故事，不讲故事就不睡觉，讲完他才肯乖乖入睡。家长给他讲故事时，他总是听得津津有味，有的时候即使是同样的故事也愿意听。宝宝睡前为什么喜欢让家长讲故事呢？

很多父母都会把讲故事作为宝宝睡前仪式中的一部分，宝宝通常也会非常喜爱这种安排。父母经常会发现白天活泼好动的宝宝在夜晚往往能安静下来，并且要求父母在睡前给自己讲故事。有些宝宝甚至说如果不讲故事就不睡觉，哪怕今天讲的故事和昨天的一样，他们也会听得津津有味。在父母生动的故事陪伴下，宝宝总会进入甜甜的梦乡。宝宝喜欢让父母在睡前讲故事的原因是什么呢？

首先，对于宝宝来说，睡觉意味着进入了黑夜，宝宝通常会对黑夜有恐惧。有研究发现，4 ～ 12 岁的宝宝怕黑的比例高达 73.3%，说明怕黑在宝宝中是非常普遍的现象。从进化角度来说，对于黑夜的恐惧是我们自我保护的方式，人类的祖先在黑夜中往往看不清野兽等危险信号，为了生存，人们进化出对黑夜的恐惧。此外，宝宝的想象力丰富，会通过电视等媒介把黑夜和不好的事物联系起来，如宝宝认为晚上会有妖魔鬼怪出现等。父母是宝宝心中温暖的港湾，而父母温柔的语音会让宝宝感觉安全、温暖。这种睡前的陪伴会让宝宝更加勇敢地面对黑夜的到来。宝宝在父母温柔的言语中入睡就会觉得父母一直陪伴在自己身边。

其次，父母在白天通常要工作，无法在家里长时间陪伴宝宝，而宝宝在 6 个月左右就会和父母形成强烈的依恋。儿童心理学家认为，依恋是抚养者与被抚养者之间的情感联结。在个体生命的早期这种情感联结的程度对宝宝后来的安全感形成具有奠基作用。如果宝宝白天由于上幼儿园离开父母，就会产生分离焦虑。到了晚上，宝宝就会悄悄地走到父母的身边，并投到他们的怀抱中，去缠着他们给自己讲故事，以弥补白天缺失的陪伴。

最后，案例中的宝宝正处在具体形象思维阶段。这个阶段的宝宝凭借事物的具体形象来认识和理解事物，他们的想象力丰富，会在头脑中构建出各种形象，并且容易将想象的事物认为是真实的。父母的故事正好为宝宝的想象提供了素材。故事中有会说话的动物、美丽善良的公主、会魔法的仙女等。借助父母的讲述，宝宝会在头脑中形成一个个生动的形象。宝宝对这些故事情节和人物都会信以为真，这个童话世界对宝宝来说是无比神奇的，因此父母讲的故事不仅让宝宝着迷与期待，而且充满甜蜜与温暖。

由此看来，很多时候宝宝缠着父母讲故事，是符合宝宝的心理发展规律的。那么父母在睡前给宝宝讲故事的时候应该注意什么呢？下面就给家长一些建议。

- 绘声绘色地给宝宝讲故事，语言生动、表情丰富，让宝宝有如临其境之感，这样才能增强故事对宝宝的吸引力和感染力，激发宝宝去感知和想象。比如，在讲到小动物的时候辅以手势、动作和叫声。

心视界

亲子阅读与亲子依恋

有研究者对 12 个月的宝宝及其家长进行了一项追踪研究，测量了宝宝与妈妈之间的依恋类型（安全型依恋和不安全型依恋），也对亲子阅读的活动进行了录像观察。结果发现，安全型依恋宝宝的妈妈通常在亲子阅读中会对宝宝手指图画等行为做出有意义的回应（与日常生活中的活动相联系），而不安全型依恋宝宝的妈妈只是简单地阅读书中的文字，并没有其他回应。亲子阅读是家长和宝宝互动的机会，互动的质量会影响亲子依恋的质量。

● 有意地反复讲同一个故事，并鼓励宝宝复述已经讲过的故事。宝宝学习动词、形容词较晚，因此遇到美丽、勇敢等形容词时要多重复几遍，以帮助宝宝记忆。在宝宝顺利复述出故事时，家长要及时给予表扬。

● 当故事中涉及主人公的良好行为和品质时，家长可以联系现实生活，顺势向宝宝讲述做人做事的道理。比如，向宝宝提问，如果在现实生活中遇到了相似的情境，宝宝会如何做。同时，以启发式的方式提问（如“你觉得小熊现在高兴吗？它为什么高兴呢？”）让宝宝理解故事主人公的感情，促进宝宝的情感发展。

名言录

你或许拥有无限的财富，一箱箱的珠宝与一柜柜的黄金。但你永远不会比我富有——我有一位读书给我听的妈妈。

——美国阅读研究专家吉姆·崔利斯

宝宝“人来疯”，为什么？

盼盼今年3岁了，大多时候都很乖巧懂事，可是一旦家里来了客人，她就变得异常兴奋，一会儿请客人听她唱歌，一会儿叫客人看她跳舞，一会儿滔滔不绝地给客人讲自己在幼儿园里的事。若妈妈让盼盼自己玩会儿，过不了两分钟，盼盼就会在妈妈和客人面前大声笑着跑来跑去。

不少幼儿阶段的宝宝都有“人来疯”的表现。客人的到来仿佛是这些宝宝的兴奋剂，而且人越多，他们越兴奋。有的宝宝平常不爱在爸爸妈妈面前唱歌、跳舞，当客人来时，却跃跃欲试，甚至毛遂自荐；有的宝宝平日不理会大人的谈话，当客人来时，却赖在大人身旁插话、接话，甚至跟客人夸夸其谈。有的宝宝还胡闹起来，如突然嚷嚷着要大人出去给自己买零食吃，否则可能在地上打滚。

宝宝“人来疯”，主要是因为“机灵”的他们从日常生活经验中发现了“疯”给自己带来的好处。

好处之一是，当家里来客人时，宝宝可以非常容易地得到他人积极的评价，而获得他人的积极评价是他们内心强烈的需求。随着自我意识的萌发，幼儿阶段的宝宝会很在意他人对自己的评价，他们也会积极地寻求他人对自己行为表现的赞许，由此显露出很强的表现欲。在日常生活中，客人往往出于礼貌倾向于带着放大镜去寻找和看待宝宝的良好表现，对宝宝百般赞赏。或许只要经历过一次家里来客人的体验，宝宝就能感受到获得客人的肯定是多么轻而易举。渴望得到他人肯定的宝宝自然不会对“殷勤”的客人无动于衷。如果家长平常很少表扬宝宝，宝宝渴望肯定的需求会更加强烈，一看到客人就更加迫不及待、不知停歇地好好表现自己的“十八般武艺”。

好处之二是，当家里来客人时，宝宝有机会满足自己平日里被家长定义为“无理”的要求。宝宝的自我控制能力有限，他们对自己行为的控制多依赖于家长的监督，平日里对家长制定的规矩的遵从也大多只是为了避免惩罚，而当家里来客人时，家长很容易因碍于面子而改变对宝宝的态度，容忍宝宝的“为所欲为”；客人也常常对宝宝百依百顺。比如，本来家长不让宝宝吃糖，但当宝宝在客人面前吵着要吃糖时，家长很可能会让步，答应宝宝吃糖的要求；有时即使家长坚持，客人也可能进行调解，劝说家长让步，或为了安抚宝宝立刻去给宝宝买糖等。既然胡闹不会得到惩罚，反而会有期望的奖励，宝宝就很难再遵从规矩，因而开始放纵起来。

除此之外，宝宝“人来疯”也可能是宝宝社会交往范围受限的结果。有的家长因喜欢宅在家里而“强迫”宝宝也宅在家里，或过度保护宝宝，阻碍了宝宝与家庭成员之外的人的交往。这样，外来的客人对犹如与世隔绝而又渴望社会交往的宝宝来说就是一个新鲜的、令人兴奋的社会交往对象，宝宝会想要与客人玩个痛快。

心视界

从“自娱自乐”到“寻求赞许”

有研究者观察了1～5岁宝宝在成功或失败之后的反应，研究发现，2岁之前的宝宝并不会用成败来评价自己，也不会期待别人用成败来评价自己，他们可以说是“自娱自乐”：在成功后，他们会单纯因控制感的满足而无比喜悦；在失败后，他们会转向操作其他物体，从而继续寻求控制的愉悦感。2岁的宝宝开始会用成败来评价自己，也认为别人会用成败来评价自己。因此，在成功后，他们会主动寻求别人的注意，期待别人的赞许；在失败后，他们会有意逃离别人的注意，以避免别人的批评。此外，3岁以上的宝宝即使没有受到他人的赞许或批评，自己也会因成功而感到骄傲，因失败而感到羞耻。

“人来疯”体现了宝宝的社交性，这“疯”的背后也许是宝宝一颗渴望被赞许的心，也许是宝宝趁机放纵的小心思。好好表现的“疯”有助于宝宝的自我肯定，促进宝宝自尊的发展；蛮不讲理的“疯”则容易使宝宝形成任性的性格。但不管何种“疯”，适时能“收”才不会阻碍宝宝社会交往技能的发展。对此，家长可以参考以下几点建议。

- 平时多满足宝宝的表现欲，多给予宝宝积极的评价。比如，满怀期待地邀请宝宝表演在幼儿园里学到的歌曲、舞蹈，在宝宝表演完后热情地夸奖宝宝。
- 多创造宝宝与外界接触的机会。比如，多带宝宝到户外走走、逛公园、去游乐场和其他小朋友一起玩、拜访亲友等。
- 通过绘本、角色扮演活动等教宝宝待客之道。在客人来之前，与宝宝约定一起做个合格的主人，且如果宝宝表现得好，事后就有小奖励。
- 当宝宝与客人刚见面时，可主动向客人介绍宝宝，并说宝宝承诺了会当个合格的小主人。
- 在宝宝有“疯”的势头时，争取客人与自己统一立场。比如，适时终止宝宝的自我表现行为，请宝宝给予客人与家长商量事情的时间；若宝宝开始胡闹，示意客人也不要予以关注，不要迁就宝宝，坚持自己的原则。

名言录

才能自然形成，性格则涉人世之风波而塑成。

——德国文学家歌德

宝宝喜欢攀比，为什么？

小强是幼儿园大班的宝宝，他的最爱是变形金刚玩具。以前他总是放学后在家里玩变形金刚，忽然，他开始央求把变形金刚带到幼儿园去，还只挑那些看上去又酷又炫的带。有一天，小强见到接他放学的妈妈，就嚷嚷着："妈妈，辉辉有个从国外买来的变形金刚，我也要，而且我的一定要比他的更好！"

在幼儿园里，宝宝之间互相攀比的现象并不少见。一项针对青岛市三所幼儿园的宝宝的调查研究结果显示：90% 的中班和大班宝宝的家长反映自己的宝宝经常与其他宝宝攀比。宝宝往往比着占有最好玩的玩具，比着穿最漂亮的衣服，甚至比着说自己家的车好、房子大等。他们比得热火朝天，谁也不甘心落后。

宝宝攀比其实是为了获得对自我的良好感觉，即自尊。伴随着自我意识的觉醒，宝宝开始积极收集关于"我"的信息，并从中体验着对"我"的感觉。他人是宝宝主要的信息来源，因此，宝宝对"我"的感觉主要取决于他人对"我"的看法。在宝宝上幼儿园后，同伴开始在宝宝的心中占据越来越重要的地位，因此，宝宝会越来越在意同伴对“我”的看法。肯定自我，获得良好的自我感觉，是个体的基本需求，因而宝宝会渴望表现自我，从他人尤其是同伴对“我”的认可中获得良好的自我感觉。宝宝的攀比正是一种在同伴面前表现自我的行为，通俗地说，具有向同伴“显摆”“炫耀”的特点。比如，宝宝攀比某样玩具，他们会想方设法展示给同伴看，让同伴知道，而不是在暗地里“悄无声息地珍藏”。当宝宝看到同伴的羡慕时，宝宝就觉得自己很了不起，满足了自己的自尊需要。

满足自尊需要的途径有多种，宝宝却选择攀比这种途径，这在很大程度上是源于周围环境的影响。首先，家庭是宝宝社会化的最初场所，家长的一言一行都可能成为宝宝模仿和学习的对象，宝宝的攀比行为可能是从家长身上习得的。比如，宝宝看到家长总在人前炫耀自己的名牌服饰或者羡慕别人穿金戴银，便会以为拥有昂贵的东西是值得炫耀的，是能够得到他人羡慕的，甚至觉得没有这些是会被别人瞧不起的，当宝宝试图塑造自己在他人眼中的好形象时，他们就会想到用昂贵的东西来表现自己。其次，进入幼儿园后，学校或班级便成为宝宝社会化的另一个重要场所，宝宝的攀比行为也可能是从同伴或老师身上习得的。比如，当宝宝看到某个宝宝因穿了件漂亮的衣服就受到老师的赞美时，宝宝便意识到一种可以得到老师肯定、同伴羡慕的方式。上文提到，同伴在宝宝心中的地位越来越重要，因此，在班级里，一旦有的宝宝开始攀比，其他宝宝就可能因为同伴压力也加入攀比的行列。

虽然攀比是宝宝获得自尊体验的途径，但宝宝并非总能如愿以偿。盲目攀比会破坏宝宝的心理平衡，甚至使宝宝走向自卑。习惯比吃穿、比住行，也会导致宝宝形成爱慕虚荣的性格。为了避免宝宝价值观的扭曲，帮助宝宝成为一个人格健全的个体，教育者应注意以下几点。

心视界

社会比较

宝宝的攀比，反映了宝宝进行社会比较的能力。所谓社会比较，是指通过与他人的比较来定义和评价自我。也就是说，幼儿阶段的宝宝除了通过寻求他人的肯定评价来满足自尊的需要，也开始能够主动将自己与他人比较，从自己优于他人的结果中获得自尊。但是，宝宝并非总能得到自己比他人优越的反馈，此外，从长远来看，社会比较并不一定有利于宝宝的发展。比如，有关学业成就的研究指出，与自己比、关注自身的进步更有利于个体在学业生活中取得成功。

● 端正自己的价值观，给宝宝树立良好的榜样，同时避免给宝宝传递“物质光荣”的思想。比如，家长不要用给宝宝买名牌的东西来奖励宝宝，老师不要因为宝宝穿得漂亮就赞扬宝宝。

● 当发现宝宝出现攀比吃穿之类的行为时，要及时纠正宝宝的错误，引导宝宝注意到更有价值的东西。比如，对宝宝说：“穿什么牌子的衣服不重要，穿得整洁才重要。”“有漂亮的衣服不值得羡慕，有本领才让人羡慕。”

● 多给予宝宝积极的评价，满足宝宝的自尊需要，且多肯定宝宝精神层面上的东西。比如，夸奖宝宝在学习过程中付出的努力，夸奖宝宝的助人行为等。

名言录

虚荣心很难说是一种恶行，然而一切恶行都围绕虚荣心而生，都不过是满足虚荣心的手段。

——法国哲学家柏格森

宝宝常常好心办坏事，为什么？

在幼儿园里，老师教宝宝要爱护花草，如要勤于给家里养的植物浇水。周末在家，冒冒想起了老师说的话，打算给家里的兰花浇水。结果，冒冒隔不久就去浇一次，一上午来来回回地给花浇了七次水。原本开得灿烂的兰花都快要被淹死了。

幼儿阶段的宝宝时不时会做出一些让人哭笑不得的事，如故事中的冒冒，想给花浇水，结果差点把花淹死。有的宝宝担心花受凉，可能还会用热水去浇花。他们总是十分热切地去帮爸爸妈妈的忙，只是往往越帮越忙。比如，央求着刷碗，结果把碗摔碎了；想要帮忙洗衣服，结果一下子倒了半袋子洗衣粉；看到桌子脏了，结果拿着洗脸毛巾去擦。总而言之，他们常常好心办坏事。

进入幼儿期，宝宝常表现出“好心”之举，这与宝宝强烈的自我意识有关。在 1 ～ 3 岁，宝宝已经逐渐意识到自己是个独立的个体，他们通过挣脱大人的力量，争取做自己力所能及的事情，如自己吃饭等，来表明自己的独立性。宝宝的自我意识在这一次次成功的自立体验中变得越来越强烈。到幼儿阶段，宝宝不仅觉得自己是个独立于大人的个体，还开始觉得自己是一个可以与大人“平起平坐”的个体。因此，他们不再满足于自立，不再满足于能够“自己的事情自己做”，而渴望证明“大人的事情我也可以做”。所以，他们会热切地试图去做大人日常所做的事情。比如，看到大人要扫地，就赶忙拿起扫把，说着“我来扫！”；看到大人在擦桌子，就主动上前帮忙，说着“我也会擦！”；等等。

宝宝好心办事，但他们对自己能力的估计终究太过乐观，对可能超出自己能力范围的事情也摩拳擦掌，结果常常办坏了事。有时，宝宝是因为知识经验的不足而使用了不恰当的做事方法。比如，宝宝不知道养花其实包含不少学问，可能只是以为花和人一样要多“喝”水，就不停地给花浇水，以为花也怕冷，就给花浇热水等。有时，宝宝即使知道成功做成某事的方法，也可能因为还不能很好地控制自己的动作或协调自己的行为而失误。尤其是在熟练控制动作的力度方面，幼儿阶段的宝宝还存在一定的困难，他们很容易用力过度。比如，想帮忙倒洗衣粉，结果一不小心就“刹不住手”倒多了。在行为协调方面，宝宝也常难以做到“瞻前顾后”，结果可能在拖地时，不顾身后，一不小心就把身后的东西撞倒了。

无论事情的结果如何，宝宝主动表达的“好心”里隐含着的是宝宝一颗可贵的责任心。根据心理学家埃里克森的观点，3～6岁的宝宝正经历着主动对内疚的心理危机，如果宝宝表现出的主动行为得到家长的支持，宝宝就会保持主动性，积极主动地承担责任。反之，挫败的经验会使宝宝形成内疚感，逐渐变得被动消极。面对“好心”的宝宝，家长可以参考如下几点建议。

- 当宝宝开始主动请求参与到大人日常所做的事务中来时，先不管宝宝是否有能力做好，都立即欣喜地夸赞宝宝，如对宝宝说：“你长大了，知道替大人分担事情了！我真开心！”

心视界

让宝宝帮忙做家务活

虽然宝宝有时“越帮越忙”，但是给予宝宝帮忙的机会仍很重要。美国育儿专家伊丽莎白·潘特丽认为，做家务活不仅可以帮助宝宝养成良好的生活习惯，还会让宝宝更自信。因此，她主张从小就鼓励宝宝做家务，让宝宝学做与其年龄段相适应的家务。比如，家长可以让9～24个月的宝宝帮忙把废弃物扔进垃圾箱；让2～3岁的宝宝帮家长拿取东西，整理自己的玩具；让3～4岁的宝宝饭后把碗盘放到厨房水池里，帮家长铺床；让4～5岁的宝宝学会准备餐桌，准备自己第二天要穿的衣服；让5～6岁的宝宝学着收拾房间。

● 大胆放手让宝宝自己做其力所能及的事，如允许宝宝自己叠衣服、把衣服放进衣柜，当宝宝完成时，及时表扬宝宝。

● 为宝宝提供必要的支持，协助宝宝尝试做其力所不能及的事。比如，给宝宝准备一个便于宝宝使用的小扫把，告诉宝宝扫地时应注意的事项，并耐心地给宝宝做示范。

● 当宝宝好心办坏了事时，尤其是当宝宝已经感到内疚时，不要责备宝宝。可以先温和地指出宝宝是好心办坏了事，再和宝宝一起分析错误是如何发生的，可采取什么弥补的办法等，以避免重蹈覆辙。

名言录

一个人若是没有热情，他将一事无成，而热情的基点正是责任心。

——俄国作家列夫·托尔斯泰

宝宝“出口成脏”，为什么？

4岁的妮妮正在和小朋友们玩，还有说有笑的。突然，一个小朋友抢走了妮妮的玩具，抢完后撒腿就跑，边跑边说：“来追我呀！”妮妮觉得很生气，竟破口大骂起来，说道：“你个肥猪，抢我的玩具，你不想活了！快还我玩具！……”

随着年龄增长，宝宝逐渐学会说话，开始能跟他人进行直接的言语交流。与此同时，宝宝也获得一些社会规则，学会说符合社会规则的话。宝宝的一句“你好”、一声“再见”、一个“请”字，总能叫大人会心一笑。不过，有时宝宝可能突然说出粗话、脏话，还有的宝宝甚至反复如此，稍不如意就冒出“狗屎”“打死你”等，甚至更难听的话，真是“出口成脏”。虽然童言无忌，但是长此以往，说不符合社会规则的粗话、脏话会阻碍宝宝的人际交往，不利于宝宝的社会化。那么，宝宝为什么会“出口成脏”呢？

宝宝的“出口成脏”主要是通过模仿而形成的。宝宝的模仿能力很强，模仿是宝宝最主要的学习方式，尤其在行为、言语和规范方面。年龄较小的宝宝还没有形成明确的是非观念，当听到身边的人说粗话、脏话，或者从电视、网络上听到这样的话时，他们便把说粗话、脏话当作一种新的语言表达或情绪表达方式来学习，开始有意模仿，甚至可能不分场合地说。宝宝也能发生无意模仿，在不经意间说出这些话来。

在宝宝模仿的过程中，强化也发挥了不小的作用。虽然起初宝宝对那些骂人的词语并没有“脏”或“不雅”的感觉，不觉得这些话与其他的话有什么性质上的不同，但是他们逐渐观察到，别人或自己说这些话能引起周围人比较强烈的或非常及时的反应，这可能使宝宝觉得这些话可以让自己迅速成为他人关注的焦点，具有得到他人即时反馈的功能。比如，有时候宝宝说了一句“走开”或“打死你”，家长立即哈哈大笑起来。一方面，这让宝宝误以为自己的行为得到了肯定；另一方面，为了再次逗乐家长，引起家长的积极注意，宝宝就会频繁地说这样的话。

可见，在不适宜的模仿和强化的综合作用下，宝宝变得“出口成脏”。而谈吐文明是宝宝在社会化过程中必须学会的事。为了避免或纠正宝宝的“出口成脏”，家长可以参考以下建议。

- 严于律己，以身作则，为宝宝树立文明说话的榜样。如果大人不小心说了粗话、脏话并引起了宝宝的注意，应该坦诚地跟宝宝检讨，如说：“刚才我太冲动了，说出了那句话，这是不对的，你不要学，今后我们谁都不说这种话了。”
- 不让宝宝观看用语不文明的电视节目或网络视频等，避免宝宝从电视、网络等媒体上学说脏话、粗话，为宝宝营造文明、礼貌的语言环境。

心视界

观察学习：榜样的作用

1965 年，班杜拉和他的助手将 3～6 岁的宝宝分成 3 组，进行了一个实验。在实验中，所有宝宝先观看一段大约 5 分钟的影片，影片内容是一个成人走到娃娃面前，叫娃娃扫地，但娃娃不理，于是成人开始用各种方式击打娃娃。接着，另一个成人出现：一组宝宝看到新来的成人奖给了刚才打娃娃的成人很多糖果和饮料，并夸他是个“强壮的冠军”；一组宝宝看到打娃娃的成人受到了责骂；还有一组宝宝看到的则是打娃娃的成人既没有得到奖励也没有受到惩罚。最后，宝宝被带到了有那个娃娃的房间。结果发现，与看到打娃娃的成人受到惩罚的宝宝相比，那些看到打娃娃的成人受到奖励或者既未受到奖励也未受到惩罚的宝宝更多地开始击打娃娃。宝宝看样学样的能力实在不容小觑。

● 如果宝宝突然说了脏话、粗话，首先注意不要反应过大，更不要给予积极反馈，然后冷静、严肃地告诉宝宝这些话不文明、不好听。在批评宝宝的时候，要注意用词文明，不要在批评中掺杂脏话、粗话。

● 可以通过讲故事、做游戏等形式教宝宝学用礼貌用语，并且在宝宝正确使用礼貌用语后，及时给予积极的反馈，如夸奖宝宝懂礼貌、奖励宝宝等。

名言录

礼貌是儿童和青年都应该特别小心地养成习惯的第一件大事。

——英国哲学家洛克

宝宝总是有过分的要求，为什么？

童童今年3岁，他总是向父母提出过分的要求。和父母出去逛街，童童只要看到想要的玩具就必须买，否则，他就满地打滚。上周末，爸爸因为临时加班，所以不能回来带童童去游乐园玩，尽管爸爸抱歉地说下周再去，童童还是在电话这头“疯狂”地喊叫，“命令”爸爸马上回来。

很多3岁左右的宝宝总是对家长提出五花八门的要求，其中不乏一些比较过分的要求。童童是那些总有过分要求的宝宝的一个缩影。他们总是固执己见地“要这要那”。比如，只要看中了什么玩具或零食，就要求家长立刻买下来，家长不能嫌贵、嫌多等；只要自己想玩，就要求家长陪或看自己玩，家长不能说忙或叫累。如果家长没有“乖乖顺从”，这些宝宝就撒泼打滚，使出浑身解数。这是为什么呢？

首先，宝宝总是提要求，与宝宝自我意识的发展密切相关。随着自我意识的发展，宝宝觉得自己是个独立自主、积极主动的人，具有操控周围环境的能力，宝宝也乐于实践这种能力。例如，宝宝主动要求父母买遥控汽车，这可以让宝宝体验到“主人翁”的感觉；

而当父母立刻满足宝宝的要求，或宝宝通过号啕大哭、满地打滚等，最终使得父母“不出所料”地妥协时，宝宝就成功地实现了一次对家长行为的操控，证明了自己操控周围环境的能力。此外，自我意识的发展也促进了宝宝占有欲的产生。宝宝“要这要那”也是宝宝满足自己的占有欲的方式。通过不断的占有，宝宝更强烈地体验着自我的存在。

其次，宝宝总是提过分的要求，与宝宝认知能力不足、思维常表现出自我中心的特点有关。宝宝倾向于从自己的角度看待周围的世界，常常将自我的看法强加于他人，很难站在他人的立场思考问题。所以，在成人看来“过分的”“难以理解的”要求，在宝宝眼里可能是“合情合理的”“理所应当的”。比如，对于买玩具这件事，宝宝可能还没有贵与不贵的概念，即使有了这种概念，他们也只能考虑到玩具给自己带来的愉悦，考虑不到玩具价格给家长造成的压力等。宝宝并不认为买自己喜爱的玩具有什么过分之处。平日里家长对宝宝的溺爱会加剧宝宝的自我中心，因为百依百顺、毫无冲突的生活会削弱宝宝思考他人想法的动机。如果宝宝习惯了这种生活状态，当家长突然“打破常规”时，宝宝就难以适应。

最后，宝宝总是提过分的要求也与宝宝不成熟的自我控制能力有关。自我控制能力的转折年龄是在4～5岁，虽然5～6岁的宝宝具有一定的自我控制能力，但是总体来说，宝宝自我控制能力的水平还较低，难以理性地控制自己的欲望。因此，纵使宝宝意识到了自己的要求是过分的，他们也常常弃理性于不顾，蛮不讲理地坚持过分的要求。

自我意识的增强是宝宝“要这要那”的核心力量，因而宝宝的“要这要那”其实具有积极的成长意义。只是，自我中心及自我控制能力不足使得宝宝的“要这要那”有时显得“不近人情”。而如果宝宝总是那般不讲道理，就会阻碍宝宝情绪调节能力及社会交往能力的发展，不利于宝宝良好的社会化。那么，家长应该怎么做呢？

心视界

宝宝能理解他人的信念吗？

研究者经常采用意外地点任务来考察儿童是否能够理解他人的信念可能与自己的信念不同，并依据他人而不是自己的信念预测他人的行为。例如，研究者先给宝宝讲一个故事：马克西把巧克力放到厨房的蓝色橱柜后就去外面玩了，当马克西不在的时候，妈妈把巧克力从蓝色橱柜转移到了绿色橱柜里，一会儿，马克西回来了，他想吃巧克力。研究者问宝宝：“马克西会到哪里找巧克力呢？”很多研究发现：3岁的宝宝会回答“绿色橱柜”，表现出自我中心的特点；4岁的宝宝才开始能依据马克西的信念，正确回答“蓝色橱柜”。当然，不管是对宝宝还是成人，拥有理解他人想法的能力是一回事，是否使用这种能力或真正顾及他人的想法又是另外一回事。

● 帮助宝宝学会区分合理的要求和过分的要求。比如，平常利用假想的故事情境或绘本等，和宝宝一起讨论哪些要求是合理的，哪些要求是过分的。

● 当宝宝提出要求时，了解宝宝提出该要求的动机，然后可以让宝宝自己判断其要求是否合理。对宝宝合理的要求，予以满足；对宝宝过分的要求，坚守原则，坚定地拒绝，并告诉宝宝拒绝的理由。

● 当宝宝因过分的要求被拒绝而大吵大闹时，可以采取转移宝宝注意力或冷处理的策略。冷处理即在宝宝情绪过于激动时，不理睬宝宝，等宝宝冷静下来之后再给宝宝讲道理。

名言录

人不能像地球一样，把自己的利益定作绕以旋转的轴心。

——英国作家、哲学家弗朗西斯·培根

宝宝一上幼儿园就生病，为什么？

4岁的琪琪体质一向很好，从出生到上幼儿园之前，除了打疫苗很少挨其他的针，偶尔有点小感冒，多喝点热水很快就能恢复。可是，自上幼儿园以来的这半个学期，琪琪已经感冒好几次了，每次感冒的时间都挺长，有时候感冒刚好，没过几天却又闹肚子了。

琪琪的情况并不罕见。有些宝宝在家的时候身体很棒，活蹦乱跳的，可是上幼儿园没几天，他们可能就“病状连连”，感冒发烧、咳嗽不止，或肠胃不适、拉肚子等。他们生起病来，喝药、打针有时也不是那么容易使其恢复。不过，也有的宝宝一请假在家，或者知道幼儿园要放假时，病情就会有所好转，甚至身体突然康复了。

一般而言，宝宝一上幼儿园就生病，是源于宝宝免疫系统功能的失调。首先，宝宝的免疫系统还未发育成熟，在人员比较密集的幼儿园里，宝宝容易接触各种病毒、细

菌，也容易受到交叉感染；在幼儿园里，宝宝不可能得到老师无时无刻、无微不至的照顾，如宝宝在玩耍出汗后没及时处理，就容易感冒等。其次，从家庭到幼儿园，环境的转换多多少少会给宝宝带来一定的压力，尤其是对刚入园的宝宝来说。比如，很多宝宝在与爸爸妈妈等亲密对象分离时，内心便会产生一定程度的焦虑，表现出紧张、烦躁不安的情绪；宝宝在幼儿园这个大集体生活的环境里，肯定不能像在家里那般随意，内心需要不能随时得到满足，时常面临着“自给自足”等要求或挑战。这些问题都可能是宝宝所面对的压力情境或应激源。当宝宝处于应激状态时，宝宝的身体会在第一时间调动资源来应对周围环境的压力，适应环境，但是，宝宝的应激系统在忙着应对眼前的环境压力时，常常丢了“后方阵地”，宝宝对病毒、细菌等的抵抗力和免疫力降低，使得病毒等“乘虚而入”。

除此之外，宝宝一上幼儿园就生病，也可能是宝宝自我防御机制的使用。精神分析学家弗洛伊德指出，每个人在内心遇到冲突、焦虑时，自我会无意识地运用一些应对方式，即自我防御机制，来保护自我免受痛苦折磨。转换属于自我防御机制的一种，即把内心冲突转换为躯体性症状。有的宝宝可能一方面由于分离焦虑或其他在宝宝看来重大的事件等，非常不想上幼儿园，另一方面宝宝也知道自己应该上幼儿园，由此产生了内心冲突。当宝宝无法采用其他的方式解决时，就可能无意识地使用转换这个自我防御机制。因为日常经验告诉宝宝，只要宝宝生病了，就能“理直气壮”地不去幼儿园了，这种应对方式一旦成功，它就容易反复出现，表现为宝宝反复生病。而当宝宝满足了自己不上幼儿园的欲望，内心冲突得以缓解时，宝宝的躯体性症状可能就会有所缓解。

心视界

自我防御机制

弗洛伊德的人格理论认为人格包括本我、超我与自我：本我代表着原始本能、冲动，超我代表着至善理想、良心，而自我处于本我与超我之间，代表着理智、常识。自我的任务是协调本我、超我及外界现实之间的关系，以达到心理的平衡。自我协调不了时，就会感到焦虑，为了缓解或消除这种痛苦，自我会无意识地使用一些防御机制来保护自己。比如，“吃不到葡萄就说葡萄酸”是合理化这种防御机制的表现，“将怒气迁怒于无辜的他人”是替代这种防御机制的表现。自我防御机制具有自我保护的功能，它是一种正常反应，但是如果过度地使用，个体就会形成心理疾病，如过分使用压抑容易发展成健忘症。

宝宝总生病，势必会影响宝宝正常的生活与学习，尽管生病有可能会满足宝宝的一些心理需要，如得到亲密对象的陪伴或躲避其他重大压力等，但是这种自我保护的方式毕竟不是一种适应性的方式，不利于宝宝身心的健康成长。为了避免宝宝一上幼儿园就生病，家长可以参考如下建议。

- 保证宝宝身体发育所需的营养，多带宝宝进行体育锻炼，以增强宝宝免疫系统的功能。
- 准备一些可以给宝宝安慰的手帕、小枕头等物品替代大人的陪伴，以减轻宝宝的分离焦虑。
- 培养宝宝良好的行为习惯。比如，平常尤其是快入园时，尽量严格按照幼儿园的作息时间，让宝宝按时吃饭、睡觉等，并锻炼宝宝如厕、洗手、吃饭等日常生活的自理能力。
- 当宝宝生病时，及时带宝宝去医院治疗，不要由着宝宝的性子在家休息，也不要因为宝宝生病就满足宝宝的过分要求。同时，还可跟宝宝分析生病的坏处，如说“生病了真可惜，不能吃美味的糖果了”等。
- 关心宝宝的幼儿园生活，经常与宝宝及幼儿园老师沟通，了解宝宝内心的想法和体验。当宝宝感觉遇到了困扰时，不要怀着不屑一顾的态度忽视或责怪宝宝，应引导宝宝勇敢地面对问题。

名言录

家庭是父亲的王国，母亲的世界，儿童的乐园。

——美国思想家爱默生

宝宝不希望有个小弟弟或小妹妹，为什么？

莎莎上大班了。从前的她乖巧活泼，天天在家里有说有笑。可自从妈妈告诉她，不久家里就会迎来个小弟弟或小妹妹后，她渐渐地不像从前那样爱笑了，常常愁眉苦脸，有时候还“可怜巴巴”地对妈妈说：“妈妈，我乖，你别要小弟弟或小妹妹，好不好？”

当家长问宝宝给他们生个小弟弟或小妹妹好不好时，有的宝宝非常开心地点头说好，也有的宝宝赶忙使劲摇头，大声说着不好、不要，甚至哭闹起来，之后可能还总是“提心吊胆”。如果知道自己真的会有个小弟弟或小妹妹，有些宝宝的消极反应还会更加强烈。他们可能一改往日的活泼，变得闷闷不乐，或动不动就发脾气，有的还可能出现食欲不振、尿床等躯体反应。

有的宝宝不希望有个小弟弟或小妹妹，其主要原因有如下三个。

第一，宝宝害怕失去父母的爱。宝宝的这种害怕源于他们对父母的爱没有把握，担心父母在生了小弟弟或小妹妹后就不会继续爱自己了，他们感受到失去父母的爱的威胁，而这反映了宝宝没有足够的安全感。一方面，宝宝安全感的缺乏与宝宝没有与父母建立安全型依恋关系有关。比如，平常父母对宝宝发出的信号时而敏感时而迟钝，对宝宝的态度时而温暖时而冷漠，表现得变化无常，在不确定的爱中，只要宝宝对父母的爱还存有渴望，宝宝便会一直处于恐惧之中，小弟弟或小妹妹的降临会很容易被这些宝宝视作彻底失去父母的爱的信号。另一方面，宝宝安全感的缺乏也有可能与宝宝受到了他人直接的威胁或警告有关。比如，在宝宝惹父母生气的时候，父母威胁宝宝，“你不听话，我不喜欢你了，我再生个宝宝，我爱他去”；有些大人为了逗宝宝，爱开玩笑地对宝宝说，“你爸爸妈妈要生小宝宝了，他们不爱你了哦”。在听到这些话时，大多数宝宝，尤其是非常敏感的宝宝会信以为真。

第二，有些宝宝即使知道父母在生了小弟弟或小妹妹后还会爱自己，也不希望有个小弟弟或小妹妹，他们不愿意与小弟弟或小妹妹共享父母的爱。这可能源于宝宝觉得父母只能爱他一个人的排他的想法，或者父母必须爱他多一些的嫉妒的想法，而排他也好，嫉妒也罢，它们都反映了宝宝过于自我的性格特点。父母对宝宝的溺爱会造成宝宝过于自我。在溺爱中，宝宝习惯了别人总是围着自己转，如果家里再有个小宝宝，父母肯定不能总是关注自己、以自己为中心了，宝宝当然就不乐意。被溺爱的宝宝也习惯了父母对自己百依百顺、言听计从，所以当他们发现父母不顾自己之前的反对而生小宝宝时，他们更会大发雷霆。

第三，有的宝宝纵使之前希望有个小弟弟或小妹妹，后来也可能因为不适应正在或即将发生的家庭环境的变化，而不再希望有个小弟弟或小妹妹。比如，妈妈怀孕后，就不能随心所欲地陪宝宝做游戏、带宝宝出去郊游等，宝宝可能因此失去了很多往日习惯了的与妈妈一起尽情玩乐的机会。在迎接家庭新成员来临的日子里，有的父母还表现出了过分紧张、忧虑的情绪，父母的不良情绪一方面会影响父母对宝宝的养育行为，另一

心视界

同胞竞争

同胞竞争也称为同胞排斥，表现为兄弟姐妹之间的嫉妒和争斗。它通常在家中年幼的婴儿出生后开始出现，持续整个儿童期。心理学研究指出，父母可以采用一些方法和策略，减少孩子之间的冲突，或引导孩子以一种积极方式处理同胞冲突。譬如，一视同仁地对待所有孩子，不厚此薄彼，让孩子感到他们得到了父母同等的关注和教导；不拿孩子做比较，接受孩子本来的样子并爱他们；经常创设家庭集体活动的时光，让孩子有机会合作而不是竞争；教给孩子恰当的吸引父母或兄弟姐妹注意的方法等。

方面会感染宝宝。譬如，父母会担心如何养育另一个小宝宝，宝宝也会担心如何面对自己的小弟弟或小妹妹。在一系列需要宝宝适应的环境变化中，宝宝可能觉得无所适从、惶惶不安，进而“怪罪”即将到来的小弟弟或小妹妹。

如果宝宝总是为了有个小弟弟或小妹妹这件事害怕、担心、不安，就会影响宝宝良好情绪的发展和社会适应，也不利于宝宝与父母之间亲密情感的维系，阻碍宝宝身心的健康成长。为此，父母可以注意以下几点。

- 坚持敏感地觉察宝宝的行为和心理需求，及时做出温暖的回应，并不吝惜自己爱的言语表达，经常对宝宝说“我爱你”等。
- 不要用“你不听话，我再生个小宝宝”之类的话吓唬宝宝，当宝宝把其他人开玩笑说的“爸爸妈妈有了小宝宝就不会再爱你”之类的话当真时，也应及时温柔地告诉宝宝其他人是在开玩笑，让宝宝相信，父母会一直爱宝宝。
- 不要溺爱宝宝，避免宝宝习惯于以自我为中心。经常与宝宝谈论自己及他人的所思所想，让宝宝学会关心、体谅别人。
- 如果打算或已孕育小宝宝，应与宝宝共同形成良好的心理预期，如对宝宝说，“有了弟弟妹妹，你就有小玩伴了，你可以像个大人一样照顾他”。同时应注意维持平常与宝宝的良好互动，如改变亲子游戏的形式，但不剥夺亲子游戏的机会。

名言录

儿童幼小的心灵是非常细嫩的器官。冷酷的开端会把他们的心灵扭曲成奇形怪状。一颗受了伤害的儿童的心会萎缩成这样：一辈子都像核桃一样坚硬，一样布满深沟。

——美国作家卡森·麦卡勒斯

宝宝喜欢玩沙，为什么？

3岁的萱萱每次出去玩的时候，只要遇到沙滩、沙堆，就走不动道、迈不开步了，总要在沙上踩来踩去，大把大把地抓沙子玩，还会模仿着大孩子用小铲子往桶里装沙子，装满了倒出来，接着再装。即便弄得满身泥沙，她也全然不在乎，开心得不得了。

像萱萱这样对沙子有着“狂热”爱好的宝宝不在少数，沙子对他们似乎有着神奇的魔力。有的宝宝可以一整天都坐在沙地上玩，一点儿也不觉得厌倦。他们有时反反复复地抓沙子玩，有时用沙子把自己的脚和腿埋起来，有时将沙子从一个地方运到另一个地方，或者挖沙坑、堆沙丘、建“城堡”等。宝宝为什么这么喜欢玩沙呢？

首先，玩沙满足了宝宝寻求感觉刺激的心理需要。宝宝最初是通过感觉和动作认识这个世界的，他们有寻求感觉刺激的需要，而沙子是一种可以给宝宝提供不同感觉经验的材料。比如，沙子质地柔软，抓起来会很舒服；沙子没有固定的形状，稍稍用力抓，沙子还会从指缝间一点点地漏下来；在一天的不同时刻，沙子会有不同的温度。这些都吸引着宝宝去体验沙子所带来的丰富而又奇妙的感觉。

其次，玩沙满足了宝宝掌控的心理需要。随着宝宝动作技能尤其是手部精细动作的发展，宝宝越发体会到自己作为“主人翁”的感觉，也乐于去实践这种掌控的能力。沙子具有很好的可塑性：宝宝轻轻用手指戳一下沙子，沙子就会形成一个小坑；宝宝轻轻踩一下沙子，沙子上面就会留下宝宝的脚印。这种非常及时的反馈，有效地增强了宝宝的控制体验，让宝宝感到非常愉悦。

最后，对幼儿阶段的宝宝来说，玩沙还给他们提供了一个充分发挥自己的创造性和想象力的机会。年龄较小的宝宝在玩沙时，主要表现为抓或搬运；随着宝宝创造性和想象力的迅速发展，幼儿阶段的宝宝操作沙子的形式会变得复杂些，多表现为把沙子当作一种建筑材料，想要用沙子造出个什么东西来。沙子这种独特的自然材料，允许宝宝自由自在地创造，去堆砌成宝宝任何想到的造型，如山、塔、城堡等。

宝宝在玩沙中获得了丰富的感觉体验，收获了对外界事物的控制感，也验证和锻炼着自身的动手操作及想象的能力，玩沙有利于宝宝创造性的发展。为了充分发挥玩沙对宝宝成长的重大价值，家长可以参考如下几点建议。

- 充分认识玩沙的价值，不以“脏”“麻烦”等为由剥夺宝宝玩沙的机会。可经常带宝宝去沙滩或游乐场玩沙，在宝宝游戏结束后再及时清洗宝宝的双手。
- 给宝宝自由，让宝宝随心所欲、自然地游戏。在宝宝玩沙时，不要给予夸奖或者批评的评价，因为夸奖也很可能是对宝宝自由创造的一种干扰。
- 在宝宝玩沙后引导宝宝表达自己。比如，问宝宝怎么想到要建造出那个东西等，请宝宝分享玩沙的想法与体验，借此增进对宝宝内心世界的了解。

心视界

结构游戏

结构游戏，也被研究者称为建筑性游戏。它与 1～2 岁宝宝简单的抓、丢等并无明确目的的机能游戏有很大的区别，因为结构游戏是有明确目的的，即构造出某东西，它属于一种创造性游戏。结构游戏的材料多种多样，既包括沙、石、土等自然的结构材料，又包括积木、拼接花片等专门的结构材料，还包括瓶子、挂历等废旧物品或半成品的结构材料等。有研究表明，结构游戏有利于发展宝宝敏锐的观察力、独立思考的能力及创新能力。

● 鼓励宝宝和其他宝宝一起玩沙，增加宝宝的同伴交往经验。与同伴共同建造某个东西的过程也有利于宝宝学会合作等。

名言录

儿童对活动的需要几乎比食物的需要更为强烈。

——意大利幼儿教育学家蒙台梭利

宝宝喜欢抱着布娃娃睡觉，为什么？

叮铛是个小女孩，刚上幼儿园小班。她在家睡觉时，总是喜欢抱着她的小熊娃娃。有一次，妈妈没有事先问叮铛就把小熊娃娃洗了，到晚上时，小熊娃娃还没干。结果叮铛大哭了起来，妈妈在旁边安慰了好久，她才肯躺在床上，最后哭着睡着了。白天上幼儿园，叮铛也要带着小熊娃娃；否则，中午她也不肯睡觉。

叮铛这样的睡觉习惯在不少宝宝身上有不同程度的体现。有的宝宝搂着自己喜爱的布娃娃或毛绒玩偶，有的宝宝抱着自己天天用的小毯子或小枕头，有的宝宝总是要抓着一个柔软的小球等。宝宝通常会认定自己搂抱或抓握的物体。比如，即使把宝宝喜欢搂抱的布娃娃换成一个外表一模一样的、新的布娃娃，宝宝也会不乐意。有些宝宝不仅仅是在睡觉时要抱着某个东西，而且几乎是成天都要带着它，若有片刻分离，就会显得很焦躁。

宝宝的上述表现叫作恋物。当宝宝恋物时，就像依恋某个特定的成人一样，宝宝抱着或抓着依恋的物品，其目的是寻求安全感。为什么布娃娃、小毯子等物品能给宝宝安全感呢？这是因为布娃娃、小毯子等具有柔软、保温的特性，它们会给宝宝带来温暖舒适的触觉体验，而肌肤接触对于宝宝而言，可以说是一种比喂养等生理需要更为强烈的基本需求，这种基本需求的满足能让宝宝获得心理上的安全体验。心理学家哈洛及其同事的研究发现，实验室里由奶瓶喂养的幼猴即使营养均衡，但若笼子底部没有柔软的棉垫，它也发育得很差；如果在幼猴出生后就把它放在两个金属制成的“代理母猴”面前，其中一个为绑着奶瓶的“金属母猴”，一个为裹着绒布的“布母猴”，那么幼猴只是在饿了的时候才会爬到“金属母猴”的身上，当幼猴受到惊吓时，它更是直接奔向“布母猴”，紧紧抱着“布母猴”，从柔软的“布母猴”那里得到抚慰。

宝宝抱着布娃娃等是为了满足自己的安全感，那么宝宝为什么会缺乏安全感？为什么选择从“物”中寻求安全感的满足呢？

首先，早期抚养者没有与宝宝形成良好的互动会导致宝宝没有安全感。心理学家埃里克森指出，生命的第一年是宝宝发展信任感的重要阶段。在此过程中，敏感的照料及舒适的生理感觉起着关键作用。如果抚养者能及时、准确地满足宝宝的需求，经常拥抱、抚摸宝宝，宝宝就会觉得周围世界是友好的、安全的，形成信任感，也会与抚养者建立亲密的依恋关系；否则，宝宝就会怀疑周围的世界，觉得周围世界是不安全的，也不会与抚养者建立亲密的依恋关系。若宝宝无法恋上“人”，而柔软的东西给了宝宝持续的温暖体验，寻求安全感的满足的本能便驱使着宝宝恋上了“物”。这种由早期消极互动经验导致的恋物行为的持续时间一般比较久，程度也比较深。

其次，对生活环境的不适应会对宝宝的安全感造成威胁。比如，当宝宝与抚养者建立了亲密的依恋关系后，却不得不经常经历与抚养者的分离；2 岁之后的宝宝开始害怕黑暗，却可能正面临着与家长分床睡的挑战；宝宝刚进入幼儿园，必须应对陌生的环境；等等。当安全感受到威胁时，宝宝会本能地寻找满足安全感的方式，尤其是对先天气质

心视界

触摸促进早产儿发展

触摸动物幼崽的皮肤可以促进幼崽的身体发育，因为触摸会使它们的大脑释放出有助于身体发育的化学物质。触摸同样可以促进早产儿的发育。有研究发现，那些在医院里每天都接受按摩治疗的早产儿比没有接受按摩治疗的早产儿的体重增加得更快。除了按摩，一种增加早产儿与父母的肌肤接触的“袋鼠看护法”也常用于早产儿的干预。这种方法让父母把只穿着尿裤的早产儿竖直地抱在自己的胸前，使得宝宝直接接触父母的皮肤，每天持续 2 ～ 3 小时。袋鼠看护法有助于稳定早产儿的心率、体温和呼吸，可以促进早产儿体重的增加，也有利于促进父母与早产儿的良好互动。追踪研究表明，接受了袋鼠看护法的早产儿在 1 岁时的动作发展较好，情绪状态也较好。

过于敏感、倾向于回避环境变化的宝宝来说更是如此。而在很多时候，家长并不能陪在宝宝的身边，于是宝宝用熟悉的、柔软的物品所带来的温暖感觉代替家长触摸所给予的温暖体验，寻求安全感的替代满足。宝宝的这种恋物一般只是暂时的，是宝宝从依赖走向独立的过渡。而在宝宝成长的过程中，家庭暴力、家长持续的争吵等事件会严重地威胁宝宝的安全感，使宝宝表现出较严重的恋物行为。

宝宝恋物，因为“物”能给宝宝带来安全感。适度的恋物可以帮助宝宝从容地应对生活中的问题，走向独立，走向成长。但若宝宝的恋物行为达到了片刻不得分离的程度，这其实是宝宝适应不良的表现，也会影响宝宝的正常生活或人际交往。面对恋物的宝宝，家长可以参考如下几点建议。

- 接纳宝宝的恋物行为。不批评或嘲笑宝宝，不要随意丢弃或试图强行更换宝宝习惯搂抱的物体。即使要清洗，最好也事先和宝宝打声招呼。
- 做个温情的家长。比如，经常深情地拥抱宝宝、抚摸宝宝的脸颊、牵着宝宝的小手、亲吻宝宝等，增加亲子间亲密的肌肤接触的机会。同时，要多用语言直接表达对宝宝的爱。
- 做个敏感的家长。敏锐地体察到宝宝可能正在面临的问题：若是宝宝成长必须面临的挑战，如自己睡、上幼儿园，则可抚慰、鼓励宝宝，帮助宝宝成功地过渡；若是不良的家庭环境给予宝宝的压力，则应及时负责任地改变环境、解决问题。

名言录

儿童的心灵是敏感的，它是为着接受一切好的东西而敞开的。

——苏联教育家苏霍姆林斯基

宝宝常常“破坏”东西，为什么？

4岁的小哲和他的好朋友小杰又在折腾玩具了。小哲把一个玩具小汽车使劲扔到地上，然后兴奋地喊着：“看！第一个被摔坏的是轮子！”小杰接着捡起小汽车，也使劲扔了一下，欢呼道：“第二个被摔坏的是车门！”他俩就这样摔来摔去，将小汽车弄得面目全非，但他们每次都很开心，跟发现了新大陆似的。

不少幼儿阶段的宝宝常常表现出“破坏”东西的行为。譬如，刚买的玩具，不一会儿就被他们摔、扯或拆得四分五裂；家里抽屉或柜子上的把手也常在他们不断地拧、拉之下而七零八落；如果可以，有的宝宝甚至恨不得把电视大卸八块；等等。这样看来，他们可真是不得不防的“破坏大王”啊。不过，他们在“破坏”东西的时候，看上去还一副若有所思的样子。

事实上，宝宝常常“破坏”东西，是宝宝的一种探索行为的体现，他们真的是在边“破坏”边思考。而这种探索行为主要源于宝宝强烈的好奇心。宝宝的好奇心与生俱来，他们最初会通过咬、拍、抓等探索周围物体的外在特性，如是软是硬、会发出什么声音等，但到了幼儿阶段，随着宝宝思维的发展，宝宝对事物的好奇心逐渐可以从表面深入到事物的内在。比如，宝宝之前认识到洋娃娃很软，现在宝宝会很想知道究竟是什么使得洋娃娃这样柔软；宝宝之前认识到闹钟会发出丁零零的声音，现在宝宝会很想知道究竟是什么使得闹钟发出这样的声音。而在寻求答案的过程中，一方面，得益于语言表达能力的增强，宝宝可以向大人询问“为什么”之类的问题，如“为什么洋娃娃很软？”“为什么闹钟会发出声音？”。另一方面，随着手部动作的发展，尤其是手指灵活性的增强，宝宝除了问，也爱通过自己的动手操纵来寻求答案。所以，宝宝可能去抠或拉扯洋娃娃的胳膊、腿，试图去打开闹钟的后盖等，看看里面究竟有什么。开篇故事中的小哲和小杰似乎探讨着更独特的问题，即小汽车零件脱落的先后顺序。宝宝可能还会好奇物体扔到水中会发生什么事情，因此，他们不断地将自己的各种玩具扔到水中，或痴迷于砂糖溶解在水中的过程等。

可见，在宝宝眼里，他们不是在搞破坏，而是在通过自己的行为探索外部世界的构造或组织、事物之间的相互联系等。只是由于动作控制能力的不成熟或知识经验的不足等，宝宝这种探索行为常常造成物品被破坏的结果。但不管怎样，这种“破坏”对宝宝而言具有重要意义。它既能满足宝宝的探索欲，又能促进宝宝分析与综合等思维能力的发展，还给了宝宝一个检验自己力量的机会，让宝宝获得成就感。

家长该如何面对宝宝爱“破坏”的行为呢？以下建议可供参考。

- 接纳宝宝的探索欲，当宝宝破坏了东西时，不要严厉责骂或惩罚宝宝，不要以“捣蛋鬼”“破坏大王”等词汇形容宝宝，以免伤害宝宝的好奇心。
- 可以多给宝宝准备一些拼接或组装玩具，让宝宝自由拆卸，同时，让宝宝学会在拆卸时记得如何重新组装。
- 家里没用的闹钟等可以利用起来，作为宝宝操纵的对象，如主动问宝宝想不想知道闹钟里面有什么，然后打开或指导宝宝打开来看。

心视界

好奇心与学习

宝宝的探索学习主要源于宝宝的内在动机，即好奇心。事实上，好奇心不仅诱发学习活动的产生，还能提高学习的效果。比如，美国加利福尼亚大学戴维斯分校神经科学研究中心开展了一项研究，探讨了好奇心如何影响记忆。结果发现：不管是让参与记忆实验的个体在学习相关材料后立即完成记忆测验，还是让他们在一天之后再完成记忆测验，他们对自己感兴趣的材料的记忆效果都要更好些；更有意思的是，他们对那些在高好奇状态下偶然学习到的信息的记忆效果也较好，而之所以好奇心会促进学习，可能是因为个体在好奇状态时，与奖赏有关的脑区被激活了。

● 不要让宝宝玩过于昂贵的东西。这样即使他们损坏了这些东西，也不会造成太大的损失。

● 和宝宝商定一些限制条件。比如，新买来的玩具要玩够一段时间才可以拿去“大卸八块”；在动手之前询问一下家长的意见，避免发生安全问题等。

名言录

童年原是一生最美妙的阶段，那时的孩子是一朵花，也是一颗果子，是一片朦朦胧胧的聪明，一种永远不息的活动，一股强烈的欲望。

——法国作家巴尔扎克

宝宝喜欢帮大人做家务，为什么？

小米今年5岁，已经上幼儿园中班了。虽然她年纪尚小，却很喜欢帮着爸爸妈妈做点家务。比如，妈妈做饭时，她会帮着妈妈拿鸡蛋、剥葱；玩完了玩具，她自己会把玩具整理好，放回玩具箱里；有时候小米还会像爸爸妈妈那样，把家人的拖鞋排放整齐。爸爸妈妈夸奖小米很能干，是家人的小帮手，小米很开心、自豪。

像小米这样喜欢参与家务劳动的宝宝很多。有的年龄稍长的宝宝还会在家长的陪同下，下楼拿牛奶、扔垃圾、洗菜，甚至整理自己的小房间。当然也有不少宝宝所做的事情并不是真正意义上的家务，而是一种象征性的家务。譬如，看见爸爸妈妈做饭、洗菜，也会积极地参与，模仿爸爸妈妈的行为；看见爸爸妈妈打扫卫生，也会拿块抹布这儿擦擦，那儿抹抹。

家务是一个宽泛而模糊的概念，一切跟家的运行有关的、包含在家庭内部（有时在外部）的劳动，都可以说是家务，如拖地擦灰、收拾房间、摘菜洗菜、淘米做饭、购物、洗衣服、照看小孩、拿牛奶、拿报纸、倒垃圾等。宝宝为什么喜欢帮着大人做家务呢？

首先，儿童心理发展研究发现，这与宝宝通过探索环境，实践或重新建构自己先前已经掌握的各种能力有关。随着年龄的增长，宝宝的奔跑跳跃能力、手眼协调水平和对小肌肉的控制能力都在迅速提高，这使得他们可以用身体或手做更为复杂的动作。宝宝会希望通过摆弄和操控物体来完善这些动作技能，从而接触到自身感兴趣的事物或者实现他们头脑中的某些想法。在做家务时，宝宝可以摆弄各种材料和物体，练习或组合已经掌握的各种手眼协调和小肌肉动作，进而发现更有效地探索环境的手段。

其次，这与宝宝高自尊或积极自我评价的发展有关。婴幼儿在与父母、老师、同伴和外界环境的互动中，不仅对自己越来越了解，而且开始对他们认为自己所具有的品质加以评价。这些对自我的评价又被称为自尊。研究表明，在四五岁时，宝宝就已经建立起早期有意义的自尊感了。帮助爸爸妈妈做家务，体现了宝宝在各个方面都希望有良好表现并讨人喜欢的愿望，其目的是发展高自尊，形成积极的自我评价。因此，父母是否能体察宝宝的愿望，是否对宝宝参与家务劳动予以肯定，都影响着宝宝高自尊的形成和发展，而高自尊或者说积极自我评价可以预测未来生活的品质。

最后，喜欢帮大人做家务还与宝宝掌控动机的发展有关。心理学家指出，从婴儿开始，人类就本能地想要控制自身所在的环境，从而有效影响和应对周围的人和物。这就是儿童的掌控动机，其体现在宝宝玩玩具、试图打开电视及做家务等各种活动中。掌控动机与儿童未来是否愿意通过自己的努力克服困难，实现重要的目标，即成就动机关联密切。宝宝喜欢做家务，无论是真正意义上的家务还是象征性的家务，既体现了其对掌控的享受，又体现了其对爸爸妈妈赞许的寻求。而父母的评价是宝宝学会客观评价自己的前提。

我们已了解了宝宝喜欢帮助大人做家务的三个主要原因，那么，家长在面对宝宝做家务的行为时要注意什么问题呢？以下建议可供家长参考。

心视界

共同养育

共同养育是教养风格研究领域新近出现的一个概念，指父母作为一个小组共同进行养育的方式。共同养育包括合作、敌意和不平衡三种类型：合作型指父母非常合作，以孩子为中心，家庭和谐度很高；敌意型表现为父母的养育行为是敌对性的，他们展开竞争试图获得孩子更多的关注和忠诚；不平衡型表现为父母在孩子身上倾注的时间和精力不同，父母一方会限制或控制另一方在教养活动中的参与程度。研究表明，在宝宝出生第一年里父母的敌对和竞争会增强宝宝的攻击性行为，父母的不一致和分歧会造成宝宝焦虑，而合作型的养育模式可以促进宝宝社会性–情绪的发展。

● 正视宝宝喜欢做家务的行为，针对宝宝的能力，选择并鼓励其从事力所能及的家务劳动。由于能力的限制，并非任何事情宝宝都能帮上忙。家长鼓励宝宝做力所能及的事情，既能保护其做家务的兴趣和积极性，又能使宝宝获得胜任感和自信。

● 敏感体察并创造机会满足宝宝在各个方面都希望有良好表现并讨人喜欢的愿望。家长既可以创造条件让宝宝在各种适当的家务劳动中获得成功体验，又可以小心充当宝宝家务劳动的小帮手，使宝宝尽可能独立完成一些家务，甚至完成一些没有父母帮助就无法完成的任务。

● 允许宝宝在帮大人做家务时采取自己的方式，保持自己的节奏。家长不必担心宝宝把自己做家务的节奏和安排搞乱了，更不要嫌他们添乱。尊重宝宝做事的方式，给予其一定的独立和自主空间。

● 合理评价宝宝的家务劳动行为，及时肯定，以褒奖为主。在宝宝做家务的过程中，难免有让人不满意之处，甚至失败之处。家长要多关注他们做得好的地方，及时加以鼓励。

名言录

行是知之始，知是行之成。

——教育家陶行知

宝宝爱告状，为什么？

毛毛 5 岁了，外向好动。在幼儿园里喜欢向老师告状，今天报告冬冬拿了梅梅的玩具，然然说了脏话，明天报告壮壮吃饭把饭菜掉到桌上了，有时候还报告小朋友欺负她、不跟她玩、抢她的娃娃等。老师在处理这些矛盾和冲突的过程中也发现，毛毛报告的有些问题其实小朋友可以自行解决。

向老师或家长告状，是宝宝日常生活中较为常见的行为。告状其实是他们向成人反映情况的一种方式。也就是说，当宝宝遇到自己无法解决或处理的问题时，譬如，与小朋友发生了冲突，或当其他小朋友受了委屈或被欺负时，他们通常向家长或老师等更有能力的成人寻求帮助。这些寻求帮助的方式就是宝宝的告状行为。那么，除了向成人寻求帮助而告状外，宝宝还有没有其他告状的理由呢？

宝宝之所以会表现出告状行为，或者说向老师反映情况的行为，与宝宝的是非观念，即道德的发展水平有关。心理学家皮亚杰指出，大约 5 岁以后，儿童有了很强的规则意识，认为规则是权威人物，如父母或老师制定的，规则是神圣不可侵犯的。在幼儿园里，当发现其他小朋友出现了违背老师制定的规则的行为时，宝宝通常会毫不犹豫地向老师报告。

在幼儿园的生活中，不是所有的宝宝都爱告状，而是有一些宝宝爱告状。那么，为什么有的宝宝爱告状呢?

首先，这类宝宝渴望通过告状引起老师对他的关注，即满足被关注的需要。当宝宝希望得到老师关注时，他需要找到一个关注点，譬如，指出别的小朋友的缺点，显示自己很能干。如果宝宝也在日常生活中看到过某位向老师告状的小伙伴得到了老师的赞许和表扬，他更可能因此学到这种行为。这种现象在心理学里称为“观察学习”。生活中大量的学习是通过观察和模仿他人进行的，当看到一个榜样行为被强化，个体就有可能在相似的情境中做出同样的行为。对于宝宝而言，从其生活中的权威人物或同伴身上进行观察学习最为普遍，幼儿会关注并在记忆中保存他们看见的别人的行为。

其次，爱告状的宝宝可能不希望在群体中被忽视，希望得到同伴的认可和关注。在同伴交往过程中，由于各种原因，宝宝们在同伴群体中的地位不一。有的宝宝非常受小朋友欢迎，有的则因为害羞，内向被小伙伴们忽视，还有的宝宝可能因为脾气不好，或具有一定的攻击性被大家拒绝。通常，在同伴关系中被拒绝的宝宝更可能通过向老师报告情况的方式，引起小伙伴的关注。

最后，爱告状的宝宝还可能缺乏处理同伴关系的策略或方法。研究表明，受同伴欢迎的幼儿多半具有良好的社交技能。譬如，在进入群体前，观察并理解同伴正在进行的活动，在进入群体后，能对进行的活动提出建设性意见；能有效发起互动，善于控制消极情绪，关心同伴等。而那些受同伴排斥的宝宝，往往容易冲动，经常打断同伴正在进行的活动，容易生气，对同伴进行言语或身体上的攻击等。当他们被拒绝，不能解决同伴冲突时，只好告状了。此外，那些受欺负的宝宝，也因为找不到合适的办法来避免同伴的欺负，只好告状，来借助权威或更有能力的人来帮助自己。

心视界

宝宝告状行为的特点

有研究者观察了122名4～5岁幼儿园宝宝的告状行为，结果发现：不同性别的宝宝出现告状行为的次数没有明显差异；在受到攻击时，宝宝出现告状行为的次数最多；此外，宝宝在幼儿园的自由活动中出现告状行为的次数最多，而在游戏活动中出现告状行为的次数最少。研究者认为，宝宝自由活动的空间受限可能导致宝宝之间频繁发生冲突，进而引发宝宝的告状行为；而在游戏活动中，宝宝都积极投入地玩，即使他人偶尔冒犯，宝宝也顾不上了。

当遇到爱告状的宝宝，老师该怎么对待呢？以下给出一些具体的建议。

- 认可宝宝告状的行为。告状与幼儿对规则的意识、对规则神圣不可侵犯的认识有关。

- 了解宝宝爱告状的原因，区别对待宝宝爱告状的行为。如果宝宝报告的问题的确值得关注，那么老师应对此予以肯定和表扬。

- 如果宝宝告状是为了引起老师关注，那么老师要反思自己和幼儿的交往过程，看是否其寻求成人肯定的心理需要没有得到满足。如果宝宝是希望得到同伴群体的认可和关注，那么老师要细心观察幼儿与同伴的互动方式，了解幼儿在群体中的地位，并予以帮助。

- 培养宝宝的社交技能，促进宝宝的同伴交往，改变其不利的社交地位。如果宝宝是被同伴忽视，那么老师要鼓励他们在班级活动中或小朋友游戏时大胆参与；如果宝宝是被同伴拒绝，那么老师可以提醒他们攻击行为是不恰当的，甚至可以借助“社交问题解决训练”方法。

- 创设一些宝宝经常遇到的冲突情景，鼓励宝宝谈论自己的想法，谈论自己采取的解决方法对冲突中双方的感受会造成什么影响。

名言录

教育儿童通过周围世界的美，人的关系的美而看到的精神的高尚、善良和诚实，并在此基础上在自己身上确立美的品质。

——苏联教育家苏霍姆林斯基

宝宝不会合作，为什么？

音乐课结束后，老师招呼小朋友们一起把大大的玩具熊抬出活动区。小朋友们都很积极，但是前面的小朋友走得慢，后面的小朋友走得快，大家总是没办法互相配合。最后，老师边用手打着节拍，边喊着“一二一”口令，小朋友们才成功合力抬走了大玩具熊。

合作是两个或两个以上的个体为了共同的目的，主动配合别人，与别人分工协作的一种社会行为。在日常生活中，宝宝经常不会合作。比如，幼儿园的宝宝总是喜欢各自拿着玩具自己玩，不会主动想着和别的小朋友配合着做些什么；若让他们一起拼副拼图，他们往往弄得一团糟，甚至闹出矛盾来；若让他们一起抬个小桌子，他们可能东倒西歪，寸步难行。

为什么宝宝不会合作呢？

第一，宝宝对合作的认识是平行化而非交互式的。观察幼儿阶段宝宝的分组游戏会发现，其实在每个组里面，只要玩具足够多，大家又都能找到各自喜欢的玩具，宝宝之间就几乎不会发生互动，更不要说互相配合玩玩具了。当让宝宝描述“什么是合作”时，许多宝宝都认为，“合作就是一起做事”，而很少有宝宝将合作描述为“轮流”“配合”等。也就是说，这个阶段的宝宝还没有形成在互动中相互配合的意识。

第二，宝宝的思维发展正处于“客观自我中心”的阶段。在这一阶段，宝宝的思维是片面的，他们难以做到换位思考，倾向于认为别人跟自己想的一样，别人跟自己的喜怒哀乐也一样。所以，如果是一前一后两个宝宝一起抬玩具，步子大的宝宝不知道需要小步走以配合步子小的宝宝，他们以为别的宝宝跟自己走得一样快，步子一样大；步子小的宝宝也想不到别的宝宝跟自己不同，不会提醒别人放慢脚步。

第三，宝宝不会合作也可能是因为他们缺乏合作的亲身体验。合作是在社会交往中逐步习得的，宝宝可以从合作经验中获得合作意识和能力。例如，在真人秀节目《爸爸去哪儿》中，节目组设置了一个小朋友无法独立完成的任务，为了完成任务，小朋友们不得不尝试合作。虽然开始时，小朋友之间有摩擦、会赌气，但是在磕磕绊绊中他们越来越默契，学会了合作，到后来，小朋友们甚至会主动说出“我去帮他”“我们一起来”这样的话语。这意味着被动的合作体验已逐渐转变为他们主动的合作意识和行为。而现代社会重视竞争，许多家长也忽略了培养宝宝在社会活动中的合作能力，甚至为了避免摩擦而“剥夺”了宝宝与他人进行合作的机会，使得宝宝缺乏合作意识或合作能力。

学会合作，是宝宝在社会生活中的一个重要任务。敲开合作之门，宝宝能感受到一个更加和谐、融洽的人际世界，体验到更加温暖而紧密的社会联结。良好的人际交往会为宝宝的成长提供一片沃土。

为了帮助宝宝学会合作，家长可以参考以下建议。

- 多为宝宝设计“互补”合作游戏。比如，把一个宝宝的右手和另一个宝宝的左手绑在一起，要求他们完成拉拉链、洗杯子等必须互相配合的小游戏，增加宝宝实际合作的经验。

心视界

学习合作

有研究者使用了一个特殊的“拉球”装置来考察3～6岁的宝宝是否能够学会合作。这个装置包括一个顶部只有一个很小的圆洞开口的盒子，盒子里有多个系着绳子的塑料小球，这些塑料小球的绳子经由盒子顶部的圆洞露在外面。因为盒子的开口很小，一次只允许用一根绳子拉出一个小球，所以参与者必须合作着拉球。研究中，研究者让一组的宝宝每人拉住一根绳子，然后引导他们协商往外拉球的顺序。结果发现，4～5岁是宝宝学习合作提高最快的阶段，而且在这个阶段，小团体中会出现“小领袖”，他发挥着充当组织者、主动帮助团体成员分工、说服不配合团体的成员等作用。

● 让宝宝在合作游戏中及时换位思考，体验他人的感受。比如，在游戏中，成人可以在中途更换一个或者几个宝宝的角色。

● 支持宝宝参加儿童拓展活动和夏令营等，把宝宝参加团体活动作为与参加兴趣班、特长班等并重的项目来对待。

名言录

上下同欲者胜。

——春秋时期军事家孙武

宝宝被“拒之门外”，为什么？

5岁多的瑞瑞很苦恼，因为好像没有小朋友愿意跟他玩。比如，在幼儿园的自由活动时间，很少有小朋友会邀请瑞瑞跟他们一起踢球或堆积木等，有时候，还没等瑞瑞靠近，小朋友们就匆匆地转移了游戏场地。没了玩伴的瑞瑞，不想去幼儿园，也不爱下楼找小朋友玩了。

失去伙伴的瑞瑞所面临的困境在心理学中被称为同伴拒斥。遭遇同伴拒斥的宝宝很孤单，甚至连一个朋友也没有。有时，他们想主动加入小朋友们的游戏里，但是，往往徒劳无功。小朋友们经常会有意地避开他们，把他们排除在小团体或集体活动之外。而长期被“拒之门外”，会影响宝宝对自己的评价，降低宝宝的自尊，也会使宝宝产生很多的适应问题，如情绪低落、不爱与人交往等。那么，是什么导致宝宝被“拒之门外”呢？

通常，被同伴“拒之门外”的宝宝存在一些让同伴难以接受的消极社会行为，如爱出风头、搞破坏、攻击等。其中，最突出的就是攻击性行为。这样的宝宝动不动就打人或骂人，常常被称作“小霸王”。而他们之所以如此，在很大程度上是因为他们总是错误地理解他人的想法、态度和情绪。比如，小伙伴不小心踩了他们一脚，他们会认为小伙伴就是故意的，然后愤怒地非要再踩一下小伙伴不可，等等。人有“趋利避害”的本能，这种本能自然会使得小伙伴远离有攻击性行为的宝宝。而有些宝宝在受到同伴的拒绝后，还会威胁报复或是故意捣乱，这更使得同伴不愿意跟他们玩，由此形成了一个恶性循环。可见，被同伴拒绝的宝宝出现消极的社会行为，不仅与他们错误的社会认知有关，还与他们薄弱的社会交往技能有关，而这又可能反映了他们在性格方面存在的问题。

许多被“拒之门外”的宝宝或多或少都存在一些性格方面的问题。例如，有的宝宝自私自利、嫉妒心重、固执、支配欲强，他们在跟小伙伴一起玩玩具的时候不知合作，不知分享，总是牢牢“占领”自己的玩具，甚至去“霸占”他人的玩具，或总是爱强制地指使别人干这干那等。当发生冲突时，他们也只是看到自己的需要，只会捍卫自己的利益。也有一些宝宝脾气很急躁或暴躁，动不动就生气。还有一些宝宝很胆怯、害羞，在与同伴交往时常常显得笨手笨脚，因而也容易受到同伴的嫌弃和嘲笑。

毋庸置疑，被同伴拒绝是宝宝的一种痛苦的经验。当宝宝已经被小朋友“拒之门外”时，责备或惩罚并不能帮助他们走出困境，反而容易加剧宝宝的受拒斥体验。下面给家长与幼儿园老师提供几点建议。

- 用“温情调控＋身教”的方法改变宝宝的不良表现。比如，用“别着急，跟我一起数绵羊，数到十就一起笑一笑，不生气了好不好”等方式与宝宝沟通。同时，注意自己的言行，不要做宝宝的负面榜样。

心视界

测一测：宝宝是否受欢迎

用同伴提名法可以测量宝宝的受欢迎程度。其操作方法是，在幼儿园班级里，让每个宝宝说出 3 个他最喜欢的和最不喜欢的同伴。这样班级里的每个宝宝都会得到一个正提名分和一个负提名分。据此可把宝宝划分为受欢迎、受拒绝、受忽视、矛盾型和一般型五种类型：受欢迎宝宝的正提名分很高，负提名分很低，即很多同伴都喜欢这些宝宝，很少同伴不喜欢他们；受拒绝宝宝的负提名分很高，正提名分很低，即很多同伴都不喜欢这些宝宝，很少同伴喜欢他们；而受忽视宝宝的正、负提名分均很低，这些宝宝很少得到同伴的关注；矛盾型宝宝的正、负提名分均很高，既有许多同伴喜欢他们，又有许多同伴不喜欢他们；其余的即为一般型，他们的正、负提名分均为中等分数。

● 多给宝宝讲讲自己、其他宝宝等的想法与感受。比如，对宝宝说：“爷爷收到你的礼物，脸上是不是有大大的笑容啊？爷爷是被你感动了，很开心。”这样逐渐让宝宝学会感受别人的想法，学会交朋友。

● 用积极评价的方法激励宝宝。鼓励宝宝参与活动，当宝宝在活动中出现将玩具或食物分给其他小伙伴的行为时，就迅速做出积极评价，肯定宝宝的积极行为，增加宝宝被喜欢与接纳的信心。

● 教宝宝学会道歉。当宝宝做错事情时，鼓励宝宝主动向小伙伴道歉，请求别人的原谅，也可再做出一些补偿行为。

名言录

爱人者，人恒爱之；敬人者，人恒敬之。

——战国时期思想家孟子

宝宝总是被欺负，为什么？

毛毛很怕跟别的小朋友一起玩，因为他总是受欺负。在幼儿园里，有的小朋友总是抢毛毛的玩具，还有的小朋友甚至故意使坏惹毛毛哭。在小区的游乐场地，毛毛也“战战兢兢”。比如，在滑滑梯时，毛毛总被别的小朋友抢去位置，有时她还没准备好，就被小朋友忽然推下滑梯去了。

宝宝之间的打打闹闹很常见，你抢了我的小铲子，我拿走你的积木块，或你轻轻推我一下，我轻轻拍你一下，一般这些都是双方可以很快和解甚至觉得很有趣的事。但是，如果一方恶意地甚至经常性地抢夺另一方的玩具或打另一方，那么打闹就变了味。这种强势一方故意欺负弱势一方，且反复出现的情况，就是心理学中所说的欺侮。宝宝们一起玩耍时，常见的欺侮有两种：一是身体欺侮，如踢打、咬、抓、丢东西砸人等，目的是使用伤害他人的行为来攻击他人；二是言语欺侮，也就是常说的讥笑、冷嘲热讽、取绰号、侮辱、威胁等，是运用伤害他人心理的语言来攻击他人。其中，身体欺侮最为多见，而无论是哪种欺侮，其给宝宝带来的伤害都是不可小觑的。从短期来看，被欺侮的宝宝可能会注意力不集中、害怕人际交往等；从长期来看，宝宝的自尊心可能会严重受挫，且这种童年的负面经历可能会潜在地影响其一生。那么，为什么有的宝宝总是成为他人欺负的对象呢？

研究表明，宝宝在受到攻击时的反应是他们反复被欺负的一个重要原因。例如，帕特森等通过观察发现，当一个宝宝冲过去抢另外一个宝宝的玩具时，如果被欺负的宝宝表现出退缩、不出声或者哭泣，那个发起攻击的宝宝以后还会用这种方法攻击人。也就是说，被攻击者消极的反应会保持或加强攻击者的攻击行为。相反地，如果被欺负的宝宝敢于在受到攻击时立即给予抵抗，或者马上报告老师来制止攻击等，那么发起攻击的宝宝就会有所收敛或是转去攻击别人。可见，宝宝总是被欺负，主要是因为他们不会积极应对，而这反映的是宝宝同伴交往技能的缺乏。

同伴交往技能的获得是在良好的社会交往经验中发展起来的。被欺负的宝宝通常缺少同龄玩伴，或因家长的过度保护等缺乏同伴交往的经验，由此失去了发展同伴交往技能的重要机会，在面对同龄人时常常不知所措，产生胆怯的情绪和退缩的行为。而在与家长交往的过程中，有的宝宝接受着专制型的教养方式，长期以来只能服从家长，没有获得主动选择、协商解决问题等经验。这样的宝宝习惯了逆来顺受，并容易将这一应对方式泛化到与其他强势者的交往中。因此，在面对同伴的欺侮时，这些宝宝只知道妥协、示弱，在同伴中树立了一个“好欺负”“可以被欺负”的形象。

宝宝受欺负很让人心疼，但如果家长一味地让宝宝“以牙还牙”，那么这有可能促使宝宝转变为欺负别人的攻击者，变得情绪暴躁，更加难以与人相处；如果家长一味地让宝宝“忍气吞声”，那么宝宝会承受很大的心理压力，逐渐怀疑自己，形成自卑、退缩或孤僻的性格。因此，家长正确的引导很重要。为了避免宝宝总是被欺负，下面有一些建议可供家长参考。

心视界

宝宝解决冲突的常用方法

宝宝的冲突解决策略可分为积极策略、中性策略和消极策略：协商调节、物品交换等为积极策略；说理解释、告状等为中性策略；直接争抢、身体攻击、言语攻击、退缩回避等为消极策略。有研究者通过对幼儿园宝宝行为的观察和分析，总结出了宝宝通常采用的几种冲突解决策略：①当发生物品争执时，大部分宝宝会直接争抢或进行身体攻击，但随着年龄的增长，部分宝宝开始学会避免冲突升级；②当遇到他人的故意挑衅时，宝宝的反应大多是身体攻击、言语攻击或告状；③当遇到他人的强制干涉或控制时，宝宝大都会告状或进行身体攻击；④当他人违反纪律、规定时，小班、中班的宝宝一般采取言语攻击，而大班的宝宝会采取说理解释等较为缓和的策略。

● 不过度保护宝宝，丰富宝宝的同伴相处经验。例如，多陪宝宝去小朋友多的游乐场所活动，特别是参加那些可能要排队、互相帮忙等的活动，如玩滑梯、多角色扮演等，宝宝为了完成游戏必须尝试与别的宝宝交流。

● 不做专制型的家长，不过分严苛，给予宝宝主动选择、协商解决问题的机会，避免宝宝养成逆来顺受的习惯。

● 教宝宝学会冷处理，让宝宝了解有些小朋友喜欢逗别人生气或者哭，如果回应别人的逗弄，可能会带来对方的攻击，因此，面对挑衅，可不回应，不哭不叫，平静地离开。

● 教宝宝学会说“不”，勇敢地表达自己的感受，尝试协商解决，若实在不行可求助大人。例如，让宝宝练习用坚定的眼神看着对方，平静、温和而直接地告诉对方：“我不喜欢，请你不要这样！”

名言录

让别人的恶劣行为留在原地而不影响你是你的义务。

——古罗马思想家、哲学家马可·奥勒留

宝宝“护玩具”，为什么？

一舟的妈妈热情好客，每次有小朋友来家里做客，都让小客人带点玩具走。妈妈认为小客人喜欢，送他们又何妨，反正一舟又不缺玩具。谁知道 3 岁多的一舟却常常为此气得不得了，下次知道有小朋友来做客，他就提前把自己的玩具都藏起来，不肯拿出来送人。

很多年幼的宝宝好像都表现得很“小气”“自私”。让他们把玩具给其他的小朋友玩一下，他们很不乐意，即使是自己不玩的玩具往往也不情愿；让他们把零食分给其他小朋友吃一点儿，他们可能立刻往后退，把零食紧紧藏在身后。每每宝宝这样“护玩具”或“护零食”时，往往无论家长如何好言相劝，也无济于事；若家长强行动手，常常惹得宝宝大哭大闹。宝宝为什么不会主动分享呢？

首先，宝宝“护玩具”等行为与宝宝所有物的意识有关，而这又得益于宝宝自我意识的发展。宝宝1岁多的时候，开始能够分清“物”和“我”。譬如，知道咬自己的手指自己会疼，咬别人的手指自己不会疼，即宝宝发现了“主体我”；到了1岁半至2岁，宝宝开始能够像看别人一样看自己，也就是能从“主体我”的角度看“客体我”，这时候他们慢慢地意识到有些东西是属于自己的，有了所有物的意识，并逐渐会使用“我”“我的”“我要”“我不要”“我不给”这些词。但是，在宝宝的自我意识飞速发展的同时，其道德认识却并没有同步发展。这就造成了以下结果：一方面，宝宝有了“我”“我的”这样的认识；另一方面，宝宝无法根据环境、人与人之间的关系，以及物品的价值、社会公认的道德标准来决定自己的行为。因此，他们的行为优先被自我意识支配，宝宝会很努力地守护那些属于自己的东西，不允许别人侵犯。因此，宝宝的“护玩具”等行为并不是真的自私，他们只是在不理解道德准则，也意识不到自己会伤害别人的情况下，维护自己的利益。

其次，分享是一种社会行为，是发生在人与人互动的过程中的，但年幼的宝宝常常没有主动与同伴互动的意识。一般来说，3岁左右宝宝开始主动跟小伙伴交往，他们知道哪些是自己的好朋友，可以一起玩，但是这个时候宝宝之间的交往更多的是所谓的“平行游戏”，也就是通常说的“各玩各的”，彼此不会进行互动，而这其实并不是成人所认为的真正的社会交往。若宝宝没有互动的意识，他们又怎么会主动把东西分享给别人呢?

最后，从长远的角度看，分享的本质是交换，成人可以用发展的思维方式看问题，可以看到分享的长期收益，但宝宝并不具备这样的思维能力。宝宝只能看到交换玩具带来的即时收益和满足，并不能将“付出”与“收获”两个阶段结合起来看，即他们无法意识到分享是一种先“付出”而后“收获”的长期“交换”行为。因此，宝宝更喜欢交换玩具时的共享，而很少主动去分享。

心视界

亲社会行为可以教会吗？

有研究者曾做了这样一个实验：首先，实验者对4岁、7岁、12岁的儿童进行开锁训练，让他们学会开实验道具箱子；然后，实验者假装有事离开，另一个实验者进来，假装着急打开那个带锁的箱子且无法打开，研究者随即观察受过训练和没有受过训练的儿童的反应。结果发现，进行过开锁训练的儿童都能主动提供帮助；在没有受过训练的儿童中，4岁的宝宝大多数不提供帮助。这个实验可以说明，对于幼儿期的宝宝，教他们一些完成亲社会行为所需要的方法或知识，有助于他们主动发起亲社会行为。

分享是人与人交往的一种重要方式。主动的分享能够帮助宝宝获得他人的信任，有助于开启一段稳固的同伴关系。在持续的分享中，宝宝增强了人际交往的技能，维持着彼此紧密的联结，能不断体验到“付出”与“收获”的快乐。

那么，如何引导宝宝逐渐学会分享呢？下面有一些建议。

- 鼓励宝宝邀请小客人一起玩游戏。对于内向、害羞的宝宝，只需要让两个小朋友坐在一起看图画书或者看动画片就可以了，他们自己会慢慢受到内容的感染而产生一些交流。

- 用示范代替强迫。不能强硬地把宝宝的玩具拿给别的小朋友玩，可以先在宝宝面前，将自己非常喜爱的东西送给客人，也可以一起动手为将要来做客的小朋友准备小礼物或者食物。

- 展示分享收益。家长可以向宝宝展示上次来家里做客的人回送给自己和宝宝的礼物，也可准备回赠礼物，让宝宝看到分享的连续过程。

- 不要送宝宝最喜欢的玩具和食物，允许宝宝有一点点小自私，毕竟对心爱之物，成人也会难以割舍。

名言录

乐人之乐，人亦乐其乐；忧人之忧，人亦忧其忧。

——唐代诗人白居易

宝宝生活在自己的世界里，为什么？

3岁的阳阳与其他宝宝有很大的不同，他的行为总是很难让人理解。阳阳几乎不与人交流，对别人不理不睬，哪怕是眼神的回应都没有。他很少说话，偶尔说出的话又毫无意义，有时还忽然不明就里地喊叫。他特别喜欢反反复复地将自己的手在眼前摆动，可以一直这样旁若无人地持续很久。

阳阳的行为很特别，但在生活中，的确有一些像阳阳这样的宝宝。他们表现出社会交往的缺陷。比如，不会看大人的眼睛，不会主动拥抱大人，不会与大人分享自己的情感体验，不关心和不理解大人的所思所想。他们也表现出语言交流的缺陷。比如，当问他们问题时，他们语无伦次，或机械地重复别人的话。他们还表现出狭隘的兴趣。比如，他们可能对电梯里整齐排列的按钮特别感兴趣，会一直盯着它们一排排地看，他们也常沉溺于拍手或晃动胳膊之类的重复性行为。这些宝宝看起来仿佛是隔离了自己与他人，生活在自己的世界里，别人进不去，他们也不出来，这是为什么呢？

在临床上，这些宝宝被称为孤独症儿童。孤独症是一种发病于儿童早期的严重的发展障碍，社会交往缺陷、语言交流缺陷及狭隘的兴趣正是孤独症的三种典型症状。至于宝宝为什么会患上孤独症，研究者还没有找到十分明确的原因，但一般认为，孤独症是由多种原因导致的，具有生理学基础。目前涉及的生理学基础主要包括遗传、大脑异常和早期发育问题等。

首先，在孤独症的成因中，遗传起着很大的作用。比如，同卵双生子共同患孤独症的比例高达 60% ～ 90%，而异卵双生子的共病率接近于 0。遗传所导致的某些染色体异常，如脆性 X 染色体异常，以及基因突变所导致的结节性脑硬化症这种单基因障碍，都与孤独症的发生有关。

其次，孤独症症状与大脑结构及功能的异常有关。孤独症宝宝的额叶皮层发育得很不成熟，额叶区域的脑部血流量不足。孤独症宝宝的小脑、中央颞叶及相关边缘系统，如杏仁核、海马等多个区域也存在组织结构或功能的异常。其中，杏仁核是一个与动作模仿、情绪调节、共情等功能有关的脑区，杏仁核的异常可能导致孤独症宝宝不会模仿他人，不会调节情绪，不会理解和感受他人的情绪情感等。

此外，孤独症宝宝在母亲妊娠期及生产期可能已遇到了一些风险因素，如妊娠期出血、血毒症、病毒感染、早产等。

需要指出的是，曾经有研究者认为宝宝患孤独症是由“冰箱式的家长”导致的。这样的家长冷酷、敌对、与宝宝疏离，从而造成宝宝出现社会性退缩。但是，这种观点已被证明是错误的。孤独症宝宝的家长对宝宝的关心并不比正常宝宝的家长少，孤独症是一种先天的缺陷。也曾有人认为孤独症宝宝不会与父母形成亲密的情感联结，但是，这种观点同样被证明是不正确的。研究发现，孤独症宝宝可以区分父母与其他成人，与陌生人相比，他们会偏好自己的母亲，也更容易被母亲安抚。在与母亲分离时，面无表情的孤独症宝宝可能只是不知道如何反应而已。

心视界

同伴介入法

同伴介入法是一种技能取向的干预方法，它侧重于社会交往和沟通技能的培养。1977 年，Strain 等将该方法运用于孤独症儿童，通过训练普通儿童的社交行为，指导普通儿童与孤独症儿童建立社交关系，来强化孤独症儿童的社交行为。多年来，同伴介入法由最初单纯的儿童自由互动不断发展出多种变式，如同伴辅导、同伴积极反馈、角色扮演等，这不仅扩大了同伴介入法的使用范围，还使其更具科学性和可行性。研究表明，同伴介入法可以提升孤独症儿童的社交能力，帮助他们适应不同的社会情境，促进其情绪调节能力的发展，增加其同伴互动行为。

孤独症宝宝生活在一个与多数宝宝及成人不同的世界里。他们可能有着独特的思考世界的方式，如关注事物微小的细节而不是整体，创造各种具体、新奇的形象而不借助抽象的语言等。在某种意义上，这种独特的方式并不是什么问题，只是社会交往及语言沟通的问题阻碍了孤独症宝宝对自我的表达，集体生活的社会适应要求也使得孤独症宝宝“格格不入”。孤独症宝宝应得到更多的理解和帮助。为此，家长可以做些什么呢？

- 关注宝宝的身心发展状况。孤独症宝宝在 1 岁之前可能就已表现出了一些早期症状，如与他人没有目光的接触，对他人的逗惹没有丝毫反应等。如果发现宝宝表现异常，就应尽早去专业机构诊断，以免错失最佳的早期治疗时期。

- 若宝宝患上了孤独症，不要觉得羞耻，也不要自责，更不要责备宝宝。孤独症不是家长的选择，也不是宝宝的选择。孤独症宝宝的家长需要具备足够的耐心与坚强的意志。

- 积极配合专业人员，及时让孤独症宝宝接受专业的治疗。在专业人员的指导下，主动地努力创造机会走进宝宝的世界。还可与其他孤独症宝宝家庭形成相互支持的团体，促进亲子共同成长。

名言录

这些孩子从降生开始，就伴随着痛苦。如果给他们多一些希望，我们不一样收获了成就吗？

——儿童精神医学专家陶国泰

宝宝分不清性别，为什么？

晶晶是个小女孩，她快 2 岁了，但还分不清自己的性别。当爸爸妈妈问晶晶时，晶晶常常说自己是男孩，偶尔她也会改口说自己是女孩。若爸爸妈妈继续问她为什么这么说，晶晶总是很疑惑，支支吾吾地回答不上来。

很多两三岁之前的宝宝都有与晶晶类似的表现。他们分不清自己的性别，有时候说自己是男孩，有时候说自己是女孩，有时候干脆用“不知道”或“别问了”来回答关于自己性别的问题。他们除了对自己的性别问题感到非常困惑，往往同样分不清别人的性别。为什么对“是男是女”这个看起来很简单的问题，宝宝却回答不上来呢?

回答自己“是男是女”，这其实是有关性别认同的问题。性别认同或性别同一性，是指个体无论在什么情况下都能正确地分清自己的性别。一般而言，宝宝只有成长到 2 岁之后才逐渐开始形成性别认同。在 2 岁末，绝大多数宝宝就能够正确地回答自己是男孩还是女孩，但是他们还不能正确地回答他人“是男是女”。到 3 岁左右，宝宝会依据他人头发的长短、穿什么样的衣服等明显的外部特征来辨认他人的性别。至于不受外表等特征的干扰而稳定地分清他人的性别，这要等到六七岁。

宝宝的性别认同与宝宝自我意识的发展密切相关。宝宝在 2 岁左右出现自我意识发展的一个飞跃，宝宝可以将自己作为一个客体对象来认识。一旦宝宝拥有了这种客体我，他们就会开始对自我进行归类，并使用认识到的一些类别标签来描述自己。比如，他们会认识到不同的人属于不同的年龄，用小孩子、大孩子、成人等给不同的人归类。在发现自己与他人在解剖学上的特征差异后，宝宝也会逐渐认识到性别这个类别，开始学会用男孩、女孩或男生、女生区分两类性别的人，包括将自己归为男孩或女孩。

宝宝的性别认同也与家长的养育行为密切相关。家长在日常生活中对宝宝所说的话语是宝宝形成性别认同的一个主要途径。例如，家长通常会用与宝宝性别身份相匹配的代词来称呼自己的宝宝，如男宝宝的家长会叫宝宝“儿子”“小子”，夸宝宝“你真是个帅气的男孩子”等，而女宝宝的家长会叫宝宝“女儿”“姑娘”，夸宝宝“你真是个漂亮的女孩子”等。在性别特征鲜明的言语对话中，宝宝会慢慢意识到性别问题，认识自己的性别，并开始用语言符号区分周围的男性与女性。

性别是一种社会标签。认识到这种社会标签，能分清自己的性别，是宝宝进一步理解性别角色标准的基础，有利于宝宝适应社会。所以，获得性别认同是宝宝社会性发展的重要内容。为了帮助宝宝更好地获得性别认同，家长可以参考如下几点建议。

心视界

宝宝对性别身份的认识发展

心理学家斯拉比将宝宝对性别身份的认识发展分为三个阶段：第一阶段（2～3 岁）为基本性别认同阶段，宝宝可以分清自己和他人的性别，知道自己是男孩还是女孩；第二阶段（4 岁左右）为性别稳定性阶段，宝宝认识到性别是稳定不变的，它不会随着时间的变化而变化，如知道男孩子长大后会成为爸爸而不会成为妈妈；第三阶段（5～7 岁）为性别一致性阶段，宝宝可以认识到性别不会随着外界情境的改变而改变，如一个叔叔不会因为穿裙子就变成阿姨。

● 尊重、接纳宝宝的性别。例如，尽量不要给男宝宝起“芳”“丽”等女性色彩太明显的名字；不要将男宝宝打扮得花枝招展，给他们梳小辫子、扎蝴蝶结等。

● 当宝宝对自己与他人的生理差异感兴趣时，不要大惊小怪，也不要觉得尴尬；相反，可利用此契机，借助绘本等工具帮助宝宝理解性别。

● 在宝宝 1 岁半之后，可有意识地多使用一些明确指向性别身份的代词，如“男孩”“女孩”“儿子”“女儿”等称呼宝宝。

● 为宝宝提供正确的认同榜样，让宝宝习得符合自己性别角色的行为。父母尤其要发挥自己的榜样示范作用。此外，还可以给宝宝创造与同性别同伴或同性别哥哥、姐姐等交往的机会。

名言录

自然界的所有差异，换来了整个自然界的平静。

——英国诗人蒲柏

宝宝喜欢异性小伙伴，为什么？

刚满 2 岁的小男孩苏苏平常最喜欢跟隔壁的小女孩玩，现在他们正一起给小猫喂鱼干。4 岁多的小男孩卓卓在幼儿园也总是喜欢跟女孩玩，不跟男孩玩，现在他又和几个小女孩坐在一起玩积木。苏苏和卓卓为什么喜欢跟异性小伙伴玩呢？

随着年龄的增长，孩子们的同伴选择常常会展现出比较鲜明的同性倾向，即男孩总是选择跟男孩玩，而女孩的伙伴常常是女孩。不过，在幼儿期，宝宝选择游戏伙伴时的同性倾向并不那么突出。有的宝宝既喜欢和同性别的小伙伴一起玩，也愿意寻找异性的小朋友。还有些宝宝甚至打破了同性倾向，表现为女宝宝更喜欢和男宝宝一起玩，男宝宝更喜欢和女宝宝一起玩，就像故事中的苏苏和卓卓那样。为什么宝宝会喜欢异性小伙伴呢？

其实，这个时期的宝宝选择和什么样的伙伴玩，通常遵循两条重要的原则，即相近原则和相似原则。

首先，相近原则。它是宝宝最先表现出的一条原则，即空间距离上的远近决定了宝宝的同伴选择，哪个小伙伴离宝宝近，宝宝就跟哪个小伙伴玩。空间距离的相近，是个很强的地理优势，它大大增加了宝宝们在一起玩耍的机会。故事中的苏苏喜欢找邻居家的小女孩玩，在很大程度上正是源于“相近”这种沟通的方便，而不是源于小伙伴是“女孩”。因为刚2岁的苏苏正从婴儿期过渡到幼儿期。有研究发现，这个阶段的宝宝仍分不清在游戏中男女有什么差别，在他们眼里，和什么性别的伙伴玩并没有什么不同。

其次，相似原则。若小伙伴在生理、兴趣爱好或者性格等某个方面与宝宝具有共同点，宝宝就倾向于与这样的小伙伴玩。譬如，生理相似原则，其中最重要的便是上述提到的同性倾向。因为3岁之后，宝宝才渐渐产生“男女有别”的意识，知道有些小伙伴和自己有着相同的性别特征，而另一些伙伴和自己不同，且与同性别的伙伴玩耍往往会得到成人明显的鼓励。所以，一般说来，囿于宝宝性别意识的发展水平，只有3岁之后的宝宝才有可能在游戏中有意地选择和同性伙伴玩。但是，兴趣爱好、性格等方面的相似性也可能是宝宝选择同伴时更为看重的因素。譬如，哪个小伙伴和宝宝一样喜欢玩积木、喜欢看同一部动画片等，就可能成为宝宝的“首选”；哪个小伙伴和宝宝一样爱闹爱笑等，就可能“优先”成为宝宝的好朋友。因此，4岁多的卓卓在幼儿园里总是跟女孩子一起玩积木，也可能是因为卓卓更喜欢积木游戏。另外，与成人相比，宝宝更容易只关注到外部的特征，如相貌、体重、身高等。有的宝宝就特别喜欢好看的同龄人，特别是好看的异性同龄人，他们会根据外貌的吸引力决定自己找谁做朋友，或者跟谁一起玩等。事实上，即使是成人，无论是男性还是女性，也都会被漂亮的女性吸引。所以，不能简单地说，选择同性伙伴的宝宝才正常，而选择异性伙伴的宝宝就异常。宝宝的同伴选择是多个因素综合作用的结果。

当然，相比于与异性伙伴玩耍，与同性伙伴一起玩耍对宝宝性别角色的认识有着更重要的意义。因为在共同游戏过程中，同性伙伴为宝宝的性别角色学习上演了一个个真实鲜活的“样例”，能使宝宝观察习得与自己性别相匹配的典型的性别特征。那么，家长应该如何帮助宝宝获得与同性别对象一起玩耍的经验，促进宝宝性别角色的发展呢？

心视界

宝宝的友谊

虽然有些宝宝喜欢跟异性玩，但是他们与异性的交往却是纯粹的友谊。宝宝的友谊是什么样的呢？宝宝的友谊包括以下一些特点：①总能一起活动。宝宝更喜欢跟住得比较近，或者两家关系比较融洽的家庭的宝宝成为朋友。但一旦一方搬家或者不能经常见面，宝宝不会主动维持好朋友的关系。②互相依恋，关系相对稳固。跟一般互相认识的小朋友相比，宝宝与好朋友总是结伴而行，并且可以容忍彼此的打打闹闹。但跟比较大的孩子相比，其关系的稳定性要差一些。③一定的排他性。在做游戏时，宝宝一般首先选择自己的好朋友，然后才选择其他小朋友。如果游戏只能两个人玩，宝宝就会排斥其他小朋友。

● 增加宝宝与同性别父母单独游戏的时间，特别是男宝宝的家庭中父亲要多与宝宝一起玩游戏。在游戏中可将宝宝的角色设计为“小男子汉”或“小妈妈”这种典型的性别角色，使宝宝熟悉男性与女性的典型行为和性格。

● 为宝宝组织更多性别色彩鲜明的集体游戏，如女宝宝的“睡衣派对”、男宝宝的“迷你真人 CS 对战”等。

● 邀请年长于宝宝的同性别小朋友与宝宝一起旅行或参加夏令营。宝宝会很快将年长的哥哥或姐姐作为自己模仿的对象，更容易对自己性别的特征产生欣赏或喜爱。

名言录

嘤其鸣矣，求其友声。相彼鸟矣，犹求友声。

——《诗经·小雅·伐木》

宝宝玩玩具“男女有别”，为什么？

明月和明亮是一对龙凤胎，自小形影不离。每次他们过生日，爸爸妈妈都会让他们自己选礼物。明月一直喜欢娃娃，不喜欢小汽车之类的玩具，今年她让爸爸妈妈给自己买了迪士尼的冰雪女王娃娃；而明亮一直喜欢车子，不喜欢娃娃之类的玩具，今年他为自己挑了一辆“帅气的”小坦克车。

不同性别的宝宝可能在很早的时候就对玩具表现出了不同的偏好。大体上，男宝宝喜欢玩小汽车、球、机器人等玩具，而女宝宝喜欢玩洋娃娃、串珠、厨房模具等玩具。宝宝在玩具选择时的“男女有别”，实际上是宝宝性别刻板印象形成的一个表现或形成过程中的一个现象。例如，有研究者曾给一群不到 4 岁的宝宝看一个男娃娃和一个女娃娃，分别问宝宝哪个娃娃会做饭、缝扣子、爱说话、爱打架、爬树和玩汽车。结果发现：这些宝宝都认为女娃娃会做饭、缝扣子、爱说话，而男娃娃爱打架、爬树和玩汽车。

性别刻板印象是个体对男女在活动、性格等方面存在的一些约定俗成的印象，它是个体在社会环境中习得的，一旦形成，就会影响个体相应的行为。例如，成人的性别刻板印象会影响成人对待不同性别宝宝的方式。在著名的“婴儿 X”研究中，凯罗尔等让成人和一个穿着黄色连体衣的3个月大的婴儿互动3分钟，开始之前，一些成人被告知婴儿性别，而另一些成人不被告知婴儿性别，结果发现，如果知道婴儿是女孩，成人就倾向于给婴儿选择乖巧类的玩具，与婴儿进行更多的语言交流；如果知道婴儿是男孩，成人则更愿意选择力量和速度类的玩具，与婴儿的语言交流相对较少。这恰恰说明，并不是宝宝的生理性别或外貌等因素在影响着成人的做法，而是成人自身的性别刻板印象决定了他们会如何对待不同性别的宝宝。也就是说，成人会根据自己已有的性别刻板印象，为具有不同生理性别的宝宝选择属于该性别的典型玩具。此外，有研究发现，父母一般都会鼓励宝宝选择与自己性别匹配的玩具。而正是在与成人的日常互动中，宝宝逐渐获得遵从性别刻板印象的行为模式。

一方面，成人为宝宝提供玩具时的“男女有别”使得男宝宝更多地接触小汽车之类的玩具，女宝宝更多地接触洋娃娃之类的玩具。男女宝宝在经常性的玩耍中，就可能逐渐养成了玩某类玩具的习惯，由此符合了成人的性别刻板印象。另一方面，在最初宝宝自己选择了与自己生理性别一致的玩具时，成人往往会给予宝宝积极的反馈，如微笑、赞扬等；而在宝宝选择了与自己生理性别不一致的玩具时，成人往往给予消极的反馈，如反对、嘲笑和斥责等。在这个强化与惩罚的过程中，宝宝从成人身上学习到了哪种选择玩具的行为才是“正确”的，由此获得了性别刻板印象的内容，并按照这种性别刻板印象引导自己的行为。研究发现，即使18个月左右的宝宝也能懂得并遵从父母的玩具选择偏好。因此，可以说，为宝宝的玩具选择行为“着色”的“画家”主要是成人，尤其是父母。

研究发现，性别刻板印象对宝宝行为的影响可能更为深刻。例如，弗里曼等发现，即使父母能宽容地接纳跨性别的玩具，他们的宝宝却仍相当“保守”。这可能是由宝宝的

心视界

男性化，女性化，还是双性化？

心理学家贝姆提出了“双性化”的概念，意在“帮助人们从性别刻板印象的禁锢中解脱出来”，其核心思想是把男性化和女性化看作两个相对独立的特点，二者虽独立但不对立。也就是说，一个人可以同时具备男性化和女性化的特点，即“双性化”人，且这种人可能是对社会生活适应最好的人。因为双性化的人能“因地制宜”，在生活中灵活地表现不同的性别特点。至于过去所说的典型的男性和女性，不过是指男性化特征和女性化特征在一个人身上所占比例的相对大小而已。话虽如此，“双性化”只是研究者提出的一种设想，究竟典型的男性化和女性化更好，还是双性化更好，还得看个体所处的社会文化大环境。

思维发展水平决定的，因为幼儿期的宝宝难以理解心理性别的复杂性，往往使用简单的男女二元对立的区分方法。他们很难理解“男孩子玩女孩玩具仍旧是男孩子”，而只是认为“男孩 = 玩男孩玩具的人，玩男孩玩具的人 = 男孩”。此外，即使给不同性别的宝宝相同的玩具，他们也会根据自己的性别玩出鲜明的性别色彩。

形成性别刻板印象，给了宝宝一把能轻松打开两性世界之门的钥匙，有助于宝宝性别角色社会化的发展，但与此同时，可能阻碍了宝宝获得不同角色体验的机会，限制了宝宝更多发展的可能。

那么，父母在为宝宝选择玩具时有哪些需要特别注意的问题呢?

- 尊重宝宝的兴趣要求，在宝宝想玩不符合自己性别的玩具时，不要一味极力反对或讥笑，可以满足宝宝探索的欲望。
- 没必要过早地迫使宝宝玩符合自己性别的玩具，可以等到 2 岁左右再开始为宝宝提供符合其性别的玩具。
- 当宝宝获得一些性别刻板印象后，还可以选购一些中性化玩具，如给女宝宝选择“女超人”“花木兰”等女英雄玩偶等，拓宽宝宝对性别的认识。

名言录

人的本质不是单个人所固有的抽象物，在其现实性上，它是一切社会关系的总和。

——德国思想家马克思

宝宝喜欢“男扮女装”，为什么？

球球 2 岁半了，有一次，球球妈妈一时兴起，给球球来了个男扮女装，口红、眉笔、腮红等该涂的都涂上了，还把邻居姐姐小时候的裙子借来了，球球俨然一副小女孩的模样。令妈妈意想不到的是，后来球球一直嚷嚷着要涂口红、穿裙子，否则就哭闹不止。

生活中，有时会出现这样的现象：家长偶尔为了好玩，把男宝宝打扮成女孩的模样，或者把女宝宝打扮成男孩的模样，可是后来，宝宝竟喜欢上了这种打扮方式。还有的宝宝甚至完全是自己“突发奇想”并“乐在其中”地那么做。比如，男宝宝吵着穿裙子、涂妈妈的口红、穿高跟鞋；而女宝宝非要剃寸头，像爸爸一样系领带等。这常常弄得家长苦恼不堪。为什么宝宝会喜欢“男扮女装”或“女扮男装”？

这得先从“性别”说起。其实，每个人一生下来就具有两种性别：一种是“生理性别”，一种是“心理性别”。比如，宝宝生下来具有男性的生殖系统，那么他的生理性别就是男性；心理性别则更像一种标签，标签上写着“男性就该留短发，不穿裙子，玩小汽车，不玩洋娃娃……”，宝宝只有按照标签来生活，他才是心理性别上的男性。所谓的“男扮女装”或“女扮男装”就是生理性别和心理性别不匹配，男性没有遵循男性的标签，女性没有遵循女性的标签，宝宝的心理性别名不副实。那宝宝为什么会喜欢上这种名不副实呢？贴错了标签会不会影响宝宝的性取向呢？

要回答这些问题，首先，必须搞清楚宝宝喜欢的是异性的生理性别还是心理性别。也就是说，他们喜欢的是异性的身体还是异性的标签。比如，有的宝宝只是觉得女孩子的裙子特别漂亮，那么他们感兴趣的只是异性的性别标签，即心理性别，这一般不会影响宝宝正常性取向的发展；而若有的宝宝对自己男性的身体非常反感，那么他们感兴趣的就是异性的生理性别，他们有可能会发展成具有同性恋或者双性恋倾向的人。而宝宝异常的性取向主要是受遗传和基因影响的，也就是说，后一类宝宝对异性性别的喜欢可能是受遗传和基因影响的。

其次，对于那些只是喜欢异性心理性别的宝宝，需要理解的是，既然心理性别可以被比喻成标签，可想而知，标签上写些什么，可以说是由人为因素决定的。心理性别是大多数人对男性和女性应该具有什么样的性格、行为习惯甚至外表的共识，是人为制定的、约定俗成的标准，体现了性别的社会属性。或者，更确切地说，它是人们所在的社会文化对男、女性和男、女性群体的特征及行为的共同看法。譬如，苏格兰的男性就可以穿裙子，中国清朝的女性必须裹小脚。每个人会根据社会的期望，给自己贴上符合自己性别的标签，这个过程是通过社会学习来完成的。心理学家班杜拉认为，儿童的许多行为都是通过观察、模仿成人，以及成人对这些行为的奖励和惩罚等获得的。因此，男宝宝通过观察模仿男性，获得不能穿裙子、不能玩娃娃、不能总是哭哭啼啼等典型的男性行为特征，他们会因为模仿女性的穿着行为而受到批评、惩罚。而如果在宝宝的成长过程中，宝宝获得的社会期望是错位的，那么宝宝就可能会相应地习得典型的异性行为特征。

心视界

“父亲缺席”危害大

父亲不能参与到宝宝的成长过程中，会对宝宝的心理发展造成很大的伤害。例如，一项研究发现，与父母双全的健全家庭的孩子相比，没有父亲的男孩子的男子气要弱很多。特别是在宝宝 4 岁前，如果父亲缺席了宝宝的成长，就会严重影响男宝宝对自己的男性角色的认同，宝宝的行为中那些典型的男性行为也会减少许多。此外，在学龄前这个性别角色获得的关键阶段，若男宝宝缺失了父亲这个典型的“男子汉”榜样，也会对宝宝与其他男孩的交际关系产生阻碍作用。

可见，宝宝的心理性别既受到先天的遗传倾向的影响，又受到后天的成人期望、模仿和观察学习等因素的影响。若大人为宝宝制造了异性更受认可的社会期望，这种变形的社会期望，会扭曲宝宝的性别社会化过程，习得不符合其性别的行为模式，容易造成性别认同的混乱，不利于宝宝的社会适应。

为了使宝宝获得与自身生理性别相适应的心理性别，家长可以参考如下建议。

- 真心接纳宝宝的性别，不要跨性别教养。无论父母希望有一个男孩还是女孩，都不要只是按照自己的偏好养育孩子，而应以社会文化的眼光把男宝宝培养成男孩子，把女宝宝培养成女孩子。父母对宝宝的爱应该是超越性别的。

- 不要用混乱的性别称呼叫宝宝，如叫女宝宝“儿子”等，这种模糊的态度容易让宝宝产生性别认同上的混乱。

- 意识到男孩、女孩的性格是可以互补的。男宝宝安静、女宝宝好动等都不是禁忌，只要不是长期表现出异性的行为模式，培养宝宝一些异性的性别特质也是有互补作用的。

名言录

染于苍则苍，染于黄则黄。

——战国时期思想家墨子

宝宝喜欢“扒裤子”，为什么？

快 5 岁的豆豆，是个很乖的女孩。最近在幼儿园竟然与其他小朋友玩起了“扒裤子”和“掀裙子”游戏。在这类游戏中，豆豆好奇地往男孩的裤子里面看，而其他男孩也会掀她的裙子，并睁大眼睛往里面看。在这种情境中，男女小朋友之间玩得十分起劲、默契，彼此没有什么介意和尴尬，似乎一切都是那么自如、坦然。这是怎么回事啊？

豆豆的这一表现是这个年龄阶段宝宝的正常行为。一般来说，2 ～ 6 岁的宝宝常会在游戏里出现“扒裤子”或者“掀裙子”等类似的行为。在这个时期，宝宝会对自己的性别产生强烈的好奇心与探索欲，他们会问“为什么我有小鸡鸡？”或者“为什么他有小鸡鸡，我没有？”等在成人看来“直接”而“生猛”的问题，他们甚至开始喜欢抚弄自己的性器官，往往搞得家长或幼儿园老师不知所措。有趣的是，宝宝不仅会对自己的性别特征好奇，还会对别人的性别特征兴趣十足。有一些宝宝会试图查看或抚摸别人的性器官，这样就出现了上面提到的宝宝们相互“扒裤子”“掀裙子”的行为。有些宝宝在洗澡或游泳时还会睁大眼睛注视甚至抚摸父母的性器官，或问“妈妈身上两个圆圆的豆豆是什么？为什么我没有？”之类的问题。

其实，上述的现象不奇怪，因为宝宝注视或抚弄自己的性器官，是他们想要弄清楚自己作为一个男孩或女孩有什么不一样，宝宝“扒裤子”等行为也是性别恒常性发展的正常现象。性别恒常性并不复杂，其本意是说无论随时间或者人的穿着打扮怎么改变，人们对这个人的性别的认识是不会变的。通常，宝宝 2 岁时，有了初步认识自己性别的能力，这意味着他们悄然地走进了晓得自己是男孩还是女孩的世界，但是，他们对别人性别的认识能力还未形成；宝宝 3 ～ 4 岁时，慢慢地知道自己的性别在其一生当中是不会发生变化的；宝宝 5 ～ 6 岁时，才能够认识到别人的性别也与自己的性别一样是不会发生变化的，即男的就是男的，女的就是女的，与穿什么衣服、梳什么发型或佩戴什么饰物无关。也就是说，宝宝真正有了关于“性别不会变化”的认识，获得了性别恒常性。而宝宝在发展性别恒常性的过程中，不是被动地等待对性别恒常性认识的成熟，而是像“好奇宝宝”一样，东瞧瞧、西望望，左摸摸、右碰碰……他们就这样蹦蹦跳跳地编织着关于自己和别人性别的概念，并最终将这个概念纳入自己的社会认知体系中。在宝宝将性别概念纳入他们的认识世界的过程中，就会出现豆豆那样的行为。

理论上，心理学家弗洛伊德也做过解释：0 ～ 3 岁宝宝的性感觉出现在口唇、肛门及尿道等排泄器官；而 3 ～ 6 岁的宝宝开始关注身体的性别差异，并对生殖器官产生兴趣。换句话说，3 岁之前的宝宝对肛门附近肌肉活动的感觉，像膀胱的膨胀、直肠内的便意及粪便的排出都会感到快乐；而 3 ～ 6 岁的宝宝会把兴趣逐渐集中在生殖器上，阴茎或阴蒂成为他们看或用手摆弄的“对象”，并在摆弄过程中得到快乐的感觉。这种快感也为宝宝愿意探索其中的奥秘平添了好奇心。

心视界

认识性器官，认识自己的性别

贝姆等选择了 3 ～ 5 岁的宝宝来完成如下实验。第一步，让宝宝看一张裸体小男孩和裸体小女孩的照片，然后询问宝宝是否认识男女的性器官；第二步，同样给宝宝看这些小男孩和小女孩的照片，但照片里的人穿上了衣服，有的照片里的小孩穿的衣服跟他们的性别相符，有的则不符合。结果发现，有大约 40% 的宝宝能够正确辨认出穿了男孩子裤子的女孩或者穿了女孩子裙子的男孩；在能认识性器官的宝宝中，有 60% 的宝宝能正确回答问题，而在不认识性器官的宝宝中，仅有 10% 的宝宝能正确回答问题。这说明，宝宝了解性器官，是有助于他们辨别性别的。

讲到这里，父母与幼儿园老师就都明白豆豆“扒裤子”的原因了。所以，当父母或幼儿园老师遇到宝宝像豆豆那样玩“扒裤子”的游戏时，既不要惊讶紧张，又不要“扩大事态”，而要用平常心对待。为了尊重宝宝的自然成长，一旦出现类似的情况，请你们注意如下问题。

- 当宝宝玩“扒裤子”或“掀裙子”游戏时，家长及幼儿园老师不要对宝宝这个行为视而不见或大惊小怪，要用宝宝可以理解的语言与方式去禁止。
- 在宝宝对性别没有产生“恒定”的概念之前，家长与幼儿园老师要允许他们对性器官产生好奇，绝不能用“羞羞”等字眼儿挖苦他们。
- 当宝宝对性别有了“恒定”的认识时，家长可利用生活中的机会，如洗澡、睡觉等介绍生殖器官，使宝宝对生殖器官不产生神秘感。
- 当宝宝对生殖器官有了了解后，家长还可以给宝宝看一些胎儿发育的图片或者科普动画片等，让他们知道妈妈的肚子是宝宝生长的“第一个家”。
- 当宝宝对性知识有了一些储备后，家长可拿玩具娃娃做示范，告诉他们内衣裤遮挡的位置是“秘密阵地”，宝宝之间不能互相随便地扒看或乱掀。

名言录

遵循自然，跟着它给你画出的道路前进。它在继续不断地锻炼孩子，它用各种各样的考验来磨砺他们的性情，它教他们从小就知道什么是烦恼和痛苦。

——法国思想家、哲学家卢梭

6个月左右的宝宝爬到床边就停下了，为什么？

聪聪已经6个月了，可以开心地爬来爬去了。周末，妈妈把聪聪放在床上，自己在离床不远的电脑桌前工作，时不时地看看床上可爱的聪聪，担心她不小心掉到地上。结果妈妈竟然惊奇地发现，每当聪聪爬到床边就停下来了，然后又向别处爬去。妈妈不禁感慨道："我家聪聪真聪明！"

聪聪这一聪明的举动其实是6个月左右宝宝的正常行为。这个时期的宝宝能够独立地坐在高脚椅、床边等与地面有一定高度落差的地方，并且能够保证自己不摔到地上。宝宝如果想离开床去别处玩耍，他们会在爬到床边的时候停下，并且通过哭泣、喊叫或张开双臂等方式向父母寻求帮助而不会擅自行动。他们都像聪聪一样聪明，知道要停留在"安全地带"，远离"危险地带"。那么，6个月左右的宝宝为什么会爬到床边就停下了呢？

其实，宝宝这种看似聪明的行为要归功于他的一种知觉能力——"深度知觉"。所谓深度知觉就是人感知三维空间的物体及其表面的能力。这种能力取决于物体在视网膜上成像的线索。宝宝通过爬来爬去的行为使自己原本就具有的对高度（上）、深度（下）的觉察能力不断地得到发展。儿童心理学研究发现：在婴儿早期，随着视觉能力的逐渐发展，2 个月大的婴儿已经对不同距离的深度有明显的感知能力，但还不够成熟。直到 6 ～ 7 个月时，当宝宝处于类似于床边等有高度落差的地方时，其心跳会加速，开始产生恐惧、害怕的反应。正是因为拥有这种感知深度的能力，当他处于高度相差悬殊的物体旁边时，害怕的感觉会帮助宝宝远离危险。在宝宝真正拥有深度知觉之前，爸爸妈妈难免会有照顾不到的时候，所以宝宝可能会出现不小心从椅子、床上翻下去的情况。

宝宝深度知觉的发展依赖于其视觉发育的不断成熟。婴儿在不同的年龄阶段会对不同的空间线索表现出敏感性。1 ～ 3 个月的婴儿能从运动线索中提取空间信息，3 ～ 5 个月出现双眼视觉，6 ～ 7 个月则具有了单眼视觉，视觉的不断发展和成熟让婴儿能够看得更清楚，获得更多的深度线索。宝宝的深度线索需要他们的运动经验的支持。生活中，宝宝虽然不会走，但他们会在视觉能力的帮助下，热衷于东爬爬、西爬爬。也就是说，爬是宝宝生命之初走出自己封闭世界的唯一方式。宝宝为了与这个世界有更多的接触，就需要不停地爬。在爬行过程中，宝宝也积累了爬行经验，即形成高低或深浅的知觉经验。所以，像聪聪一样的宝宝自然知道让自己停留在“安全地带”，绝不能从床上掉下来。

说到这里，父母可能都意识到了其实宝宝随时都在成长，说不准哪天就会给爸爸妈妈一个小惊喜，突然有一天爬得很好、很快，并且知道怎么爬是安全的。那么，对于宝宝的运动方式之一——爬的能力，爸爸妈妈要怎样陪伴他们更好地发展呢？以下建议可供参考。

心视界

视崖实验

美国心理学家吉布森和沃克设计了一个用来观察婴儿深度知觉的实验装置。这个装置由一个高出地面的树脂玻璃平台构成，平台下方有左右两个相同的棋盘图案，其中一边的图案紧贴着玻璃，而另一边的图案紧贴着地面，由此平台被分为存在视觉落差的“浅”“深”两个区域，从浅区边缘看深区，就如同看到了悬崖。在吉布森和沃克的视崖实验中，他们将 6 ～ 6.5 个月的婴儿放在平台的中央，并让婴儿的母亲分别站在深和浅的一端召唤婴儿，哄婴儿爬过深或浅区。结果发现，在母亲的召唤下，90% 的婴儿都爬过了浅区，只有不到 10% 的婴儿爬过了深区。还有研究发现，与那些刚学会爬行的婴儿相比，已具有较多爬行经验的婴儿更多地拒绝爬过深区，显示出对“悬崖”的害怕。

● 父母应该时刻关注宝宝的一举一动，尤其在婴儿早期，宝宝探索不同的深浅和高低时，父母要跟在宝宝的后面，以免发生不必要的危险。

● 6 ～ 7 个月的宝宝正处于爬行阶段，尽量不要给宝宝使用学步车，因为学步车会限制宝宝的行动。自主的爬行运动，不仅可以使宝宝肢体灵巧，还对宝宝的大脑发展有益。

● 当宝宝在试探地爬时，父母要及时对其进行言语鼓励和表扬，帮助宝宝鼓足信心和勇气。鼓励宝宝边爬边用手去抓不同类型的东西，达到认识身边更多物体的目的。

● 有些宝宝虽然发育到可以独立爬行的阶段了，但还是会出现从床边、沙发上掉下来的现象。这提醒父母，要带宝宝检查一下，其视力发育是否正常。

名言录

儿童的思维是在活动中、操作中形成和发展的。

——瑞士心理学家皮亚杰

3岁的宝宝总说自己有好多姐姐，为什么？

乐乐3岁了，家里只有她一个宝宝，她对这个世界充满好奇，也喜欢交朋友。一天，一位阿姨来乐乐家做客，她发现乐乐正在自言自语，阿姨问乐乐："乐乐，你在干什么啊？"乐乐头也不抬地说："我在和姐姐说悄悄话呢！"阿姨好奇地问："那乐乐能不能告诉阿姨你有几个姐姐呢？"乐乐小声又神秘地说："我有好多个姐姐呢！"阿姨又接着问："那你们平时玩什么？"乐乐不假思索地回答："我和姐姐一起聊天，一起上学，一起玩游戏。"当阿姨想认识一下乐乐的姐姐们时，乐乐却拒绝了。

乐乐的这种表现是这个年龄阶段宝宝的正常行为，甚至到7岁左右，宝宝仍然会有这种"假想同伴"的行为。这种现象尤其会发生在头胎子女或独生子女的身上，因为在日常生活中，他们缺少兄弟姐妹的陪伴，会想象自己有很多姐姐或妹妹，想象自己和她们一起聊天、玩游戏，甚至想象自己和布娃娃说话、一起跳舞等，但其实她们只是一个人在进行这些活动。那么，乐乐为什么会出现这种行为呢？她为什么告诉阿姨自己有好多姐姐呢？

其实，假想同伴是由幼儿命名并在与他人的谈话中被提及的，幼儿在一段时间（至少几个月时间）内与之玩耍，虽然其客观上并不存在，但幼儿却觉得他们是真实的。因为这一阶段的宝宝正在逐步地建立自己心中关于世界的图像。学龄前儿童拥有假想同伴的比例为 13%～65%，女孩比男孩更可能有假想同伴，但他们都倾向于创造与自己同性别的假想同伴。认知心理学家皮亚杰对宝宝这一行为产生的条件做过解释：在前运算阶段（2～7 岁），随着语言的发展，儿童借助表象符号（语言符号与象征符号），如玩具娃娃等来代替外界事物，重视外部活动，儿童开始从具体动作中逐渐摆脱出来，凭借想象在头脑里进行表象性思维，宝宝可以利用头脑中伙伴的表象进行思维和游戏。所以，3 岁宝宝乐乐出现这一行为是正常的现象。

假想同伴只存在于宝宝的想象中，同时可以凭借一定的实物，如玩具，积木等。在现实生活中，18 个月至 3 岁的宝宝已经开始学会区分想象和真实的事物，他们知道哪个是真的，哪个是假的，知道两个事物之间的区别。虽然宝宝能够分辨，知道自己在假想，但是宝宝并不会停止这一行为。在生活中，宝宝还是会继续假想，创造想象的同伴，和他们一起玩游戏、说话，因为与假想同伴的游戏过程能满足儿童的心理需要。

宝宝的假想同伴的类型主要包括两种：一种是不可见的、凭空幻想出来的伙伴；另一种是存在于现实世界中，被个体赋予拟人化特征的实物（如玩具娃娃等），无论是哪一种类型的假想同伴，其实都是一种儿童的假装游戏。在自由游戏情境中，有假想同伴的宝宝要比那些没有假想同伴的宝宝更喜欢玩假想游戏，他们玩得更愉快，在游戏中更富有想象力，更乐于与其他的孩子或成人合作，而且，他们在幼儿园中不缺少朋友，语言更加流畅，在游戏中表现出更多的好奇心、兴奋性和坚持性，同时具有较好的情绪理解能力。另外，有假想同伴的宝宝与假想同伴的关系可能是友好的，也可能是不友好的，但这能够满足他们对于玩伴的需求，还能表达他们的情绪，发挥他们的想象力与创造力。

心视界

宝宝的假想同伴

心理学家玛乔丽·泰勒的研究显示，拥有假想同伴是幼儿阶段真实普遍的现象。泰勒随机选取了一些三四岁的宝宝及其父母，问他们一系列关于假想同伴的详细问题。结果，63%的宝宝生动地描绘了他们头脑中奇异的假想生物。即使当宝宝在不同的场合被重复问同样的问题时，每个宝宝所描述的假想同伴也始终一致。此外，他们的描述也与父母所反映的十分吻合。这表明，宝宝确实是在描述自己假想的朋友，而不是一时冲动地创造一个假想同伴来取悦实验者。

现在，父母应该明白乐乐说自己有好多姐姐的原因了。那么，面对宝宝的这一假想同伴的情况，父母该怎么做呢？下面有几点建议。

- 当宝宝说自己有一个或几个小伙伴时，不要尝试否定宝宝想象的伙伴，不要跟宝宝讲道理，更不要取笑宝宝。
- 当宝宝玩假装游戏玩得很开心时，父母或老师不要打断他们，要对宝宝的创造性假想游戏进行保护和鼓励。
- 父母也可以和宝宝一起玩游戏，融入宝宝的假想世界。父母一定要理解宝宝的这种假想同伴的需要，让宝宝享受这个游戏过程的乐趣。
- 多带宝宝接触真实的世界，和小朋友一起玩耍，让真实玩伴替代假想同伴。让宝宝对想象中的玩伴的需要程度降到最低，当宝宝慢慢融入真实的交往中，假想的玩伴自然会消失。
- 关心宝宝生活中的小情绪。父母要经常和宝宝聊聊天、说说心里话，如果宝宝能把内心真正的需要对家长说出来，假想同伴也就渐渐不再被需要了。

名言录

在儿童心理发育成长的过程中，他们所获得的都是奇迹般美妙的东西。

——意大利幼儿教育学家蒙台梭利

哭泣的宝宝的胃贴向母亲的胸部时就不哭了，为什么？

桂桂快满6个月了，是个十分可爱的小宝宝，一大家子人都很宠爱他。可是他不时地哭闹还是让全家人很头疼，尤其辛苦的就是妈妈。奇怪的是，桂桂哭闹的时候，只要妈妈过来，温柔地将他抱起，让他那嫩嫩的身体贴在妈妈的怀里时，哭声很快就消失了，并且小家伙还会露出笑脸，贴在妈妈的怀里抱着才能安静得像个小天使。看来妈妈的怀抱具有神奇的魔力！

伴随着第一声洪亮啼哭，一个小生命来到了这个世界上，开启了宝宝自己的人生之旅。大部分的宝宝都像桂桂一样，即使在生理需求都满足的情况下，如吃饱了，衣服穿得也很舒服，可还是会哭闹，这个时候如果妈妈把宝宝抱在怀里，把哭闹的宝宝的胃贴向妈妈的胸部，这时宝宝就安静下来了。那么，这究竟是为什么呢？

0～3岁的宝宝正处于身体与智力相互协调、自我认识与外部环境相互建立联系的关键时期。这一阶段的宝宝正在快速吸收着外部世界的信息，并且在努力地使自己融入这个新世界中。然而，在这个过程中宝宝难免会遇到各种困惑和需要。尤其在6个月之前，他们还没有真正掌握语言，甚至还不会使用呢喃不清的语音，不能熟练地活动自己的身体，所以宝宝不能跟爸爸妈妈诉苦，也不能恰当自如地用肢体语言告诉爸爸妈妈自己的需求，因此，聪明的宝宝选择了——哭，这一具有很强穿透力的直白的方式，来表达自己的感觉、知觉及对外界的需要。

宝宝的哭泣主要包含三种含义：最初的发音、生理需求的表达和心理需求的表达。最初的发音是指宝宝从妈妈身体中来到这个世界上的最初的哭声；生理需求的表达是宝宝在寻求生理上的满足，如尿床了、饿了、渴了等；心理需求的表达其实是宝宝在跟妈妈撒娇，希望得到妈妈的关爱和关注，因为语言和肢体的发展有限，但是宝宝又渴望了解世界，所以对抚养者，尤其是妈妈具有强烈的依赖感。当温柔的妈妈把哭泣的宝宝抱在怀里，将宝宝的胃贴向自己的胸时，宝宝能够感受到妈妈的心跳和呼吸，就像当初在妈妈肚子里一样安全、熟悉和温暖，这样宝宝的情绪就会舒缓下来，宝宝慢慢地也就停止了哭泣。

总而言之，妈妈对宝宝的爱抚是宝宝停止哭泣的良药。宝宝只有在各种需求得到良好的满足、获得足够的安全感的基础上，才能有心思更好地去探索外部世界，健康、自信地成长。

面对哭泣的宝宝，有的母亲选择置之不理，任由其哭到自己停止，希望能给宝宝一个教训；还有的母亲觉得做一个“良母”，就是立刻满足孩子的所有需求，不管这两种态度的母亲理由如何，两种做法都不是最佳的方式。那么，究竟应该如何正确对待孩子的哭泣呢？下面提供一些建议。

- 适度地安抚婴儿的哭泣。不要在宝宝哭泣的时候马上急于给予安抚，爸爸妈妈可以明察秋毫，先观察再行动。

心视界

早期母婴肌肤接触的作用

关于早产儿的研究表明，早期母亲与早产儿之间直接的皮肤接触可以促进早产儿的身体和心理发展。其实，不仅是对早产儿，早期母婴肌肤接触对正常足月新生儿也具有重要意义。例如，有研究发现，那些出生后就被放在小床上的新生儿哭的次数是那些出生后被放在母亲胸前的新生儿哭的次数的10倍，早期母婴肌肤接触减少了宝宝的哭泣；出生后与母亲有过亲密肌肤接触的新生儿更少出现喂养困难，他们与母亲的互动也更积极。研究还发现，那些与新生宝宝有过早期亲密接触的母亲也更可能在头1～4个月对宝宝选择母乳喂养，母乳喂养的时间也更久，而母乳喂养非常有益于宝宝的身体发展。

● 安慰宝宝时，注意控制自己的情绪。宝宝在妈妈怀里的时候是能够感受到妈妈的情绪状态的，焦躁、愤怒的母亲，即使将宝宝的胃贴向自己的胸，宝宝还是会继续哭泣的，所以妈妈要注意先平静自己的情绪，用温柔、平和的态度将宝宝抱起来，让宝宝感受到自己发自内心的爱。

● 如果宝宝的哭泣声音嘶哑，并且带有咳嗽和呼吸困难，可能是上呼吸道阻塞导致的，家长需要提高警惕，必要时要带宝宝去医院就诊。

● 当哭泣的宝宝在妈妈的怀里时，妈妈要用手掌慢慢地、温柔地不断抚摸宝宝的后背，直到宝宝的哭声减退。

名言录

情绪是婴儿时期起重要作用的一种心理状态，这种状态表明孩子的身心健康和身心舒适的程度。

——心理学家孟昭兰

宝宝喊电视屏幕上的白头发男人“我爷爷”，为什么？

一天，2 岁半的瑞瑞想看电视了，就和妈妈一起坐在沙发上看电视。这时，屏幕上出现了一个长着白头发的男士，瑞瑞用他的小指头指着屏幕，激动地大喊：“看，快看，我爷爷！我爷爷！”妈妈告诉瑞瑞：“宝宝，那个人只是外表看起来长得像爷爷，但他不是你的爷爷，他是别的小朋友的爷爷。”瑞瑞不相信妈妈的话，还是用他的小指头指着屏幕，大声喊着：“是我爷爷！是我爷爷！那个白头发的是爷爷！”

瑞瑞把电视上的白头发男人认作自己的“爷爷”，在现实生活中，这是这一年龄阶段孩子的正常表现。这一阶段的宝宝早期语言发展还未成熟，语言的词汇量很有限，正处在对词汇的积累和初步的言语学习阶段。同时，其思维的发展正处于前运算阶段（2～7 岁），这个阶段的标志就是符号功能的出现，词汇或者物体都可以作为一个思维的符号。宝宝不仅会把爷爷认错，还会认为兔子就是“大白兔”。因为他们的符号特征很明确，“爷爷”这一词汇在宝宝眼中就是白头发的人，“兔子”就是白色的，等等。

其实，语言是年幼儿童思维表现符号化的最明显的方式。那么，什么是思维的符号功能呢？符号功能是指使用符号，如表象和词汇，去表征事物和经验的能力。儿童早期思维的发展和语言有着密切的关系，儿童心理学家皮亚杰认为，认知发展会促进语言的发展。尽管大多数 1 岁左右的婴儿已经能说出第一个有意义的单词，但是直到 18 个月时，他们在言语中才能表现出其他符号化的迹象。比如，宝宝看到电视里的“白头发”男士，说那是他的爷爷。这表明此时的幼儿试图通过操控心理符号“白头发 = 爷爷”这一非常明显的特征进行思维。

在早期儿童语言发展过程中，还存在另外一种情况，即儿童会过分延伸词汇的使用。在幼儿早期习得言语阶段，宝宝会过分延伸词汇的含义，即过度泛化。瑞瑞因为爷爷有白色的头发，所以他就会理所当然地认为有白头发的男人都应该被称作爷爷，于是用“爷爷”这个词来代替所有的白头发男人。宝宝语言的过分延伸现象，会随着宝宝词汇量的增加，以及爸爸妈妈对宝宝言语的恰当反馈，如“宝贝，不对，那个人看起来是有点像你的爷爷，但是他是别人的爷爷，不是你的”等，逐渐减少并能够逐步学会正确使用词汇进行交流。

当宝宝的思维发展进入前运算阶段，宝宝的词汇量不断增加，对词汇的含义不断完善与充实后，宝宝对词汇的理解就更加明确了，对词汇的过分延伸使用这一现象就会消失，因此，爸爸妈妈不需要太担忧。

现在，爸爸妈妈应该明白宝宝叫错爷爷的原因了。那么，父母该怎么做呢？以下一些建议供参考。

- 要及时纠正宝宝的语言，给予正确的语言反馈，并告诉宝宝原因，刚开始宝宝可能理解得不够深刻，但随着宝宝语言的发展，宝宝会逐渐理解、明白。

- 经常与宝宝进行互动式交谈，增加宝宝的词汇量。在学习单词、句阶段，宝宝常用一个词表达好几种意思或者是一个句子，对词汇理解得比较片面，这时就需要父母经常与宝宝进行互动式交谈。

心视界

过度扩展与扩展不足

宝宝在早期词汇使用的过程中，既常常发生过度扩展现象，即用范围较小的词去指代范围较大的事物，如宝宝把所有带轮的交通工具都叫作“汽车”，又常常发生相反的现象，即扩展不足——用范围较大的词指代范围较小的事物，如宝宝只指着苹果说“水果”，而没有明白“水果”其实指代的是一类而不是某个物体。研究者指出，宝宝所犯的这两类错误也可能是宝宝学习新单词的一种策略，而这种策略是否能成功促进新单词的学习，取决于家长是否能给予宝宝及时的纠正。

● 为宝宝创造宽松自由的学习环境。可以和宝宝一起玩词汇游戏，让宝宝听一些讲词汇的视频或音频，促进宝宝对词汇的理解。

● 扩大宝宝的交友圈。促进宝宝与其他人交往，让宝宝接触更多的小朋友，通过人际交往来促进宝宝语言的发展，尤其是词汇量与理解能力的发展。

● 采用诙谐幽默的故事、童谣、歌曲、笑话等都能有效激发宝宝学习语言的兴趣，有助于宝宝语言和思维能力的培养。

● 父母要尽量使用简短的语言，并且要多次重复，以起到强化的作用，加深宝宝的记忆，从而增加宝宝的词汇量。

名言录

就词汇的运用而言，儿童并不同于鹦鹉。他并非仅仅模仿声音，而且能够运用他已获得并储存起来的知识。

——意大利幼儿教育学家蒙台梭利

宝宝3岁时就爱做“鬼脸”，为什么？

贝贝快3岁了，最近不知道怎么了，就爱做各种鬼脸，还喜欢模仿爸爸做鬼脸的样子，逗得爸爸妈妈哭笑不得。一天，家里来客人了，妈妈让贝贝叫阿姨，贝贝不说话，只是扮个鬼脸就立马跑开了。还有一次，贝贝不小心把妈妈最喜欢的花瓶打碎了，不知道该怎么办，低着头，偷偷看了妈妈一眼。她发现妈妈有点不开心了，这时贝贝突然扮了个鬼脸，一下子就把妈妈逗笑了。

贝贝的这种表现是3岁宝宝的正常行为，3岁宝宝就是经常爱做鬼脸，就像故事中的贝贝一样。“鬼脸”是指宝宝故意做出来的滑稽的面部表情，如挤眉弄眼、吐舌头、翻眼皮等。宝宝做鬼脸不是无缘无故的，也不只是简单地做一个特殊的动作或表情，他们做鬼脸是有相应的情境的，也是有原因的，我们不能只是简单地认为宝宝这么做只是一时兴起。贝贝不仅喜欢模仿爸爸做鬼脸的样子对着爸爸做鬼脸，还在一些特别的情境下对着陌生人做鬼脸，不叫“阿姨”却扮个鬼脸跑开了，不对妈妈道歉，却扮个鬼脸，这是为什么呢？贝贝为什么会喜欢做鬼脸呢？

首先，宝宝爱做鬼脸是有原因的，在不同的情境下有不同的原因。一方面，宝宝爱模仿家长、同伴或其他人的行为，并且还想表现自己的小幽默。贝贝就是因为见过爸爸做鬼脸的样子，于是她潜意识里学会了，然后做出了

"小鬼脸"给爸爸妈妈看。爱模仿是宝宝的天性，宝宝的模仿能力与生俱来。宝宝从一出生就开始模仿，周围的人、动物（小猫咪、小狗、小鸡等）甚至是物体都可能是宝宝模仿的对象。宝宝的模仿具有积极主动性，他们在模仿中获得丰富的经验，从而不断地学习与成长。另一方面，宝宝做鬼脸也与大人的反馈有关，当宝宝发现自己每次扮鬼脸都逗得大家哈哈大笑，他就会强化这个行为，提高发生的频率，因为宝宝感到通过做鬼脸得到了大家的关注，从而在以后的生活中才会经常出现这一行为。

其次，宝宝做出鬼脸，是为了舒缓自己的情绪，如害羞、紧张、无措。贝贝不想叫"阿姨"，有点害羞，从而用做鬼脸来舒缓自己当时的害羞与紧张，最后还跑开了。扮鬼脸只是宝宝舒缓情绪的方法之一，当他们感觉到害羞、紧张与无措时，就采取了这个他们认为能够用来舒缓自己情绪的方法。当然，宝宝还可以通过发出声响、做出各种动作与姿势或者是触碰自己的衣服等方法舒缓自己的情绪。

最后，做鬼脸也是宝宝在人际交往和互动过程中的一种"小伎俩"。3 岁的宝宝已经能够理解妈妈的情绪，并做出相应的反应。当妈妈不开心时，宝宝能够很快地辨别出来，然后采取相应的措施。贝贝把妈妈心爱的花瓶打碎了，贝贝感受到妈妈的情绪后，想通过做鬼脸这一行为缓和一下尴尬的氛围，让妈妈开心起来，并原谅她，同时也是为了逃避惩罚。可见，宝宝不是一无所知，宝宝是能够感受到妈妈或者其他人的情绪变化的，从而在必要时候，运用做鬼脸这一计策缓和气氛、舒缓紧张情绪，以及逃避可能由自己的不良行为带来的惩罚。。

不得不说，宝宝很聪明，他们也有自己的小方法，来展现自己的小幽默，舒缓自己的紧张与害羞，甚至是逃避惩罚。宝宝也可能会采取其他方法来达到自己的目的，做鬼脸只是宝宝表达情绪、与大人进行交流的方式之一。因此，父母不需要觉得宝宝的行为奇怪，要正确对待，及时地给予宝宝反馈，促进良好亲子关系的发展。

心视界

当母亲面无表情时

很多研究采用一种"冷面范式"来考察 2～9 个月宝宝与母亲互动时的情绪管理。实验中，母亲首先与婴儿正常地进行面对面的交流，然后进入冷面阶段，母亲突然面无表情、安静且没有任何回应，等几分钟之后，母亲恢复正常的交流模式。结果发现，在冷面阶段，婴儿一般都会停止微笑并看着母亲，然后他们也会做鬼脸、弄出声响、做出各种姿势，或者是碰触自己、触摸自己的衣服、触摸椅子等，看起来像是在安慰自己，或者是舒缓母亲的意外行为所带来的情绪压力说到这里，家长应该明白宝宝爱做鬼脸的各种原因了。那么，面对宝宝的这一表现，父母该怎么做呢？下面有一些建议。

- 正确识别宝宝的情绪。在宝宝做鬼脸时，父母要学会辨别宝宝做出这一行为的原因，并给予及时的反馈，促进宝宝情绪的合理表达，舒缓宝宝的情绪。
- 当宝宝做鬼脸仅仅是为了表达自己的一种小幽默时，家长不需要过于关注，也不要阻止他们。
- 锻炼宝宝的人际交往能力，让宝宝充满自信。宝宝在陌生人或者是不熟悉的人面前可能会有点害羞，不敢表达，这时就需要父母在生活中多锻炼宝宝，让宝宝多在其他人面前展示自己。
- 及时地调整情绪，同时正确教育宝宝。如果宝宝是在父母不开心时做鬼脸，父母要明白宝宝可能是为了缓和气氛才做出这一行为，父母应及时调整自己的情绪，但不能就此忽略了宝宝所犯的错误，要及时地告诉宝宝什么样的行为才是正确的，及时教育宝宝，让宝宝认识到自己的错误并改正。

名言录

婴儿使用简单的策略调节如恐惧这样的情绪。随着儿童的成长，他们调节情绪的技巧更为娴熟。

——美国心理学家罗伯特·V. 卡尔

当宝宝玩新玩具时总爱看妈妈的脸色，为什么？

林林 2 岁了，他很喜欢玩玩具。一天，妈妈给林林买了一套新玩具，他很高兴，非常想玩这个新玩具，他一边目不转睛地看着这个新玩具，一边时不时偷偷看着妈妈的脸色，当妈妈说“玩吧，注意不要弄坏了”后，林林才放心大胆地玩起来。

林林的这种表现是正常的，是这个年龄阶段宝宝的正常行为。当宝宝在一个不确定的环境中，如林林面对着一个新玩具，不知道自己能不能玩、可不可以碰时，他会寻求一种社会参照，这种社会参照可能是妈妈的一个动作、一句话，也可能是一个默许的眼神。这种社会参照是儿童社会化的一种标志，是宝宝在不断成长的一种表现，表明宝宝开始关注外在他人和外界环境的反馈。

其实，宝宝在 1 岁时就已经具备了社会参照能力。那么，什么是社会参照呢？社会参照是寻求情感信息以指导自己行为的能力。在这个过程中，个体通过寻求和解释另一个体的感知，以确定在那些模糊、困惑或者不熟悉的情境中该如何做出反应。婴儿遇到陌生人或者新玩具时，通常会关注自己的抚养者，此时使用的就是社会参照的方法。林林面对新的玩具，并不确定妈妈的态度是什么。因此，他时不时地偷看妈妈的脸色——这是一种具体的社会参照，以确定自己是否可以玩那个新玩具。心理学家发现，宝宝在不熟悉、困惑的情境中，会通过观看父母的脸、理解父母的感知来判断自己是应该接受还是拒绝某个事物，这也是父母与儿童二者建立情感共鸣的表现。

另外，在社会参照过程中，成人的暗示对宝宝来说是一种特殊的参照信息。宝宝容易受暗示的影响。成人的暗示对宝宝做出决定有很大的影响，会影响宝宝的选择与判断，这种暗示是悄无声息的。成人可能会无意识地把自己的意志强加给他们，影响他们进行判断和行动的能力，这时就需要父母尽量避免自己的行为对宝宝产生渗透性的约束力，而应平静、缓慢地行动，避免宝宝受到不良暗示。当宝宝在寻求社会参照时，父母要给予宝宝一种积极正面的反馈，简要、明确地告知宝宝具体该如何做。

宝宝的社会参照对学步期幼儿的其他方面的发展也具有重要的作用。比如，通过社会参照，宝宝可以理解他人的想法，理解哪些事情是爸爸妈妈允许做的，哪些事情是不可以做的，理解一定的社会规则，从而促进宝宝社会性的良好发展。在社会参照过程中，宝宝可以丰富对自己的认识，逐渐认识到自己的行为的对错，并进行适当调整。

看来，根据社会参照，宝宝能够识别父母的态度，并能够利用父母的反馈来指导自己的行为。因此，在宝宝偷偷看家长时，不需要太惊讶，宝宝只是不知道该怎么做罢了，他需要一个简单明确的指导，以帮助他解决当前面临的困惑。

看到这里，父母应该明白宝宝玩新玩具时看妈妈脸色的原因了。面对宝宝的这一行为，父母又该怎么做呢？下面有一些建议。

- 当宝宝偷偷地看妈妈的脸色时，不要太惊讶。宝宝只是在参考妈妈的意见，寻求线索与信息，以此来确定自己该如何做。

心视界

寻找社会参照的宝宝

在一个陌生或不确定的环境里的婴儿经常看着自己的父亲或母亲，好像寻找帮自己解释环境的线索，这是一个称为社会参照的现象。例如，在赫斯伯格和斯维达的一个研究中，研究者向 12 个月的婴儿呈现发出声音的新异玩具，如发出嘶嘶声的玩具短嘴鳄，并要求父母满怀高兴地看着一些玩具，又满怀恐惧地看着另一些玩具。结果发现，当父母高兴地看着玩具时，宝宝会尝试玩玩具；当父母恐惧地看着玩具时，宝宝也显露出担忧，并移开玩具。社会参照现象显示，婴儿会借助父母的情绪来调节自己的行为。

- 父母要注意自己的言行，因为父母不经意的言语和动作，对宝宝来说都是一种社会参照的标准。
- 当宝宝做一件事情犹豫不决时，父母要及时给予正确的说明和指导，并告知宝宝这么做的原因。
- 父母要经常与宝宝交流，及时了解宝宝内心的想法，帮助宝宝解除内心的困惑，以及了解宝宝正在面临的困难，帮助宝宝解决困难。
- 当宝宝犯错误时，父母不要急于指责，而是要平静地自我反省一下，是不是父母没有给宝宝一个正确的引导，父母要注意自己的行为和言语。

名言录

和成人一样，婴儿利用他人的情绪指导自己的行为。

——美国心理学家罗伯特·V. 卡尔

宝宝有时独自在角落里一个人发呆，为什么？

铮铮 4 岁了，但不知道他怎么了，最近有时会自己发呆。有一次，铮铮在家里玩积木，刚开始还玩得好好的，没过一会儿就开始呆呆地看着手里的积木，一动也不动，发呆了好一会儿。他待着待着，突然大哭起来，妈妈一头雾水。询问之后才知道，原来铮铮刚才在绞尽脑汁地想用积木搭建个火车的山洞，可他想来想去也没有想出搭山洞的办法，最后急得哭了起来。

铮铮的这种表现是 4 岁宝宝的正常行为，因为他已经具备了独立思考的意识和能力，需要有自己独处的时间和空间，做一些自己想做的事，而不是一味听从父母的安排。铮铮喜欢玩积木，这是一种建构游戏。一般来说，在这种游戏过程中，宝宝需要一定的时间进行物体的建构设计，这有利于宝宝思维能力和动手操作能力的发展。积木、拼图等游戏，都是幼儿阶段培养儿童独立思维能力的方式。那么，铮铮为什么会在玩时发呆呢？

其实，宝宝的发呆，是儿童成长中一种必要的学习过程，也是思维建构的过程。例如，铮铮玩积木，是一种操作学习，是 4 岁宝宝的一种学习方式。他可以把自己头脑中设想的事物，通过自己的动手设计呈现出来，在这一过程中体会到一种成功的喜悦。然而，有些父母并不理解宝宝的这一行为，于是就随意地横加干涉，打断宝宝思考的过程。尤其是当宝宝正在聚精会神地操作手里的东西或者是看着积木发呆时，表明宝宝的思维正在自己的小世界中驰骋，宝宝进行独立思考和想象的过程需要一定的时间和空间，而此时打断宝宝的发呆，就是打断了他们的思路，不利于宝宝思维和注意力的发展。铮铮在角落里玩玩具时突然开始发呆，后来又大哭，正是体现了他已经经历了思考的过程。面对这种情况，父母可以在事后询问他刚才在想什么，与他进行沟通，进而提供有效的策略指导。

在生活中，宝宝不但要拥有一定的独立思考时间，还要拥有独立的空间。只有在具备独立的时间和空间的基础上，才能保证宝宝独立思维能力的建立。研究发现，3 岁甚至更小的宝宝，已经拥有了独立自主的意识，有自己的想法和需求，但是这种自主需求在很大程度上是要依赖成人的帮助才能完成的，因此，父母在宝宝的生活中也扮演着一个“入侵者”的角色，成人可能会“入侵”宝宝的独立空间和时间。例如，在家庭中，爸爸妈妈，也许还有爷爷奶奶，看到宝宝一个人在玩积木时，会不停地走到宝宝身边，进行“宝宝喝口水”“宝宝站起来，不要坐在地上”等看似温暖的关怀，但实际上却干扰了宝宝的思维。

总之，宝宝不仅需要身体的自主，还需要拥有心理上独立的自主意识。他们在自我的意识上有对空间和时间的独立享有的权利，这种权利不仅仅是成人的特权。父母不希望自己的空间被侵犯，同样，也不要轻易地侵占宝宝的独立空间和时间。因此，父母要学会适当地放手，而不是一味地掌控孩子的一切，包括宝宝玩的时间。

说到这里，父母应该明白宝宝发呆的原因了，那么，面对发呆的宝宝，家长该怎么做呢？下面有一些建议供家长参考。

心视界

尊重宝宝的自主意识

宝宝的自主意识在不同年龄会有不同的表现。当一个 3 岁的宝宝在公园玩得开心，不愿回家时，他在练习自己的独立自主意识；当一个 4 岁的宝宝在静静地摆弄玩具，努力按自己的想法来玩时，他是在增强自己的自主意识。自主不等于为所欲为、不听话、执拗，真正的自主是“有所为有所不为”。但是，只有当宝宝天生的自主愿望得到足够的满足时，他们才能在家长的引导下学会在某些事情上约束自己。如果宝宝的行为过多受控，他们会选择在不该反叛的时候反叛。

● 不要随便打断游戏过程中正在发呆的宝宝。宝宝在发呆时，是在自己的世界里进行思考，在专注地想事情，或者是在借助手中的玩具进行想象。因此，父母需要给予宝宝时间，让宝宝学着自由地思考与探索。

● 尊重和保护宝宝的个人空间。宝宝有自己的小秘密、小想法，父母要学会保护属于他们的小天地。

● 为宝宝创造独立的空间和时间。父母应为宝宝创造一些条件，如家里的某个区域，可以作为宝宝的专属管制区，在那里宝宝可以做一些自己想做的事。

● 父母不要为宝宝安排所有的事情，也不要总是待在宝宝的身边，要有意识地锻炼宝宝，让他们学会管理自己的时间。

● 父母的角色应是科学的抚育者，而不是塑造者，是“园丁”，而不是“木匠”。

名言录

多给别人尤其是孩子空间，是多么仁慈啊——让他呼吸，只给他真正需要的支持。

——意大利哲学家、心理学家皮耶罗·费鲁奇

宝宝“偷拿”小朋友的东西，为什么？

4 岁的兜兜很愿意上幼儿园。每天妈妈都很放心地看着兜兜开开心心地去幼儿园。可是，有一天，妈妈帮兜兜整理背包时意外地发现，他的包里有好多没见过的橡皮和小玩具。顿时，妈妈皱起了眉头，心里不停地问自己：难道兜兜学坏了，这么小就会拿其他小朋友的东西？

幼儿阶段有些宝宝会像兜兜一样，把别的小朋友的东西，如小贴纸、漂亮的发夹，悄悄地装起来带回家。所以，回家以后爸爸妈妈就会发现，有一些不是自己给宝宝买的东西，竟然出现在了宝宝的包里。通常，父母的第一反应都会很惊讶，即宝宝喜欢将自己想要的东西窃为己有。这种行为不仅发生在幼儿园，偶尔也会发生在去完亲戚家或者其他的一些地方。那么，宝宝为什么会偷拿别人的东西呢？

第一，可以从儿童心理学家皮亚杰的儿童道德认知发展理论中找到答案。皮亚杰的道德发展阶段理论认为，儿童的品德发展分为三个阶段：前道德阶段（2～5 岁）、他律道德阶段（6～7 岁）和自律道德阶段（8 岁以后）。上面例子中的兜兜，从年龄上来讲就处于皮亚杰所说的“前道德阶段”。所谓前道德阶段，是指儿童的思维是处于一种以自我为中心的状态，他们按照自己的想象去执行规则，规则在他们眼里是不具有约束力的；他律道德阶段的儿童的道德判断受外部的价值标准的支配和制约；自律道德阶段的儿童的思维则开始摆脱自我中心，不再盲目服从父母及老师。正处于前道德阶段的兜兜，对于社会规则还没有完全了解，在他看来，只要是自己喜欢的东西（如漂亮的发夹、玩具等），即使不是自己的也可以拿，因为拿别人的东西是自己愿意的行为，不受任何人（老师、父母等）限制。

第二，宝宝拿别人东西的行为其实并不是大人眼里的“偷”，这与成人世界的偷盗，是两个截然不同的概念。因为在宝宝的头脑中可能并不存在清晰的“偷”这个概念。所以当宝宝在把别人的小玩具往自己包里装的时候，他心里的想法可能很简单：这样我回家就能接着玩了！或者，因为喜欢，想带回家占为己有。这时，在宝宝的脑袋里，他的行为无可厚非，“我喜欢，所以我拿走了”——这是心理上的一种自我中心表现。社会的规则、制度，宝宝统统地都不“认账”。所以，想要宝宝不随意拿其他小朋友的东西，就需要父母与老师帮助宝宝逐步建立、了解社会的道德标准。比如，兜兜的父母可以心平气和地告诉他：“不是自己的东西，是不能随便带回家的，无论你有多喜欢。因为它不是你的，是别人的。”父母要帮助宝宝顺利地从前道德阶段过渡到他律道德阶段和自律道德阶段。儿童道德意识的发展不是一蹴而就的，它需要父母的积极关注和正确导向。

总而言之，像兜兜一样，处于这一阶段的宝宝还不能对自己拿别人的东西这一行为做出一定的道德判断，但是爸爸妈妈可以给予宝宝温柔的告诫，帮助宝宝区分对错，让宝宝慢慢接受和理解他所生活的世界的道德规则。

即使宝宝行为的发生是基于这一阶段固有的发展特点，也并不意味着父母就可以对宝宝的这种行为置之不理；相反，家长需要积极地引导宝宝。我们给出以下几点建议。

心视界

宝宝物体所有权的发展

当宝宝“偷”别人的东西时，他其实侵犯了别人的物体所有权。但是，宝宝理解物体所有权吗，即明白在什么情况下物体归谁所有吗？研究发现，2 岁和 3 岁宝宝认为，东西最先是谁的就一直是这个人的，所有权不会发生转移，哪怕这个人把东西送给了第二个人。有趣的是，3 岁宝宝虽然认为东西是原先那个人的，但他们觉得只要偷东西的人会把东西还回去，偷东西的人就可以把东西拿回家。4 岁宝宝能够理解礼物不再归送礼的人所有，同样明白当一个儿童偷了另一个儿童的东西时，东西仍是原先儿童的，偷东西的儿童也不能把东西带走，但如果是一个成人偷了另一个成人的东西，4 岁宝宝就难以正确做出判断了。到了 5 岁，宝宝的物体所有权认识才发展得比较成熟。

- 父母可以用平稳的语气对宝宝进行说服引导。对于宝宝行为所造成的结果进行分析，给宝宝讲道理，告诉他这种行为不恰当的原因，并且告诉他应该怎么做。
- 在不同的公开场合，如商场、图书馆、超市等地方，父母要及时地告知宝宝要注意哪些事情，哪些行为是可以做的，哪些行为是不可以做的。
- 多与宝宝沟通，了解宝宝的需求，合理地予以满足。对于不合理的要求，父母要学会坚定地拒绝。
- 父母对于社会规则中的一些制度，要有明确的认知，这样才能更好地引导和教育宝宝。
- 可以让宝宝通过自己的劳动得到自己想要的东西，让宝宝帮爸爸妈妈做一件他力所能及的事，然后爸爸妈妈可以对这一行为进行奖励，这样既能够让宝宝感受到快乐和满足，又能够培养他做一个勤劳的小宝贝。

名言录

必须掌握儿童生理和精神的本性的发展规律。

——苏联教育家康斯坦丁诺夫

宝宝玩游戏“怕输”，为什么？

3岁的芊芊在玩游戏的时候经常怕输，胜负欲很强，不管什么游戏都要拿到第一名，否则就会坐在地上呜呜大哭。芊芊妈妈很苦恼，常常说芊芊任性，不应该怕输，在游戏中应该谦让其他小朋友。芊芊听到妈妈的话哭得更加伤心了，还大声地说：“我就是要赢，不要输！”这么小的孩子为什么胜负欲如此强烈？芊芊为什么这么“怕输”呢？

例子中的芊芊虽然只有3岁，但是这个年龄阶段的宝宝似乎非常在乎游戏的输赢，他们的“胜负欲”非常强烈，一旦失败就会大哭控诉，显得非常“无助”。这和宝宝这个时期的自尊发展特点有关，3～4岁宝宝的自尊已经开始发展，但发展并不稳定。我们可以将这个时期宝宝的自尊称为“有条件的自尊”，即自尊的获得还依赖于在游戏等活动中获得成功，这是3～4岁宝宝自尊发展过程中的一种正常现象。那么，为什么这些宝宝会那么在乎输赢，失败之后会陷入“无助”状态呢？

首先，宝宝的这种“无助”状态和自尊的获得有关。3～4岁宝宝的自尊发展很不稳定，很多宝宝通过在游戏等活动中取得成功来获得自尊。有些宝宝会认为失败或批评是对自我价值的贬低，在游戏失败之后，抱有这种心态的孩子就会变得手足无措，用哭来“控诉”自己的失败，陷入“无助”模式。一般来说，有 1/3 ～ 1/2 的学龄前宝宝会在失败之后出现这种“无助”模式。这是因为他们的自尊的获得依赖于成功，如果没有在游戏中获得成功，他们就会认为自己是失败的，并给自己贴上“失败者”的标签，对如何做好感到“无助”。而在这种无助感受的驱使下，一些宝宝就会感到不知所措，使用“眼泪攻势”来让大人帮助自己获得成功，而如果“眼泪攻势”也失败了，他们会觉得属于自己的成功被别人夺去了，获得自尊的心理需求没有得到满足，因此会变本加厉地大哭起来。

其次，宝宝的这种“无助”模式的出现与其对成功和失败的归因方式有关。将自尊建立在成功之上的宝宝在失败的时候更容易士气低落。这些宝宝常常把不好的表现或者他人的拒绝归因于自身的人格缺陷，而这些是他们没有能力改变的。在这种归因方式下，这些宝宝不会尝试新的策略，而是重复失败的策略或者干脆放弃。相反，那些没有把失败归于自身人格缺陷的宝宝，会将失败归因于外部因素或者认为自己需要更加努力。面对失败或者拒绝，这些宝宝会锲而不舍地尝试新的策略，直到找到有效的方法。这类宝宝的自尊是“无条件的自尊”，即自尊的获得不再依赖于是否获得成功，相比较而言，拥有“无条件自尊”的宝宝在游戏中即使输掉了，也不会气馁，反而会更加努力，争取在下次游戏中获得成功。

最后，宝宝在游戏中失败后的反应与父母的教养方式有关。如果父母将“赢”作为成功的唯一目标，在宝宝失败后采取拒绝或者批评的态度对待宝宝，这样宝宝会更加害怕“输”，因为输掉游戏的同时，也会失去父母的表扬和爱。相反，如果家长无论失败或者成功都无条件地支持宝宝，那么宝宝就不会把“赢”看得太重，在游戏中能尽情投入，享受游戏的过程。宝宝也会学会以这样的方式追求自尊，获得“无条件的自尊”。

心视界

高自尊儿童期望得到的反馈方式

研究者对高自尊儿童期望得到的父母的反馈方式进行了调查，结果发现，他们更喜欢老师或者家长给他们具体、有重点的反馈。即便是表扬，他们也更加偏爱真诚、具体、符合自身情况的表扬，而不喜欢家长以敷衍、浮夸的方式对他们进行表扬。在批评的反馈方式中，高自尊儿童更容易接受能够指出错误的批评方式，而不是对儿童能力或者人格进行贬低的批评方式。例如，如果儿童的 T 恤穿反了，他们讨厌父母批评他们“你没看到你 T 恤穿反了吗？你什么时候才能学会自己穿衣服？”，而较为容易接受父母说“看，你的 T 恤标牌在前面，注意下次别再犯这种错误了”。家长的反馈方式对儿童形成自我认识具有重要作用，家长要学会如何表扬和批评。

总而言之，宝宝的怕输既和自己的自尊发展特点、归因方式有关，又和父母的教养方式有关，为了让宝宝更好地发展自尊，在游戏等活动中更加积极参与，享受游戏过程中的乐趣，家长可以参考以下建议。

- 当宝宝输了游戏的时候，告诉宝宝这只是游戏，输赢并不重要，重要的是在游戏中和小伙伴一起分享游戏中的快乐。
- 父母不要把赢当作成功的唯一标准，告诉宝宝成功分为很多种，即使输了，下次做得更好也是成功。
- 善用表扬和批评，给宝宝及时、客观的反馈。如果表扬宝宝，要具体指出宝宝哪里做得好，哪里还需要改进；如果批评宝宝，要指出哪里做错了，应该如何改正等。
- 无条件地爱宝宝，不要把获得成功作为爱宝宝的前提和条件，要让宝宝感受到家长对宝宝无条件的支持和爱。

名言录

失败也是我需要的，它和成功对我一样有价值。

——美国发明家爱迪生

宝宝出生不久就对味道有偏爱，为什么？

鹿鹿刚出生不久就对不同的味道做出不同的反应。比如，当吮吸到甜甜的母乳时，他会长时间吮个不停，脸上还洋溢着放松与享受的表情。而当他不小心舔到酸柠檬的汁液时，会皱起小脸，噘起小嘴巴，把酸汁用舌头吐出来。宝宝这么小，为什么就会对不同味道做出不同的反应呢？

宝宝刚出生不久，就对不同味道产生不同反应。这种反应往往表现在他们的面部表情上。比如，当他们喝到甜甜的乳汁时，其表情是放松、满足的。当调皮的父母将酸的东西（柠檬等水果）放到宝宝小嘴里时，他们会通过噘嘴把酸汁吐出来，还会咧嘴哭个不停，抗议酸味带来的不舒服。每当宝宝对不同味道的食物做出不同表情时，家长都会好奇：宝宝到底喜欢什么味道，他们那么小就会产生对不同味道的偏好吗？

首先，宝宝生来就具有味觉偏好的能力。味觉的感受器是分布在舌面各种乳突内的味蕾。在母亲怀孕 7～8 周时，胎儿的味蕾初步形成，而到 13～15 周的胎儿味蕾形态上接近成人。研究证实胎儿可对不同气味的物质刺激产生不同的反应。比如，注射甜或苦的物质到母亲的羊水时，胎儿会表现出不同的吞咽动作，这些吞咽动作提示我们胎儿喜欢甜味，拒绝苦味。刚出生的宝宝就能凭借自己的味蕾品尝各种味道，其中舌尖对甜味最敏感，舌中、舌两侧和舌后分别对咸、酸和苦最敏感。

其次，宝宝在不同阶段对味道的偏好不同。新生宝宝喜欢母亲甜蜜的乳汁，而宝宝出生时对咸味的反应和对清水的反应相比，要么是显得漠不关心，要么是加以拒绝。但是到了 4 个月大时，他们就偏爱咸味了。这一变化为他们接受固体食物做好了准备。也就是说，当宝宝与不同味道的食物进行接触之后，一些宝宝开始学会喜欢这些味道。例如，喂宝宝吃咸味的谷物类食物，他们就能接受范围更广的咸味食物。用研磨的大豆或者其他蔬菜汁来喂之前一直喝牛奶的宝宝，不久之后，他们就会喜欢这些食物而不是原来一直喝的牛奶了。在宝宝饿的时候，喂一些之前他们不喜欢但是营养丰富的食物，可以使他们形成条件反射的味觉倾向，从而爱上这些食物。

最后，宝宝嗅觉的发展为味觉偏好的形成奠定了基础。宝宝在品尝食物的时候同时会闻到食物的气味，如果气味是温和好闻的，宝宝就会品尝。宝宝还能觉察不好的气味，比如，对氨气或者臭鸡蛋味，宝宝会做出强烈的反应，如把头扭开并露出厌恶的表情，宝宝通过气味判断对食物味觉上的喜好，那些难闻的、有异味的食物会让宝宝拒绝食用，这也是适应生存的基本表现，因为一般气温难闻的食物往往是变质的或者有毒的。

宝宝对不同味道和气味的偏好是为了获得更好的生存条件而形成的条件反射。味觉和嗅觉是宝宝感知觉发展中的重要组成部分，为了促进其味觉和嗅觉的健康发展，家长要了解宝宝的味觉和气味偏好，为他们提供适合的食物，博得宝宝的“好感”，这有助于开启一段稳固的亲子关系。

心视界

新生宝宝对气味也有偏好

新生宝宝不仅有特定的味道偏好，还有特定的气味偏好。比如，他们生来就喜欢香蕉、巧克力的气味，当闻到这些气味时，他们会表现出愉悦的表情；他们不喜欢醋、臭鸡蛋的气味，当闻到这些气味时，他们会表现出厌恶的表情。还有研究者发现，当在宝宝的头的两侧分别放宝宝的母亲用过的乳垫及别的宝宝的母亲用过的乳垫时，刚出生 6 天的吃母乳的宝宝更常把头朝向自己母亲的乳垫，显示出对自己母亲的气味的偏好，而这种偏好不是与生俱来的，因为刚出生 2 天的吃母乳的宝宝还不具备这种偏好，宝宝是在与母亲接触的过程中逐渐熟悉和喜欢上母亲的气味的。

那么，如何尊重宝宝的味觉偏好，为他们提供他们喜欢而且营养丰富的食物呢？下面有一些建议。

● 对刚出生的宝宝尽量选择母乳喂养。这是因为母乳含有丰富的营养，也是宝宝喜欢的食物，在母乳喂养过程中还可以增进母亲和宝宝之间的肢体互动。

● 不使用带有刺激性气味和味道的食物逗弄宝宝。有些调皮的父母喜欢使用不同气味和味道的食物逗弄宝宝，想看宝宝对这些食物的有趣反应，但新生宝宝的鼻腔和味觉系统发育还不完善，过于刺激的气味和味道会有损他们的味觉和嗅觉发展。

● 为宝宝提供过渡的天然食物。在宝宝可以品尝固态食物之前，让其闻一闻新食物的香气，判断其对新食物的喜好，适当为其提供一些加入咸味的谷类食物，或者其他基于蔬菜的天然食物，这样孩子能够更为广泛地接受咸味的固态食物。

● 在保护味觉偏好的基础上为宝宝提供适合其年龄阶段的食物。刚出生的宝宝味觉系统和消化能力还较差，可以为他们提供淡味的乳汁，而随着宝宝逐渐长大，可以稍微提供浓度加大的乳汁和蔬菜汁，让宝宝的营养更加全面。

名言录

智慧素以千眼观物，爱情常以独目看人。

——苏联作家高尔基

1岁前宝宝就喜欢看布满图案的布，为什么？

惜惜1岁了，她特别喜欢布满图案的花布，有时家长拿着带着图案的布料在她面前摆弄，惜惜会目不转睛地看着。有一天，一位第一次来惜惜家做客的阿姨穿了件鲜艳的带花朵图案的连衣裙，惜惜就目不转睛地盯着阿姨的衣服看，还想用小手去抓阿姨身上的“花朵”。惜惜为什么喜欢盯着复杂图案看呢？

新生宝宝睁开他们朦胧的双眼时，对这个世界的认识就开始了。刚出生的宝宝看到的世界是模糊不清的，他们只能看到事物的一个大概轮廓，但是他们已经开始通过已有的视觉能力对环境进行探索。虽然他们的眼睛运动还很慢，而且不太准确，但是对感兴趣的事物他们总是用自己纯真的双眼追踪。尤其是看到色彩鲜艳、图案复杂的图形时，宝宝的眼睛会紧盯不放，仿佛这些图案有着神奇的魅力，这是为什么呢？

首先，宝宝在出生几个月后，视觉聚焦能力逐渐提升。宝宝的视觉系统成熟得很快，3个月左右的宝宝就能像成人那样对物体进行聚焦。如果这个时候拿着一个宝宝喜欢的玩具在他面前移动，就会发现宝宝的眼睛能够慢慢跟随玩具移动。视觉追视帮助宝宝探索移动的物体，如果抚养者突然消失在他能够追踪的视野里，宝宝就会感到疑惑不解或者不安，而如果抚养者重新回到宝宝的视野里，宝宝会因为重新追踪到抚养者的身影感到安心和愉悦。

其次，宝宝对色彩感知的发展使得他们更偏爱彩色刺激。灰色刺激和彩色刺激相比，宝宝更喜欢彩色。这是因为彩色饱和度高，在视觉上更加醒目，能吸引宝宝的注意力。在出生几个月之后，宝宝就会显示出这种偏好，看到蓝蓝的天空，红的、粉的花朵，宝宝会手舞足蹈，眼睛盯着这些色彩鲜艳的物体。一旦具备对色彩的敏感性，宝宝便开始对视野内的环境进行探索。在这个过程中他们会留意身边色彩斑斓的物体，并开始对光照和色彩加以利用，形成对物体大小、深浅的知觉。

最后，随着宝宝的不断成长，他们会更加偏好那些有着复杂图案的物品。这是因为宝宝更加偏爱有更多对比的图案，而复杂图案的物品对比敏感度较高。对比敏感度是指一幅图案中相连区域间的光亮差异，光亮差异越大，图案的对比敏感度就越大。例如，刚出生不久的宝宝视觉能力发展得还不完善，喜欢又大又醒目的棋盘式的图案；到了2个月左右，宝宝喜欢细条纹的图案，并且花更多时间看这些细条纹图案；4个月左右的宝宝能像成人一样感知到图案中的图形；9个月左右的宝宝能对运动着的物体的图案进行感知。例如，利用运动着的灯组成的一个正在行走的人，宝宝看这幅行走的人的时间比看其他无规则的图案的时间要长得多；到12个月大时，宝宝能基于非常有限的信息对图形进行感知，仅仅观察由一条灯光轨迹组成的轮廓就能推断某一图案。

所以，宝宝在视觉逐渐发展的过程中，会更多地偏爱那些有着鲜艳色彩，同时布满复杂图案的物体。

如果抚养者为宝宝提供他们喜欢的图案，吸引他们的注意力，那么宝宝就能够和抚养者一起快乐地玩耍，在愉快的氛围中形成亲密的依恋关系，如果宝宝接收到的刺激不是他喜欢的复杂刺激，那么宝宝的注意力可能很难集中在一个点上，家长也会少了一个吸引宝宝注意力的方法。

心视界

宝宝如何看？

在生命的头几周，宝宝能对图案中的独立成分做出反应。比如，给宝宝呈现一个三角形，小宝宝就会盯着三角形的一个角。在2个月左右，当扫视能力和对比敏感性有了提高时，宝宝就能审视整个几何图形的边缘，能对诸如人脸之类的复杂刺激的内部特征进行探索，看到每个突出的部位时还会稍作停留。相比于简单的图案，宝宝对复杂图案的注视时间更长。这种对复杂刺激图案的兴趣有助于宝宝更快更好地适应这个世界。

那么，家长如何为宝宝提供适合他们的玩具和生活用品，使他们成为充满好奇心，探索这个世界的宝宝呢？下面有一些建议供参考。

- 为小宝宝选择颜色鲜艳、有复杂图案的玩具和生活用品。为宝宝提供一个自然温馨的家庭环境。让宝宝睁开眼睛探索这个世界的时候，能够看到带有多种刺激的图案。
- 当家长不知道怎么为宝宝选择玩具的时候，家长可以拿起多个玩具，让宝宝自己选择。在语言能力没有完全发展起来之前，宝宝可以通过微笑、手指等方式“指挥”大人为他们选择自己喜欢的图案。
- 当宝宝对某个图案感到好奇的时候，家长要和宝宝进行同步的反应，争取让宝宝做出更多的回应，进而形成温馨的亲子互动。
- 因为宝宝的视力还未发育成熟，为了让宝宝看清，在与宝宝互动时，应保持人脸或玩具在宝宝眼睛正前方 20 厘米左右。

名言录

教育必须从心理学上探索儿童的能量、兴趣和习惯开始。

——美国教育家杜威

半岁的宝宝在黑暗中能抓到发黑的物体，为什么？

6个月的俏俏在妈妈关灯之后还能抓住黑暗中的“小黑熊”玩偶，并且抱着“小黑熊”玩偶安然入睡，妈妈非常好奇，为什么才半岁的宝宝就能抓住黑暗中的黑色物体呢？这是不是偶然呢？结果在连续几天的观察中，妈妈关灯后即便是把“小黑熊”玩偶放在离她稍远的地方，俏俏也能准确地抓住。为什么宝宝在黑暗中能抓住黑色的物体呢？

故事中的俏俏非常喜欢自己的这个小熊玩偶，平时经常抱着它玩耍，夜晚也要有“小黑熊”的陪伴才能安然入睡，“小黑熊”是她熟悉的小伙伴。俏俏对“小黑熊”的样子再熟悉不过了，她能在一堆玩具中准确地找到自己的“小黑熊”。也就是说，俏俏已经熟悉了“小黑熊”的颜色、大小和形状，甚至“小黑熊”衣服上的纽扣样子她都非常熟悉。俏俏对小黑熊的熟悉是她能在黑暗中找到小黑熊的重要原因之一，如果俏俏妈妈让她在黑暗中找一个她平时不玩的黑色积木，可能就没那么容易了。究竟宝宝是如何判断黑暗中的黑色物体并准确地找到它们的呢？

事实上，宝宝能够在黑暗中找到黑色的物体与宝宝对物体大小和形状的恒定认识有关。在宝宝生命的第一周，尽管物体呈现在宝宝视网膜上的影像发生变化，但是宝宝对客体大小的知觉保持不变，这是形成大小恒常性的重要基础。大小恒常性是指不管物体离眼睛的距离多远，在视网膜上成像的大小如何变化，个体都能够认识到物体的大小尺寸不会变化的知觉能力。类似地，宝宝对物体的形状的知觉保持稳定的现象叫作形状恒常性。宝宝大小恒常性和形状恒常性的形成似乎是天生的能力，这些能力帮助宝宝认识一个一致的客体世界。俏俏的“小黑熊”无论是在白天还是黑夜，形状和大小并没有发生改变，这是俏俏能够在黑暗中找到它的重要原因之一。大小恒常性和形状恒常性在宝宝半岁左右时稳定发展，不过，这种能力在 10 ～ 11 岁的时候才能完全成熟。

其次，俏俏能在黑暗中发现黑色的物体，还和眼睛的暗适应有关。暗适应指的是我们在照明停止或者从明亮的地方到暗处时视觉感受性提高的一种时间过程。例如，从明亮的室外进入电影院的时候，开始觉得漆黑一片，眼睛什么都看不到，渐渐适应之后就能找到自己的座位了，这种视觉感受性提高的现象就是暗适应。研究发现，视网膜上的棒体细胞和椎体细胞都参与暗适应的过程。而在半岁左右，视网膜上的两种细胞都已发育成熟，儿童可以适应暗适应或明适应的过程。俏俏在黑暗中能够准确抓到心爱的小黑熊，就是因为视觉系统对黑暗的环境进行适应之后，看到了小黑熊，而小黑熊的大小和形状是俏俏熟悉的，这样俏俏能够准确地识别出小黑熊，进而将其抓住。

最后，宝宝对物体大小恒常性和形状恒常性的发展还依靠宝宝的双眼视觉能力的发展。研究发现，双眼视觉对大小恒常性的发展有着重要作用。双眼视觉即立体视觉，指的是宝宝对三维空间的知觉能力。1 个月大的宝宝对逐渐靠近脸部的物体会做出眨眼等防御性的反应，这就是对靠近物体的知觉能力。3 ～ 5 个月的宝宝对靠近的物体，不仅会做

心视界

宝宝单眼视觉的发展

3～5个月的宝宝开始具有双眼视觉，而之后，到了6～7个月，宝宝会逐渐发展出单眼视觉，即他们开始能够利用图片线索，理解在二维平面上表现出的立体效果。有研究者给宝宝看一幅较大的由3个从左到右依次叠放的正方形组成的图片，因为图片中左边的那个正方形完全没有被遮挡，中间的那个正方形被左边的正方形遮住了一个角，右边的那个正方形又被中间的正方形遮住了一个角，所以，看上去，左边的正方形的距离最近，而右边的正方形的距离最远。研究发现，7个月的宝宝倾向于去摸左边即“最近”处的正方形，而5个月的宝宝没有表现出这种倾向。这说明7个月的宝宝已经能够理解二维空间里的距离感了，他们具有单眼视觉。

出眨眼反应，还会使劲向后仰头和向外挥胳膊以防止靠近物体对自己造成伤害。宝宝在3～5个月时双眼视觉能力有了较好的发展，从而能够对空间关系进行准确推论。双眼视觉对大小恒常性和形状恒常性的发展具有重要的作用，在4个月大的宝宝当中，大小恒常性和形状恒常性发展较好的宝宝，其双眼视觉的发展也最成熟。

总的来说，宝宝能够在黑暗中找到黑色的物体，与视觉能力和对物体的知觉能力的发展密不可分。宝宝视觉能力和对物体恒常性的知觉能力帮助宝宝看到一个统一的客观世界，加深宝宝对同一事物的认识和理解。值得注意的是，大小恒常性和形状恒常性知觉尽管是宝宝天生就有的能力，但是还需要后天环境的辅佐才能更好地发展。

为了更好地帮助宝宝发展大小恒常性和形状恒常性，下面有一些建议可供家长参考。

- 为新生宝宝设置悬挂玩具。对于还不能爬行的宝宝，家长可在其头顶悬挂一些安全的玩具，让宝宝伸手可以够到这些玩具，在保障安全的前提下让宝宝观察物体的大小和形状。
- 使用物体靠近宝宝，帮助宝宝形成空间三维知觉。当物体靠近时，视网膜上呈现近大远小的空间感知，而在这个过程中宝宝对物体的大小和形状渐渐熟悉，进而发展出大小恒常性和形状恒常性。
- 和宝宝一起观察运动的物体。当天空中有飞机和小鸟飞过，指给宝宝看，让宝宝注意观察运动着的物体，训练宝宝双眼视觉的发展，进而为大小恒常性和形状恒常性的发展奠定基础。
- 和宝宝一起玩找物品的游戏，通过游戏，帮助宝宝建立对物体的大小和形状的稳定知觉。

名言录

古往今来，人们开始探索，都应源于对自然万物的惊异。

——古希腊哲学家亚里士多德

2岁宝宝想从微型滑梯上滑下来，为什么？

花花2岁了，平时特别乖巧可爱。有一次，妈妈带花花去买玩具，花花看中了其中一款微型滑梯，这款玩具其实是实物滑梯的缩小版，只能放在小手上把玩。可是花花把微型滑梯放在地上，还要坐上去从微型滑梯上滑下来，妈妈怕花花把玩具弄坏，及时制止了她，但花花还是执拗地想从微型滑梯上滑下来，为什么花花意识不到微型滑梯太小不能用来“滑行”呢？

2岁的宝宝经常做出这种把小玩具当成真实物品使用的行为，这是这个年龄阶段的宝宝的正常行为。2岁的花花想要从小小的微型滑梯上滑下来，这是因为她并没有意识到微型滑梯的大小并不适合，只是知道滑梯是用来滑行的。很多宝宝都表现出这种现象，即只知道这个东西的用途，但是忽略东西的大小。例如，有的宝宝穿上妈妈的高跟鞋，但小脚丫根本不适合妈妈高跟鞋的大小。每每这时父母总是在一旁哭笑不得，反复解释给宝宝听，他们还是无法理解，为什么2岁宝宝注意不到微型滑梯和高跟鞋的大小，反而执意想要使用这些东西呢？

首先，这与宝宝对这个世界的加工方式有关。在 2 岁之前，宝宝通过探索世界，给认识的事物贴上了他们的“标签”。例如，宝宝知道妈妈是女的，爸爸是男的，这就是对爸爸妈妈性别认识的“标签”。带着这些“标签”，宝宝认识了这个丰富多彩的世界，但是这种认识还不稳定，当同一个事物出现两个以上“标签”的时候，宝宝可能只能意识到其中的一个标签。例如，“微型滑梯”有两个以上的标签：一个标签是“滑梯”，微型滑梯有着与实物滑梯相似的外形特点；另一个标签是“微型”，微型滑梯是缩小版的滑梯，只能作为玩具来玩。宝宝在看到微型滑梯时首先想到的是“哇，滑梯，我在幼儿园玩过！”，在这种想法的指引下宝宝就会把微型滑梯直接拿来玩了，而忽视了“微型”这个标签，2 岁之前的宝宝对事物的表征特点通常是单向的、简单的，进而导致宝宝对现实事物的表征出现偏差，出现这种对事物相对大小的错误知觉，这种现象叫作“尺度误差”。

其次，宝宝经常出现“尺度误差”的原因之一是在 2 岁之前宝宝很难对事物的两种特点进行同时加工。例如，花花认为微型滑梯能像幼儿园的滑梯一样用来滑行，这是因为滑梯在她头脑中就是用来滑行的，而微型滑梯的外形也和平时她玩耍的滑梯具有相似性，所以她认为微型滑梯可以用来滑行。但是花花大脑中还有一个系统用来知觉事物的大小，在宝宝 2 岁之前，对事物大小的认识和对滑梯使用功能的认识还不能同时进行加工。这造成了她对事物的理解是不全面的，只能加工事物的一个方面，造成了 2 岁宝宝经常出现混淆事物大小的“搞笑”行为。

心视界

宝宝的尺度误差

有研究者在游戏室内用微型玩具替代儿童正常玩耍的室外玩具，观察 18～36 个月的宝宝会做什么。结果发现，宝宝出现了尺度误差，宝宝试图坐在微型椅子上，还试图挤进微型汽车中，且他们明显不是在玩假装游戏。研究者提出，在宝宝玩熟悉的物品时，有两个独立的大脑系统同时工作：其中一个系统帮助宝宝识别和对物体进行分类（如这是一个婴儿手推车），并做出行动计划（如我想躺进去）；另一个独立的系统可能帮助宝宝感知物体的大小，利用大小信息控制相应的行为。但是，这两个大脑系统在 2 岁之前均不成熟，它们之间的沟通存在缺陷，由此可能使得年幼宝宝经常出现尺度误差。此外，也有研究者指出，宝宝缺乏对冲动的控制可能是宝宝出现尺度误差的部分原因。

最后，宝宝在2岁之前还可能混淆对符号和实际物体的理解，这也是宝宝经常犯“尺度误差”的重要原因。在一项实验中，将2岁半儿童分为两组，告知第一组，房间被一个“缩小机”压缩成了模型大小，告知第二组“小房间”和“大房间”是一模一样的。结果发现，第一组孩子在模型中找到玩具的成功率显著高于第二组，这是因为，第二组孩子需要同时对“小房间”和“大房间”进行心理加工，这导致他们混淆了两个加工系统，不能很好地完成任务，而第一组的宝宝不需要进行这种双重操作。到了3岁，宝宝就不再会将模型和实物混淆了，因为3岁宝宝的大脑可以同时对事物多个方面进行加工。

随着对事物的认知能力的发展，宝宝逐渐学会使用多个大脑加工系统认识事物，进行多维思考，这帮助宝宝避免尺度误差的出现。那么，在年幼宝宝出现尺度误差的时候，家长需要做些什么引导宝宝正确、全面地认识事物呢?

为了帮助宝宝更好地提高对事物的认知能力，以下建议可供家长参考。

- 鼓励宝宝探索周围环境，在相对安全的前提下允许他们随意用手去触摸，用画笔去描绘，用耳朵去听。多种感官的参与可以帮助宝宝对事物进行更多的表征。
- 当宝宝把微型玩具当成实物的时候，不要嘲笑、贬低宝宝，而应让宝宝回忆实物的大小，让他们拿玩具和实物进行比较，区分二者之间的差别。
- 当2岁宝宝不能区分真实物体和玩具的大小时，抚养者可以尝试对宝宝进行简单的物体大小分类训练，帮助宝宝识别物体大小。
- 可以经常和宝宝玩“我问你答”的游戏。例如，妈妈提问：“大象是什么样子的？”宝宝回答：“大象鼻子很长，个头很大！”在你问我答的过程中，宝宝对自己认识的事物进行了再次回忆，巩固了对事物的认识。

名言录

我要把如同海滩沙粒般之多的真理，一个一个地加以思索。

——英国物理学家牛顿

宝宝出生不久就能和妈妈咿咿呀呀，为什么？

3个多月的多多，每天都很乖巧，当妈妈在他耳边轻声细语时，多多也会做出相应的回应。客观上说，多多还不会说话，但他会聚精会神地跟随妈妈的声音做出反应。多多会对妈妈的不同声调有着迷的感觉，或是将头朝向妈妈的声音，或是咧开小嘴咿咿呀呀地做出反应，好似听懂了妈妈的话。这是为什么呢？

多多的表现是婴儿时期宝宝的正常行为。一般来说，0～3岁的宝宝正处于言语能力发展的高速期。在这个阶段，宝宝会不自觉地对声音和声响做出反应，他们会对妈妈发出咿咿呀呀的声音，或者会在妈妈发声时朝向妈妈。有时候，宝宝会对不同的情况发出不同音调的咿咿呀呀。面对这种状况，成年人就会将其看作是宝宝“聪明地回答问题”的表现，从而误以为宝宝已经能够理解简单的短语。有趣的是，一般人会认为宝宝只对妈妈的声音有反应，但其实对别人的声音，宝宝其实也是兴致勃勃。随着年龄的增长，面对不同的人，宝宝的反应也会不同。

其实，上述现象是婴幼儿语言能力发展的必然阶段。伴随着发声器官的不断完善，宝宝基本具备了与外界沟通的生理基础。同时，在本身的生存需要、生理需要与原始社会性交往需要的驱动下（饥饿、想要小便、与父母游戏），他们会自发地使用声音符号吸引成年人的注意，以满足自身的需求。随着社会交往互动的增多，宝宝想要“沟通”的愿望也逐渐变得强烈。

通常，宝宝的早期语言发展可以分为三个阶段：①简单发音与单义结合阶段。此时大概是宝宝出生后的 0 ～ 3 个月，宝宝会不断发出“啊、啊、啊”的声音来吸引大人的注意。②连续音节与情境意义结合阶段。宝宝经历了一段时间的发展，已经能够发出咿咿呀呀的连续音节了。我们之前提出的现象也正是在宝宝出生后 4 ～ 8 个月时发生的。咿咿呀呀的声音常常与宝宝面对的实际情况相关，具备了最初的含义。③学话萌芽与词义结合阶段。接近 1 岁的宝宝终于能够熟练使用连续音节，同时他们也会运用挥舞的手臂动作来表达自己的想法。这个时候，宝宝开始去模仿父母的言语，磕磕绊绊地进入了语言学习的世界。所以，在整个语言萌芽的三个阶段里，咿咿呀呀都作为婴幼儿学习语言具体的表现形式，出现在观察者的眼中。

理论上，在婴幼儿掌握语言之前，有一个较长的言语发生的准备阶段，称为前言语期。尼尔森等将咿呀学语的过程划分到这一阶段中。此时，宝宝的语音语意理解是彻底分离的。这种阶段开始于宝宝对于“语言”的有意识准备，当他们意识到咿咿呀呀能够换来成人的关注时，这种阶段便开始了。

讲到这里，父母就会明白为什么宝宝很快就能咿咿呀呀地和父母“交流”了。所以，当父母发现宝宝咿咿呀呀的时候，既不要过度惊喜，也不用盲目试图与孩子进行“深层次”的沟通。以平常心对待宝宝，尊重宝宝的自然成长规律，在条件允许的范围内，尽可能为宝宝提供更多的练习机会。在练习过程中，请注意如下问题。

- 当宝宝咿呀学语的时候，家长不要过多地强迫宝宝不断发声，要适度让宝宝练习。宝宝的器官还很脆弱，不能长时间高强度地运转。

心视界

一项宝宝言语发展的观察研究

心理学研究既可以包括多个个体，如观察多个宝宝的行为从而概括出一般发展特点，又可以只包括一个个体，后者可称为个案研究。有研究者做了一项关于宝宝言语发展的个案研究，他们选择了一名宝宝，从其出生到 18 个月，坚持通过录音机、摄像机、电脑等设备，详细而全面地观察宝宝。每当宝宝出现任何发音及类似于语言表达的行为时，研究者都如实记录下来。分析发现：在前语言期，宝宝逐步学习、建立起有意识的“语言”状态；宝宝在整个前语言期的言语发展顺序和阶段与以往研究基本一致。

● 当宝宝处在学话萌芽期之前，家长要允许宝宝“手舞足蹈”，多用微笑鼓励宝宝发声，不必担心宝宝学话晚等问题。个体的发展存在一定的差异，这是正常的现象。

● 当宝宝对母亲的声音做出敏感的反应时，抓住机会，多为宝宝创造学习环境，不要因宝宝的发声而产生不耐烦、斥责等心理与行为。这是宝宝发展的第一阶段，要充分理解并鼓励宝宝发声的行为。

● 允许宝宝“犯错误”，因为宝宝就是在不断模仿和修正的过程中学习的。当宝宝说对时，要及时地鼓励；当宝宝说错时，只需要以愉快的语调把正确的语音再说一遍。

名言录

语言的获得恰似器官的生长。

——美国语言学家乔姆斯基

宝宝出生后几乎天天酣睡不醒，为什么？

从出生开始到今天，婷婷都2个多月了，每天除了喝奶外，她大部分的时间都在“酣睡不醒”。婷婷妈妈很希望将婷婷弄醒，逗逗婷婷，可婷婷完全不理解妈妈的心思，一直在睡觉。这让妈妈有些困惑，不知道该不该叫醒婷婷，婷婷的身体是不是有什么问题啊？

几乎所有的家长都会发现这样一个问题：“为什么我家的宝宝除了日常的喝奶与排便之外，基本上所有的时间都在睡觉？”其实妈妈们完全不用紧张，大部分刚出生的宝宝会将一天中绝大多数的时间用来睡觉，无论白天还是夜晚。通常，很多宝宝每天要睡18小时左右，并每隔三四小时醒一次，吃点东西。很多细心的爸爸妈妈会发现，宝宝在熟睡过程中经常会突然出现乱动甚至惊乍的表情，这让许多父母惊慌失措，以为宝宝受了惊吓或是身体不舒服，就会急忙把孩子叫醒。其实父母大可不必慌乱，宝宝的睡眠分为安静睡眠与动态睡眠两个阶段，动态睡眠这个阶段相当于成年人的快速眼动睡眠阶段，这种睡眠形式通常是成年人在做梦时出现的。动态睡眠每隔1小时就会出现，占宝宝总睡眠时间的一半。

宝宝有一个“内部生物钟”来调节他们日常的喝奶、睡觉、排便，甚至是情绪。从宝宝出生的第一个月开始，夜间睡眠的时间就会逐渐延长，同时白天清醒的时间越来越多。宝宝到 6 个月大时，则通常在晚上连续睡 6 小时，但是在此期间出现间断的觉醒也是正常的；等到宝宝 2 岁时，他们每天的睡眠时长会减少到 13 小时左右。那么，宝宝每天睡这么多，对于身体发育会起到怎样的作用呢?

研究表明，保持长时间的睡眠不仅有助于宝宝中枢神经系统的成熟和总功能的形成，对体格、认知、神经运动、气质发育乃至生长发育都非常重要。心理学家谢尔的研究发现，连续睡眠时间越长，宝宝的智力发育就越好，并且良好的睡眠还有助于宝宝情绪的控制。也就是说，保证良好的睡眠对于宝宝的身体发育具有重要意义。相反，如果宝宝不能保持足够的睡眠，则其情绪反应会受到影响，持续存在的睡眠障碍会导致宝宝生长发育迟缓，学习、记忆能力下降，并产生诸如多动、易怒、攻击性强等情绪行为问题，意外伤害发生的概率也会增加。

同时，宝宝的睡眠也有助于大脑的发育，婴儿期是宝宝睡眠 / 觉醒模式昼夜节律发展形成的关键期，越是在生命的早期，宝宝所需要的睡眠时间就越长。在睡眠过程中，宝宝的大脑发育经历了巨大的发展变化，已有研究证实，在生命初期，睡眠是大脑感觉神经系统发育及维持大脑可塑性的基本生理基础。

家庭养育环境，尤其是心理环境是保证宝宝睡眠质量的关键因素。另外，营养也是影响宝宝睡眠质量的一个重要因素。例如，有研究表明，缺铁性贫血宝宝较非缺铁性贫血宝宝夜间睡眠时间短，夜醒次数多，而在补充铁剂治疗后，其睡眠时间明显延长，夜醒次数减少。所以，让宝宝有一个愉悦的心情及良好的营养供给是维持宝宝良好睡眠的基础，也是宝宝健康成长、身心发育的有力保障。

在不同地区的不同文化环境，家长对待宝宝睡眠的观念也不同。有些美国中产阶级家庭的父母认为，在最初的 3 ～ 6 月把宝宝放在同一房间但不同床会培养宝宝独立自主、不依赖他人的品质。虽然在不同文化条件下，人们对宝宝睡眠的方式和要求不一样，但都是为了使宝宝健康成长。

心视界

不同文化中宝宝的睡眠差异

处于不同社会文化背景下的宝宝的睡眠活动也存在差异。比如，在密克罗尼西亚特鲁客人和加拿大海尔人中，宝宝没有常规的睡眠时刻表，只要觉得累了就可以睡觉，他们也没有专门用于睡觉的房间。有些美国父母为了保证宝宝的夜间睡眠，会为他们安排晚间喂食时间。生活在肯尼亚的古西族的宝宝会在爸爸妈妈的臂膀和后背上睡觉。在肯尼亚的农村，母亲会根据宝宝的需要随时给他们哺乳，4 个月大的宝宝一觉只连续睡 4 小时。

可见，对于婴幼儿期的宝宝来说，睡眠是确保宝宝茁壮成长的一个必要条件，良好的睡眠对宝宝的身心健康具有积极的促进作用。对于刚出生的宝宝来说，保证宝宝的睡眠就是为宝宝未来的身体、情绪、认知等方面打一个坚实的基础。但是，宝宝睡得多了或少了家长也不要太过着急，因为宝宝在发育过程中会存在个体差异，不同宝宝之间也会存在很大不同，所以家长需要做的只是为宝宝塑造一个适合其舒适睡眠的身心环境。以下建议可供家长参考。

- 为宝宝创建舒适、愉悦的心理环境。使宝宝可以在愉悦的心情下安然入睡。例如，在宝宝清醒的时候，抚触宝宝，跟宝宝说话，或者为宝宝哼唱儿歌，给予宝宝关怀与呵护，让宝宝感受到父母的爱和关注。
- 在宝宝还醒着、开心和放松的时候离开房间，这样他们就会学会在自己的小床上进入梦乡。不要试着摇晃或拥抱他们入睡，因为这样会使宝宝形成在父母臂弯中入睡的习惯。
- 如果家长有抽烟的习惯或最近醉过酒、一直在服药或吃一些嗜睡的药物，就要避免和宝宝同睡一张床。因为，家长不知不觉的翻身动作可能会使宝宝处于危险当中。比如，会让宝宝跌下床或把被子卷走使他们感冒。
- 室内温度和湿度要适宜，也不要给宝宝穿着过多或者盖过厚的被子，只要感觉宝宝的手心温热就可以。

名言录

一切有生之物，都少不了睡眠的调剂。

——英国作家、戏剧家莎士比亚

宝宝的记忆容易被改变，为什么？

果果 3 岁了，特别喜欢小动物。周末，妈妈也经常带果果去动物园玩。有一天，果果又要去动物园玩。可是妈妈有事不能去，于是只好哄骗果果说："我们前天才去的动物园呀，你还看到了可爱的小熊猫了呢。还记得吗，上次小熊猫说，它要去外婆家玩几天，我们等它回来了再去看它，好不好？"果果点点头说："嗯，小熊猫说它去外婆家玩了，我们等它回来了再去找它玩。"

在生活中，有时候家长会为了哄孩子或逗孩子，而编造一些实际上并没有发生过的事情。而宝宝也常常会在家长的语言"哄骗"下，真切地以为自己确实经历过了这件事情。这和成年人或年龄稍大的儿童对自己经历过的事情有着较为清楚的记忆不同。例如，在上述的案例中，要是果果 7 岁或者更大些，她也许能更清楚地回忆出小熊猫是否真的去外婆家玩了。那么，为什么宝宝对一件事情的记忆会较容易在大人的"哄骗"下发生改变呢？

这首先得从记忆的本质说起。简

单来讲，人的记忆可以分为编码、存储和提取三个过程。然而，记忆并非一成不变，它既不能被精确地拷贝，又不能被精确地提取，所以记忆既是一种构建的过程，又是一种再造的过程。宝宝这种在大人语言的“哄骗”下所形成的新的记忆也可以被称为错误记忆。其实，类似宝宝的这种错误记忆也常常会发生在成人身上。例如，当身边的人告诉我们：你已经喝过两次水了。尽管事实并非如此，但我们仍会误以为自己真的已经喝过两次水。

而对于婴幼儿期的宝宝，这种记忆容易受语言“哄骗”而发生改变的现象表现得尤为突出。这源自两个主要方面：一方面，在 0 ～ 6 岁期间，宝宝大脑中控制记忆的神经网络一直处于飞速发展的状态。由于对过去事情的记忆编码痕迹弱且不稳定，宝宝的大脑极易被当下的新情境中的言语所“哄骗”，进而重新形成新的记忆内容，也就是常常会轻易将大人所说的，但之前并没有发生过的事情编码进记忆并信以为真。另一方面，宝宝的易受暗示性与其大脑中已有的知识结构及数量有着一定的关系。当大脑在提取记忆时，会运用已存储的脚本知识去推断并联系实际事件中的相关细节，从而提取或建构记忆。当引导性的语言与宝宝大脑中的知识结构越相似时，宝宝记忆的内容越容易被改变。对于 3 岁的果果来说，把小熊猫拟人化，认为小熊猫会去外婆家玩是一件很正常的事，就像自己也经常去外婆家玩一样。所以当妈妈按宝宝的知识结构去引导并说小熊猫去外婆家玩了之后，果果会深信不疑。要是果果 7 岁了，她一定不会相信小熊猫去外婆家玩了。同样，妈妈的话也不会具有“哄骗”作用。

可见，记忆并非总如我们想象的那般准确。尤其是对于大脑处于高速发展时期的婴幼儿，想真实准确地记住并回忆出某件事情并非易事。而在外界给予某种“哄骗”时，仍能进行准确回忆是难上加难的事情。作为家长，当然都希望宝宝从小说话丁是丁、卯是卯，不出现不经意的“小谎话”，但当家长遇到宝宝说话不着边或张冠李戴时，应该

心视界

受“忽悠”的孩子

年幼的孩子常表现出错误记忆。一项研究发现，有 1/3 的 5 ～ 7 岁的孩子说自己曾在购物中心走失，而这其实根本没有发生过。孩子们“记得”没有发生过的事情，这与他们的记忆十分容易受到暗示或诱导等的影响有关。比如，有研究者曾向幼儿询问一系列可能发生但发生概率很小的事件，如“你是否被老鼠夹子夹到过手指？”，几乎所有的幼儿在第一次被问时都说没有，但在不断询问后，有一半的幼儿改口说这些事情发生过，还生动地描述了事件的细节，即使研究者告诉他们这些事情是虚构出来的，他们仍然相信自己经历过这些事。

认真地思考一下背后的真实原因，是不是宝宝真的混淆了记忆？或者是大人提问的语言含有某种引导性暗示？而不是轻易地加以指责批评，误让宝宝蒙上“不明之冤”。

为了正确对待宝宝的错误记忆现象，使宝宝的记忆能力逐渐增强，健康快乐地成长，家长可以参考如下建议。

- 小心呵护宝宝容易被哄骗的心灵。婴幼儿期宝宝的世界很美很天真，了解宝宝的知识表征结构，并用宝宝的方式与他交流是一种智慧的做法。千万记得不要用大人的思维方式来强行要求宝宝。
- 科学看待宝宝的“撒谎”现象。宝宝的记忆很容易发生改变，也许有些时候他的回答让家长觉得很荒谬或生气，但这确实是宝宝真实以为的。此时家长可以从多个角度去引导宝宝，观察并帮助宝宝去回忆出准确的记忆。
- 即使宝宝出现了错误记忆，也不要大惊小怪，可以先肯定宝宝的正确记忆，并加以鼓励；随后，可以通过一些关键词来引导宝宝正确记忆。
- 可以与宝宝适当地做一些有趣的记忆小游戏，锻炼其记忆能力。例如，用毛巾盖住几个小玩具，让宝宝回忆一下都有什么；或者把几张卡片中的一张拿走，问宝宝丢的是哪张卡片；等等。

名言录

所谓纯粹的现在，即吞噬未来的、过去的、难以把握的过程。据实而言，所有知觉均已成记忆。

——法国哲学家亨利·伯格森

胎宝宝没出生前听到爸爸的声音就“陶醉”，为什么？

何先生是一位准爸爸，妻子怀孕期间，他高兴得不得了。胎宝宝 4 个月以后，他就经常和宝宝说话：“小宝贝，你好吗？我是你爸爸哦！ ”同时，他温柔地抚摸胎宝宝，这似乎成了他和胎宝宝每天的小小沟通“仪式”。后来，准爸爸和准妈妈发现，每当准爸爸一说话，胎宝宝就会兴奋地将他的小拳头或小脚丫举起来蹬妈妈的肚子，仿佛告诉爸爸：“我听见你说话了。”那么，这是为什么呢？

一般来说，从怀孕中期开始，准妈妈就可以与胎儿讲话，抚摸胎儿，还可以给胎儿听曲调优美的音乐，从而增进准妈妈和胎宝宝之间的感情。大多数家庭都认为胎教由妈妈一人负责就可以了。其实不然，很多准妈妈表示，在怀孕的中晚期对着腹中的宝宝说话的时候能感觉到宝宝的回应，而相较于准妈妈，准爸爸的声音似乎更有磁性、更有魅力。当准爸爸对宝宝讲话、唱歌时，宝宝的反应超乎寻常的敏感，胎动频繁，有时将准妈妈折腾得挺难受。可准爸爸的安抚却能让胎宝宝平静下来。通过 B 超观察发现，当准爸爸对胎宝宝讲话时，宝宝似乎非常喜欢爸爸的声音，表现出一种类似于陶醉的状态，心情似乎很愉快。

上述现象并不奇怪。研究发现，早在胎儿期，宝宝就具备很多能力了。比如，4个月以后，胎宝宝的听力越来越强，不但能听到妈妈的心跳声，还能听到外界的很多声音。6个月时，胎宝宝的听觉感受器就已发育成熟。到7个月时，胎儿的听觉已经发育得较好，对外界的声音刺激会很敏感。在听到不同的声音时，胎儿会表现出高兴或厌恶的不同表情和反应。对于胎儿来说，他们主要通过羊水倾听外面世界的声音，声波通过环绕胎儿的羊水震动，这些震动会传到胎儿的耳膜里，从而引起中耳内的三块听小骨（锤骨、砧骨和镫骨）一起震动，这种共振会将胎儿接收到的声波放大进而传递到内耳。在内耳里，由绒毛探测引起的电流刺激通过耳神经传递给大脑。当声音传递到大脑的听觉皮层时，胎儿就能察觉到。所以，在这个阶段，当准爸爸和准妈妈对着胎儿讲话时，会引起胎儿的反射性活动。继而，准妈妈能感受到胎儿的反应。

当胎儿长到8个月时，不但能够分辨声音的强度，还能识别声音的种类。这时，胎宝宝可以分辨准爸爸和准妈妈的声音，并且对爸爸的声音更敏感。因为胎儿在母体中时，最适宜听到的声音刺激是中、低频率的声音，而男性的声音正是以中、低频率为主，所以胎宝宝更容易听到爸爸的声音。当准爸爸对着胎宝宝讲话或唱歌时，会让宝宝处于一种舒适的状态中，也更利于胎宝宝健康生长。

可见，孕育一个新的生命，并不仅仅是母亲一人的责任，父亲在胎儿成长的过程中起着不可替代的作用。妊娠5个月以后，准爸爸最好能坚持每天以一种平静的语调对胎儿讲话、唱歌。在讲话的过程中，可以根据内容逐渐提高声音。采用这种方法，可以唤起胎儿的积极反应，对胎儿出生后的智力发展和情绪稳定有非常重要的促进作用。具体来说，可以从以下几方面来充分发挥准爸爸在胎教中的作用。

心视界

胎宝宝对不同频率声音的感知

赫珀和夏希杜拉曾选择了450例胎儿，通过超声检测激发他们产生胎动的声音强度和频率范围。研究发现，随着时间增长，胎儿听到的声音频率的范围不断增加，但他们对低频的声音更敏感。在妊娠19周时，只有1例胎儿对500赫兹的声音有反应；在妊娠27周时，96%的胎儿对250～500赫兹的声音有反应；直到妊娠29～31周时，胎儿才开始对1000～3000赫兹的声音有反应；在妊娠33～35周时，所有胎儿都对1000～3000赫兹的声音有反应。

● 在怀孕的中后期，准爸爸可以通过定期讲话、唱歌或读故事等方式来和胎宝宝互动，使胎宝宝感受到准爸爸的关注，从而增进胎宝宝和父亲间的情感联系。

● 在怀孕的中后期，准爸爸和准妈妈可以选择一些轻缓和中低频的音乐进行胎教，这种舒缓的音乐能让胎宝宝感觉到舒适和安全，使其产生愉悦的情绪反应。

● 当胎宝宝开始对准爸爸和准妈妈的讲话做出回应时，要把握时机，多和胎宝宝讲话，以促进宝宝听觉的积极发展。

● 当胎宝宝正在安静休息时，兴奋的准爸爸千万不要打扰胎宝宝。尊重胎宝宝的作息规律是科学胎教的前提条件之一。

名言录

父善教子者，教于孩提。

——宋代诗人林逋

5～6 岁宝宝喜欢“比一比”，为什么？

5 岁左右的乐乐、妞妞特别喜欢在玩建构游戏时互相“比一比”。一次，他们在玩搭建房子游戏时，乐乐兴奋地指着自己搭的房子对妞妞说：“你快来看呀，我搭的房子有好多好多种颜色，可漂亮了。”妞妞也兴奋地说：“我搭的房子更漂亮，比你的颜色还多，有五种呢。”接着，其他的宝宝也互不相让地嚷着：“我的漂亮，还有烟囱呢。”“我的烟囱比你的高，比你的大……”

乐乐和妞妞的表现是这个年龄阶段宝宝发展的正常行为。一般来说，2～3 岁的宝宝在游戏中就会出现一些简单的“比一比”现象。比如，在做娃娃家游戏时，有的宝宝会说，“我的娃娃比你的娃娃大”或者“我的积木比你的多”等。在这个时期，宝宝对物体的感觉与判断能力还处于只能理解简单形状或大小的阶段。随着宝宝长大，他们到了乐乐与妞妞的年龄，“比一比”事物（幼儿阶段比较的对象往往是物体）大小的能力就有了进一步发展，不仅能比较物体的形状、大小，还能对颜色、长短或轻重进行比较。所谓比较就是对几种同类事物的异同、高低、大小等进行区分。在生活中，物体的大小、长短、轻重等随处可见，如吃饭的碗有大有小、筷子有长有短、积木有轻有重等。这些不同的物体是客观存在的，是宝宝每天都能接触到的“玩伴”或“生活伙伴”。那么，宝宝为什么喜欢对各种物体进行比较呢？

儿童心理学家皮亚杰非常形象地将儿童比喻成科学家。科学家最大的特点就是善于发现、勇于探索、不怕失败。5～6岁的宝宝已具备科学家喜欢探索、大胆尝试、不怕失败的精神。宝宝在这种精神的鼓励下，每天如同小科学家一样，对他们眼前的世界充满了好奇。在探寻的过程中，他们必须使用一种叫比较的认知能力，才能达到探索与发现的目的。儿童心理学研究表明，比较是幼儿感知并认识世界的一种重要途径。俄国教育家乌申斯基曾指出：“比较是一切理解和思维的基础，我们正是通过比较来了解世界上的一切。”乌申斯基的话让我们深信，成人的思考与理解离不开比较，宝宝的认知更离不开比较。这是为什么呢？

一方面，宝宝对事物进行比较的能力有一个发展的过程。2～3岁时，宝宝对不同的事物还不会进行比较，比如，当老师要求宝宝比较一幅图上的两个孩子时，他们会说：“太阳是黄色的，向日葵也是黄色的。”老师又问一个男宝宝：“你大，还是她（站在旁边的女孩）大？”宝宝回答说：“我也大，她也大。”显而易见，这时宝宝还不具备比较的能力，还没有形成比较的概念。随着宝宝认知能力的发展及比较事物经验的增加，宝宝逐渐能够找出物体的相应部分并进行比较。在上述的例子中，宝宝不仅能够从颜色的维度对各自搭建的房子进行比较，也可以从房子的高度和形状等几个不同的方面进行比较。

另一方面，宝宝在比较的过程中总是先学会找物体的不同之处，接着学会找物体的相同之处，最后学会找物体的相似之处。这是因为此阶段的宝宝无意注意占优势，也就是说，宝宝对突出的、有特征、有节奏、对比强度高的事物容易感知，因而容易发现事物之间的差别或不同之处。比如，“这个宝宝有蓝色的短裤，这个宝宝有蓝色的皮球”“这个宝宝有红色的帽子，这个宝宝有红色的裙子”等。在游戏活动中，老师往往会利用

心视界

5～6岁宝宝量比较能力的发展

有研究者考察了5～6岁宝宝的量比较，即比较数量的多少的能力的发展特点。他们给宝宝看2组苹果，每组苹果均由几盘盘装苹果（如10个一盘）和几个散装苹果组成，要求宝宝比较哪组的苹果多。结果发现，5岁的宝宝已经能够解决整散一致条件（整数多的一堆散数也多，如多的一组有4盘苹果和6个散装苹果，少的一组有3盘苹果和2个散装苹果）与整数相等条件（2组苹果的整数数目相等，如多的一组有4盘苹果和6个散装苹果，少的一组有4盘苹果和2个散装苹果）的数量比较问题，但是，一直要到6岁左右，宝宝才能够逐渐掌握整散不一致（整数较多的一堆散数却较少，如多的一组有4盘苹果和2个散装苹果，少的一组有3盘苹果和6个散装苹果）的比较问题。

宝宝无意注意的特点组织活动，还经常通过观察能力的培养让宝宝学着去分辨出物体的相同之处。比如，“这个宝宝穿红色带黄花的鞋，那个宝宝也穿红色带黄花的鞋”等。当宝宝学会找出物体的相同之处后，他们的比较能力获得了发展，即为判断物体的相似特性奠定了基础。随着宝宝比较能力的发展，到 5 ～ 6 岁时，他们就能够在头脑中对一系列的物体按照不同的维度进行一对一对的认知操作。在这个操作过程中，要加入第三种物体，其作用是确定两种物体之间的相似点。例如，当宝宝不会找出两个匙子的相似之处时，加上一把尺子，让他们比较三个物体中“哪两样东西相像”。这时，宝宝既可分析三个物体的不同之处，又可从尺子与两个匙子的明显不同方面看到两个匙子之间的相似之处，于是逐渐学会了比较两个匙子。此外，如果要求宝宝从一堆物体中找出“吃饭用的东西”，而这堆东西中只有两个匙子可以用于吃饭，那么，宝宝就能通过自己进行的活动，学会比较两个匙子的相似之处。

讲到这里，我们就知道了宝宝为什么会喜欢“比一比”。当宝宝的重要他人（家长或幼儿园老师）遇到宝宝常常要比比这、比比那的现象时，一定要激发他们比较物体的热情并促进其比较能力的发展。如果这种能力保护与激发得恰当，就会为宝宝日后的判断与推理能力的发展起到奠基作用。在日常生活与游戏活动中，如何培养宝宝的比较能力呢？我们给出以下几点建议。

- 鼓励和引导宝宝在生活中同时观察两种或两种以上的物体并尝试进行比较。应提供充分的机会，鼓励和引导宝宝在生活中对物品进行观察和比较。例如，观察和比较物体的形状、颜色、大小、发出的不同声音、散发的不同气味、软和硬、粗糙和光滑、轻和重，以及弹性、光滑度、湿度等。

- 创设游戏情景，激发宝宝比较的兴趣。家长可以为宝宝提供丰富的材料，并将比较变成各种游戏，让宝宝积极主动地参与其中。例如，看看谁先找出相同点（不同点），看谁找出的相同点（不同点）多。宝宝在获得游戏的快乐体验的同时，他们的比较能力也得以提高。

- 根据宝宝比较发展的年龄特点，逐渐增加比较的难度。对 3 ～ 4 岁的宝宝，主要引导他们比较物体间明显的不同点，对 5 ～ 6 岁的宝宝，则可以逐渐加大难度，不仅让他们比较物体的不同点，而且要求他们找出物体的相同点和相似之处，不断提高他们比较的能力。

名言录

比较是一切理解和一切思维的基础。

——俄国教育家乌申斯基

宝宝认为“太阳总是围着自己转”，为什么？

安安快3岁了，很喜欢看图说话。有一天，妈妈与安安一起玩看图说话游戏。当看到太阳和月亮的图画时，妈妈说：“天上有一个太阳，你认识它吗？”安安得意地说：“我当然认识了，那不是太阳公公吗？”妈妈又问：“太阳公公都做什么呀？”安安不加思索地说：“她陪我起床，陪我睡觉呗。”

婴幼儿期的宝宝都会像安安这样，认为太阳总是围绕着自己转。宝宝这种以自我角度出发去看待周围事物的心理，也会表现在日常生活的许多方面，从而他们会做出许多令人忍俊不禁的事情。例如，爸爸和3岁的毛毛玩躲猫猫时，毛毛会用手蒙住自己的眼睛，认为这样别人就看不到自己了，因为他认为如果他看不到别人，那别人就看不到他。类似地，4岁的贝贝不明白为什么小狗不爱吃她最喜欢的巧克力，因为她认为小狗也会喜欢她所喜欢的。再如，妈妈对2岁的点点说：“给妈妈看看你的画，好吗？”点点高兴地拿起了画对着自己，以为自己看到了，妈妈就能看到。那么，为什么宝宝会以为别人眼中的世界和他所看到的一样，认为“太阳总是围着自己转”呢？

其实，宝宝的这些反应都是“自我中心”的表现：他们不能从别人的观点中认知事物。这是儿童思维发展过程中的必经阶段。尤其是 2 ～ 3 岁的儿童，他们处于“自我中心”的关键期，常常以自己的观点为中心，而不能认知到他人的观点，更不能从客观的、他人的立场和观点去认识事物。因此，会出现认为“太阳总是围着自己转”的现象。同时，处于这个发展阶段的儿童的思维方式往往是直观的，会将自己与外部世界的事物进行直接的联系。例如，宝宝会认为外界的一切事物都是像自己一样有生命、感知、情感和人性的，所以宝宝会说出“你踩在小草身上，它会疼得哭的”这样的话来。此外，自我中心意识还常常表现在，有时年幼儿童不能区分出自己头脑中的想象和真实世界。例如，球球会认为是自己的“坏”想法导致了妹妹生病。这些现象都是儿童“自我中心”意识的表现。

心理学家皮亚杰最先提出了学前期儿童“自我中心”这一理论。他认为，儿童从出生到成熟的发展过程中，其认知结构在与环境的相互作用中不断重构，同时会表现出具有不同特点的不同阶段。依照该理论，个体从出生到 2 岁，处于感知运动阶段，这一时期的主要特点是缺乏客体永久性概念，即宝宝会认为自己看不到或听不到的事物便不存在。2 ～ 6 岁的儿童处于前运算阶段，该时期的一大特点是儿童具有自我中心主义，也就是说，宝宝总会以自己的角度出发去认识和理解周围的事物。

宝宝的这种自我中心行为只是认知局限性的反应，并非宝宝有意地“自私”或“不顾及别人”，他们只是没有形成观点采择的能力。随着年龄的增长，宝宝的这种自我中心会慢慢发生改变。在思维与认知能力发展的基础上，他们能够逐渐了解别人的认识和感受。例如，宝宝在与他人交往的过程中，会渐渐理解为什么其他小朋友会生气，什么时候其他小朋友会和自己分享玩具，或者怎样做才能让爸爸妈妈给自己买玩具等。

心视界

自我中心宝宝的其他认知特点

自我中心可以说是学前宝宝认知发展的显著特征，表现为宝宝只能关注自己的角度，而不能同时关注他人的角度。而在其他认知问题解决任务中，宝宝也表现出类似的特点，即只关注事物的某一方面而不能同时考虑两个或多个方面。比如，宝宝不能解决守恒问题，当把一个高而细的透明容器中的水当着宝宝的面全部倒到另一个矮而粗的透明容器中后，宝宝会觉得高而细的容器里的水比矮而粗的容器里的水多，他们只关注容器的高度而没有同时关注容器的宽度；当将两排以相同间距排列的、数量相等的珠子中的一排扩大其间距时，宝宝认为看上去长些的那一排的珠子数量更多。

对于家长来说，宝宝的“自我中心”既会带来快乐，又容易让人生气。快乐来源于宝宝的一些可笑的观点；生气是由于宝宝对外界的一切思考都是围绕着自己进行的，无法考虑到别人的感受和实际情况。那么，父母不仅需要接受孩子“自我中心”的思维方式，还要帮助孩子消除因“自我中心”而产生的行为问题，下面有一些建议可供家长参考。

- 爸爸妈妈要将自我中心的认知问题与道德问题区分开，不能简单地将宝宝自我中心的行为指责为自私、不道德或性格缺陷，更不要随意斥责或批评宝宝。
- 爸爸妈妈可以适度满足宝宝的需求，在安全的情况下，可以让宝宝做自己想做的事情，给宝宝自由探索的空间，让宝宝在不断探索的过程中逐渐成长。
- 爸爸妈妈可以通过提供丰富的材料和环境，让孩子自己观察、自己动手操作，从科学的角度认识客观事物，从而推翻自己之前的想法，从“自我中心”的状态中逐渐发展到能够从他人角度考虑问题。还可以通过角色扮演的游戏，引导宝宝学会换位思考。
- 带宝宝多参加社会性交往活动。同伴间的交往，偶尔可以挑战宝宝的“自我中心”，从而让宝宝在体会小伙伴的喜、怒、哀、惧的过程中，反思自己的行为，从而逐渐摆脱认知“自我中心”的束缚。

名言录

要尊重儿童，不要急于对他作出或好或坏的评判。

——法国思想家、哲学家卢梭

日常生活中，宝宝喜欢把东西搬来搬去，为什么？

童童 1 岁多了，随着他逐渐长大，家里的东西却渐渐乱了起来。只要是童童可以摸到的东西，他都喜欢搬来搬去，似乎对搬运东西“上了瘾”“着了迷”。有的时候，童童还喜欢随手乱扔东西，妈妈怎么说他都不听。看见收拾好的东西一次又一次被童童弄乱，爸爸妈妈百思不得其解：这是为什么呢？

如今，大多数家庭都会给宝宝买各种各样的玩具，可宝宝似乎对非玩具物品也很感兴趣。当他们把家里的东西搬来搬去时，爸爸妈妈的心里是疑惑甚至是痛苦的。衣服、纸卷、水杯盖子，甚至快递包装等生活垃圾散落各处，爸爸妈妈在一次次地整理并抱怨的时候，可能并不理解这些行为背后的心理原因。

事实上，童童的行为也是一种游戏行为。游戏是儿童的天性，儿童游戏普遍存在于各民族、各文化甚至是哺乳动物幼仔中。游戏的普遍性引发了各领域学者的关注，他们一致认为：游戏存在的普遍性强有力地表明了它对发展的好处。对于游戏的作用，学者们各抒己见：有的学者强调游戏有发泄精力、娱乐放松和补偿现实的作用；有的学者强调游戏有促进认知、学习行为及为未来生活做准备的作用。

宝宝的游戏行为是多种多样的。心理学家皮亚杰认为，儿童的游戏在婴儿出生 3 个月左右发生，在感知运动阶段以练习游戏为主要形式。关于 0 ～ 3 岁婴儿的研究发现，宝宝的游戏形式有观察游戏、动作练习游戏等。研究认为，判断是否在游戏的重要标准是：个体是否具有积极和肯定的情绪表现，如兴奋、笑声、尖叫及跳上跳下的动作等。因此，只要观察是有趣的，对于几个月的宝宝而言，观察便是一种游戏。对于可以自主活动的宝宝来说，反复练习动作并且沉浸其中也是一种游戏。从这个意义上说，喜欢搬运东西无疑是宝宝热衷的一种游戏。

玩具只是宝宝进行游戏的一种工具，对于拥有广泛的游戏兴趣的宝宝来说，非玩具物品是他们非常喜爱的另一种游戏工具。通过游戏，宝宝不断地练习自己的技能，认识自己的能力，同时，也在不断地探索着外部真实的世界。在这个过程中，他们的基本感知能力、运动能力、自我意识、自我效能感、控制感等心理能力都得到了积极的发展，而这些都是宝宝未来身心健康发展的重要基础。

可见，童童之前难以理解的行为事实上是他自得其乐的一种游戏行为。在这个游戏的过程中，童童不断练习某些动作，同时认识自己，认识外部环境。这种自由自在的游戏行为对于快速成长中的婴幼儿来说既是普遍的，又是必要的。家长应当支持孩子自然地进行他与这个世界之间最初的互动，让他成为一个能力健全、主动探索的宝宝。具体来说，以下几方面的建议供养育者参考。

- 爸爸妈妈应对儿童游戏有一定的认识与思考，从儿童游戏和心理发展的角度来看待婴幼儿的搬运行为，就会看到这种行为背后的心理学意义及其益处。
- 如果有条件，可以在家里为宝宝开辟一个专属的游戏室或游戏区域，允许宝宝在这个环境中进行自由操作、自由探索。
- 不要对宝宝的探索和运动等天性进行过多限制。排除安全因素，允许宝宝自由设计和安排自己的游戏空间，允许宝宝把自己的物品搬来搬去。

宝宝为何游戏？

游戏是宝宝最常做和最爱的活动。那么宝宝为何游戏呢？不少学者对此提出了不同的看法。席勒和斯宾赛的精力过剩说认为，宝宝精力旺盛，他们通过游戏来消耗多余的能量；彪勒的机能快乐说认为，宝宝游戏纯粹是为了追求身心愉悦；格罗斯的生活准备说认为，宝宝在游戏中练习着各种生活技能，是在为适应未来生活做准备；弗洛伊德的精神分析理论认为，宝宝通过游戏来满足自己内心未被现实满足的欲望；皮亚杰的认知动力理论认为，宝宝在游戏中认识事物，建构概念等认知结构。

● 不要随意改变宝宝的游戏环境，要尽量保持游戏环境的原貌，尊重宝宝的作品。这样会给宝宝一个连续创造的环境，一个游戏他可以玩很久。显而易见，在这个过程中，其注意力、记忆力和创造力等都将得到长足的发展。

● 家长可以在户外或大自然中为宝宝开辟一块游戏天地，树叶、石头、沙子都可以成为任由宝宝支配的玩具。让宝宝在大自然中做一个快乐的小小搬运工。

名言录

小孩子是生来好动的，以游戏为生命的。

——教育家、儿童心理学家陈鹤琴

宝宝吃饭喜欢自己动手，为什么？

毛毛自从4个月增加副食开始，吃饭时都表现出可爱可亲的小样子，大口大口地吃饭，饭量天天渐增，爸爸妈妈看在眼里，喜在心上。但是，渐渐地，妈妈发现1岁多的毛毛吃饭不如前段时间那么投入了，总是喜欢自己动手去抓勺子，将饭菜哩哩啦啦地往嘴里送，妈妈抢都抢不下来。这是为什么呢?

对于大多数宝宝来说，外面的世界是一个新奇的“花花世界”。对此，他们有着强烈的好奇感和求知欲。通过模仿和练习，他们不断尝试学习走入大人们的世界。1岁多的宝宝在肢体的大动作和手指小动作上有了一定的发展。因此，在好奇心的驱使下，像毛毛这样做游戏般地模仿、练习吃饭动作，对于这个时期的宝宝来说是比较普遍的。

对于知识经验几近空白的婴儿来说，人类的许多特有现象，如语言、文化、风俗等都是十分复杂、难于理解的。因此，模仿就成了极为关键的学习方式。有关新生儿和婴儿的研究证明，人类个体可以通过模仿来学习新的行为，包括肢体动作和发声等。模仿还有助于个体更好地适应社会环境，与他人建立良好的人际关系。比如，1 岁半的孩子可以在成人吐舌头时模仿吐舌头动作，而这可以很明显地促进宝宝和家人之间的情感互动。

事实上，毛毛的吃饭行为不只是简单的模仿，也是他在动作成熟的基础上的一种具有游戏性质的自由自在的行为。一般来说，6 ～ 9 个月的宝宝可以成功够取、抓握玩具，9 ～ 12 月的宝宝可以用拇指和食指抓握物体。可见，1 岁多的宝宝已经初步具备了学习自己动手用勺子吃饭的动作基础。心理学家皮亚杰探讨了动作对宝宝健康成长的重要性，认为人对于外界的认识起源于动作。处于感知运动阶段的宝宝正是通过不断地接触外界事物，不断通过动作将自己和周围环境联系起来，从而认识了自己和外部世界，实现了心理的成长。

因此，可以看出，宝宝想要主动尝试用碗勺吃饭的现象，是宝宝的好奇心和动作发育良好的表现，是宝宝认识自己与世界的必然过程。爸爸妈妈在面对上述现象时，应该允许宝宝在尝试与模仿中学习，从而促进宝宝多种能力的发展。比如，维护宝宝探索外部世界的好奇心和欲望，促进宝宝自我控制能力的提升等。

为了更好地解决家长的困惑，下面有一些具体的建议作为参考。

- 当爸爸妈妈发现，宝宝开始喜欢用手抓握一些东西的时候，应该积极地创设愉快的用餐环境和氛围。比如，在保证卫生的前提下，允许宝宝自己动手抓面包片、磨牙饼干、水果块等食物。

心视界

模仿促进社会交流

心理学家查特朗和巴奇发现，个体在良好的社会互动中，会无意识地模仿对方的动作、姿势等。比如，在他们的一项实验中，实验助手在和来参加实验的对象一起讨论问题时，有意地多次做出抖腿或摸脸的动作，结果发现，在交流过程中，参与者也表现出了抖腿或摸脸的行为。这被称为变色龙效应。研究还发现，如果实验助手在互动时有意地模仿参与者的行为，那么参与者会对此次交流更加满意，对实验助手也更有好感。这表明了模仿对社会交流的促进作用。试想一下，当家长对着宝宝伸舌或微笑，宝宝也伸舌或微笑时，家长一定会觉得很开心。宝宝对家长的模仿具有增加家长对宝宝的喜爱的功能，同样，家长适时模仿宝宝，也可能增加宝宝对家长的喜爱。

● 宝宝可能还喜欢玩弄自己的碗勺，这并不是家长所谓的“不听话”，而是宝宝开始练习吃饭的前期尝试。爸爸妈妈在给宝宝喂饭的同时，应该给宝宝一个安全的勺子，允许宝宝尝试自己拿勺吃饭。

● 在刚开始自己动手吃饭时，宝宝经常会双手并用，着急起来还会把勺子扔到一边，直接用手抓着吃。爸爸妈妈应该容忍宝宝吃得一塌糊涂，因为这是一个必然的过程。并且，在宝宝成功时，爸爸妈妈应给予积极的鼓励。

● 爸爸妈妈要做好充分的物质准备，如准备好围兜、给宝宝穿上好洗的衣服、在特定的区域吃饭等，这也是减少爱干净的爸爸妈妈的焦虑的有效方法之一。

名言录

知识是一种快乐，而好奇则是知识的萌芽。

——英国作家、哲学家弗朗西斯·培根

爱活动的宝宝更聪明吗，为什么？

林林和婷婷是好朋友，经常在一起玩。林林比较安静，喜欢静静地摆弄玩具；婷婷则是家长眼中的“疯孩子”，喜欢跑跑跳跳，不停地动。大家都说林林是个乖宝宝，婷婷是个小淘气。可是，在幼儿园里，无论是摆积木、拼拼图，还是拍皮球，婷婷都比林林的表现更好一些。虽然婷婷很淘气，但似乎表现得更聪明些。这让林林妈妈很困惑，是不是爱动的宝宝更聪明呢？

在宝宝们一起玩耍的时候，细心的家长会发现，有些宝宝喜好坐在一旁安静地摆弄玩具，而有些宝宝则喜欢并擅长嬉戏玩闹。家长们普遍喜欢安静的宝宝，认为安静的宝宝更听话。爱活动宝宝的家长则大都很苦恼，认为自己家的宝宝不好管教，并且认为将来在学业上，喜好动的宝宝可能不如能坐得住的安静的宝宝。真的是这样吗？

其实，往往爱活动的宝宝在幼儿园的许多任务上的成绩反而高于安静的宝宝。因为，在玩耍和活动的过程中，宝宝要完成几十种与大脑和思维活动有关的动作，如掌握平衡、协调心理、处理问题等。玩耍和活动不但能提高宝宝识别物体、语言表达、想象与创造等能力，还能消除宝宝的心理压力和恐惧感。因此，成人不应忽视对宝宝动作能力的发展和训练，要尽量为宝宝创造适宜的环境和条件，鼓励宝宝去活动，从而促进其智力和心理的发展。

根据皮亚杰的认知发展阶段论，刚出生的宝宝所处的认知发展阶段是感知运动阶段，这个阶段的儿童通过感知和动作获得动作经验；在宝宝 2 ～ 3 岁的时候，其思维类型属于直觉动作思维。在这个年龄阶段，宝宝往往通过对外界事物的感知，以及自身与外界事物的相互作用进行思维。动作和感知是思维的工具，活动的过程即思维的过程。具体来说，活动会给宝宝带来以下优势：①在活动的过程中，动作会对大脑的发育具有反向促进作用，随着动作不断练习、丰富、提高，可以使大脑在结构上更加完善；②动作会使宝宝的感官更加精确化；③宝宝通过自主的动作认识世界，与世界互动，动作会增进宝宝对外部世界的认识，从而对宝宝的自主性和独立性发展起到重要作用。此外，活动还会扩大宝宝的社会交往范围，让宝宝更自信、勇敢地接受挑战和战胜困难。

在宝宝出生后，大脑各个部位的发育速度和成熟程度是不一样的。宝宝的初级感觉皮层和运动皮层最先发育成熟，而负责学习和思维的额叶等结构会随后发展成熟。在大脑的发育中，有两个特征是不可忽略的，那就是髓鞘化和突触修剪。髓鞘化是指神经胶质细胞产生一层蜡状物质，能包裹在轴突外面，如同电线的绝缘层包裹在铜线上一样，有利于提高神经传导速度；突触修剪是指经常接受刺激的神经元和突触可能会保留下来，而那些不经常接受刺激的神经元则会失去其突触。研究表明，爱运动的宝宝在各类活动中的表现更利于大脑髓鞘化及运动皮层的发育和成熟。这是爱运动的宝宝更聪明的原因之一。

活动使宝宝聪明的另一个原因是：运动能够促进小脑的发育。研究表明，小脑是控制人的平衡和肌肉协调能力的重要脑器官。小脑的发展与前额叶有很直接的投射关系，而前额叶最重要的功能之一就是调控个体的认知。并且，研究还发现，活动会促进内源性神经生长因子的分泌，而这种生长因子被誉为“神经元发育的肥料”。

心视界

宝宝精细动作训练实验

有研究者对幼儿园大班宝宝进行了一项双侧肢体（尤其是左侧肢体）精细动作训练的实验研究。研究设实验班和对照班。实验班的宝宝每周上 2 次以上精细动作的操作活动课，每次课时为 30 ～ 45 分钟。操作活动课分为四个阶段交叉进行——拧螺丝、手指游戏和剪纸阶段，拿筷子、打结活动阶段，绘画、鼠标和拼装阶段，以及综合活动阶段。结果发现，经过训练，实验班宝宝在四项精细动作指标（双手拼装、拧螺丝、剪弧线和剪直线）上的发展速度明显超过对照班宝宝；他们的左右侧肢体和左手运动技能平衡成绩明显高于对照班宝宝；此外，他们的反应速度增长率也明显高于对照班宝宝。

可见，活动对宝宝的成长好处多多，过分地束缚宝宝活动是不利于宝宝健康成长的。但是，不能盲目地让宝宝活动，在活动过程中要注意适度、适量与安全等问题。因此，家长的支持、鼓励和正确引导都很重要。为了让宝宝拥有健康的活动方式，下面有一些建议可供家长参考。

- 如果宝宝喜爱活动，那么就不要过度约束宝宝，要给宝宝创造适合他的活动环境和条件，进一步促进宝宝活动技能的发展。
- 如果宝宝比较安静，那么就要多鼓励宝宝进行活动。并且，要注意给宝宝创设的运动应以趣味游戏为主，培养宝宝对活动的兴趣。我们相信，慢慢地，安静的宝宝也会爱上活动，并成为活动“小达人”。
- 引导宝宝尝试各种活动，并帮助宝宝找到他喜欢的活动项目。宝宝越喜欢这项活动，越有可能继续活动。
- 为宝宝提供一个安全舒适的活动场所，在活动中要确保宝宝的衣着舒适。如果有时间，可让整个家庭参与到活动中，度过一段美妙的亲子时光，这是培养宝宝运动能力的好方法。
- 注意不要让宝宝过度活动，要根据宝宝的身体状况来进行。如果宝宝有些疲劳，就进行一些趣味性的、不激烈的活动；如果宝宝不舒服，或者生病了，就让宝宝安静地休息。

名言录

运动是一切生命的源泉。

——意大利画家达·芬奇

准妈妈的“坏情绪”对胎宝宝至关重要，为什么？

自从怀孕后，张茜就特别紧张，总是担心“自己孕吐得厉害，宝宝会不会营养不良”“自己每天对着电脑工作会不会影响到宝宝的智力”等一系列问题。张茜时刻都处于精神紧张的状态中，哪怕一点小事都会让她情绪突然波动。张茜怀孕 8 个多月时，与丈夫发生了一次小“战争”。“战争”结束后，张茜又哭又闹，情绪坏透了。晚上 10 点多钟，她就感觉腹部翻江倒海地疼，没过多久，4 斤多重的小宝宝就提前来“报到”了。张茜看着小宝宝，无限的后悔萦绕心头，并不停地问自己：难道真是自己的“坏情绪”让小宝宝提前来“报到”了？

一般来说，准妈妈的情绪是非常复杂和多变的。一方面，小宝宝的到来让她们对未来的生活充满了期待，为迎接新生命的降临，她们忙碌地开始做各种准备；另一方面，生理机能的变化，让她们感觉比平时更容易疲劳。首先，怀孕初期，一些准妈妈的孕吐反应比较严重，而到了后期，腰酸背痛、睡不好觉是常有的事。这些都会影响准妈妈的心情；其次，一些准妈妈还会时刻担心小宝宝是不是健康、正常等一系列问题，这也会让准妈妈焦虑不安；最后，社会角色的突然转变，让一些准妈妈感到措手不及，不能很好地适应。

事实上，在怀孕期间，准妈妈情绪上有波动是很正常的。但是，这种情绪变化却会对胎儿造成一定的影响。一般来说，怀孕早期是胚胎发育极其敏感的时期，尤其在怀孕的第 7 ～ 10 周。这期间，如果母亲情绪过度紧张或者暴怒，会引起母体内外环境的变化，分泌大量的肾上腺素，血液中过量的肾上腺素会阻碍胚胎中某些组织的联合，影响胎宝宝腭部的正常发育，从而引起胎儿的畸形，如唇裂、腭裂等。在怀孕的中晚期，如果准

妈妈的精神发生剧烈变化，如恐惧、忧伤或者受到严重的精神刺激等，都会引起胎儿循环系统或者消化系统的问题，影响胎儿的正常发育，甚至造成胎儿死亡。当准妈妈面临长期的精神压力时，压力激素的增加会妨碍母体向胎儿输送氧和营养，导致胎儿正常发育所需的氧和营养供应不足。同时，长期的压力还会影响准妈妈的免疫系统，使其抵抗力下降，更容易受到病毒的侵害。

研究还发现，准妈妈的情绪不仅会影响胎宝宝正常的身体发育，还会对其气质类型产生一定的影响。怀孕期间，有抑郁症的准妈妈所生的宝宝的气质类型更接近困难型。而且，患有抑郁症的准妈妈所生的宝宝的适应性和节律性都比较差，会出现更多的趋避反应和消极反应，注意力也不容易集中。虽然通过护理干预，可以使新生儿的节律性和适应性变强，心境积极、注意集中，趋避反应强度减弱，但其活动水平、反应阈限及持久性并不能得到显著改变。

心视界

准妈妈的心理压力对宝宝气质的影响

有研究者对334个孕期满28周的准妈妈进行了持续观察研究，以此探讨准妈妈的心理压力对新生儿气质的影响。研究发现，准妈妈在怀孕中后期的压力越大，婴儿的适应越慢；在妊娠后期，准妈妈的心理健康状态越差，婴儿越容易表现出适应慢、活动多、注意力分散及情绪消极的特点。与此相对，准妈妈对婚姻的满意程度越高，婴儿就越少表现出上述消极的特点。

可见，准妈妈的情绪对胎宝宝的身心正常发育至关重要。因此，为了孕育身心健康的宝宝，准妈妈除了要加强孕期的营养，注意饮食和睡眠质量外，更要注重自身情绪的调节，让自己保持稳定、愉快、乐观的情绪和心态。因为，准妈妈稳定的情绪能确保健康激素和酶的分泌、调节血液量和神经细胞的兴奋性、改善胎盘的供血状态、增强血液中的有益成分，从而确保胎儿的正常发育。而且，准妈妈在宁静状态下的心跳和有规律的肠蠕动声也会让胎宝宝产生稳定的感觉。具体而言，准妈妈可以从以下几个方面调节自己的情绪。

- 消除恐惧与担忧心理。准妈妈可以多阅读与怀孕和分娩相关的专业书籍，掌握相关的知识，让自己对怀孕有正确的认知。同时，要到正规医院做科学的产前检查，及时发现问题及时解决。

- 转移注意力。怀孕期间，准妈妈难免会产生“宝宝会不会营养不足”之类的担心。这时候，消除这种想法的最好办法就是转移注意力。准妈妈可以去做一些自己喜欢的、感兴趣的事情，如听音乐、练孕期瑜伽等。

- 外出旅行或者定期散步。孕中期，不妨安排一次愉快的旅行，或者定期到附近树木茂盛的小路上走走，呼吸新鲜空气，舒展身体。这些都是缓解压力、改善情绪的好方法。

- 寻求家人支持。在准妈妈怀孕期间，准爸爸和家人应该给予她及时的关怀和爱护，避免准妈妈产生被忽视的感觉，让她感觉到充分的爱和支持。同时，准妈妈要学会正确表达自己的情绪，情绪不好的时候要及时和家人沟通，寻求帮助。

- 做一个善于调节情绪的准妈妈。孕期是快乐的，也是辛苦的，个中滋味只有准妈妈们最有体会。但是，要努力做一个健康快乐的准妈妈，及时感知和调节自己的消极情绪，让家人和自己更多地感受孕育新生命的快乐。

名言录

世界如一面镜子：皱眉视之，它也皱眉看你；笑着对它，它也笑着看你。

——英国作家塞缪尔·约翰逊

宝宝的小拳头也会“咿咿呀呀”，为什么？

8个多月的欣欣，每天除了咿咿呀呀同妈妈“聊天”之外，还有另一种“沟通”方式。早晨，欣欣刚睁开眼睛，就微微舒展着双手、挥动着小拳头，仿佛向妈妈发出邀请：来，来，咱们一起来玩吧。当欣欣感觉累时，她胖嘟嘟的手指头就会放松地弯曲起来，无论妈妈怎么逗她玩，她似乎都听不见，有时还会摆摆手“表示拒绝”。妈妈对欣欣的“手舞足蹈”有些不解，常常在心里嘀咕：这是为什么呢？

其实，欣欣的这些表现是8个多月宝宝言语发展的一种正常现象。婴儿言语发展并不仅限于口语发展，手势语作为一种独特的交流方式，同样在婴儿言语发展中起着关键作用。一般来说，除了咿咿呀呀的语言表达外，手势和动作在婴幼儿社会交往中也占据了重要地位。对宝宝而言，不同的手势似乎表达了不同的含义，就好像宝宝在用手势和妈妈交流一样。此时，一方面，宝宝的语言能力发展迅速，他们会对声音变得敏感；另一方面，他们的手势动作也不断出现固定含义。尽管宝宝或许还不会做出太复杂的反应，但如果妈妈认真观察，就会发现他们的动作背后有着一定的含义。例如，当宝宝试图抬高小手时，其意是渴望妈妈将他高高举起。这些表达宝宝内心世界的小动作在婴儿时期

往往具有共通性，但是宝宝的手势语言与模仿成人动作并非一回事。

研究者认为，婴儿第一个沟通手势的出现，显示了有意识沟通的开始，是语言交流的先决条件。10 个多月的宝宝正处于沟通手势发展的关键期。在欣欣的例子里，就出现了一些典型的、表示常规沟通的手势（如摆手表示“不”、“伸手”表示想让抱等）。婴儿常常用这些早期的手势表示他们的要求，或者引起大人对某些事情的注意。在婴儿发展过程中，这些动作语言的发展也遵循一定的规律：首先，婴儿能够学会一些“初期沟通手势”。这些手势非常简单，宝宝学习得很快。费森等认为，这些动作和手势是婴儿早期有意义语言出现的强有力的前兆。随后，宝宝会开始使用一些与游戏和日常活动相关的手势，如手指向外指表示想要外出、拿杯子表示想要喝果汁等。通过这些手势，可以增加宝宝的社会交往和参与能力，也显示了宝宝想要与周围的人进行沟通和互动的特点。等到宝宝再成长一段时间后，随着他们对外部世界和物体的进一步理解，更为复杂的手势就会出现。这部分手势婴儿掌握得相对较晚，被称为“婴儿后期手势”。例如，宝宝拿起皮球扔给爸爸，表示他想要爸爸陪他玩游戏。一旦宝宝学会了适当地应用物品，就表明他们与之前的自己有了明显的不同，这种复杂的手势显示他们已经具有初步的表演能力。这些能力在儿童心理发展上具有重要意义，也是反映婴儿智力发展的重要内容。

看完上述研究，想必家长就会对宝宝的手势语有更多了解了。请不要为宝宝的“小动作”感到困惑，更不必为其背后的含义烦扰，只要认真观察宝宝做动作时的表现，家长就会清楚地知道宝宝的拳头为什么会“咿咿呀呀”了。

因此，宝宝的手势语言发展并不会像传言中说的那样会妨碍宝宝学习说话，它是宝宝说话之前的一个必经发展阶段，在某种程度上，手势语言甚至对于宝宝的口语发展起到促进作用。如果家长能够认真回应宝宝成长过程中的手势语，可以促进宝宝的语言发展。为了培养好将来的“小演讲家”，我们给出几点有意义的建议。

心视界

宝宝动作和手势的发展

有研究者采用中文版儿童沟通发展量表，考察了 8～16 个月宝宝的动作、手势发展状况。他们将宝宝的动作、手势划分成了早期动作、手势和后期动作、手势，其中，早期动作、手势包括再见、摇头、点头、指向等简单动作，后期动作、手势则包括模仿父母使用遥控器、用钥匙开门等复杂动作。结果发现，8～9 个月的宝宝可以掌握 50% 的早期动作手势，11～12 个月的宝宝可以掌握 50% 的后期动作手势。随着月龄的增加，婴儿做动作、手势的能力不断提高。

● 父母要给予宝宝充足的环境来进行学习，切忌过度干扰、阻碍，致使宝宝手势语能力发展欠缺。

● 当宝宝更喜欢用动作而不是语言表达自己的想法时，父母不要过多担忧。宝宝学说话的时间有早晚差异，学话晚并不一定说明宝宝的语言能力存在问题。

● 在宝宝产生学话萌芽之前，家长要认真观察宝宝的“手舞足蹈”，仔细辨别其中的含义。宝宝的动作背后常常有着对应的需求，多关心宝宝的需求，并及时回应，是引导其语言表达能力发展的最佳方式和途径。

● 当宝宝对父母的行为开始进行模仿时，请抓住机会，多为宝宝创造学习环境，不要因宝宝的笨拙而焦躁、不耐烦。

● 当宝宝用手势等动作表达其想法时，父母应该面带微笑地注视着他的眼睛，然后慢而清晰地用语言把他的手势语表达出来，进而引导他开口说话。

名言录

每一个决心献身教育的人，应当容忍儿童的弱点。

——苏联教育家苏霍姆林斯基

宝宝在幼儿园和家里表现不一致，为什么？

快4岁的宇宇在幼儿园对老师的话“言听计从”，老师让带什么东西都会在第二天去幼儿园之前准备好，老师让他做的事情也能很好地完成。但是在家里宇宇却是个“淘气包”，妈妈说别看电视，快吃饭，他却回答：“不！我就是要看电视嘛！”宇宇的妈妈不明白为什么老师的话比她的话“管用”？

在家里和幼儿园的表现不一致，是很多宝宝上了幼儿园之后都会出现的一种正常行为。这种正常行为的出现有三个重要原因。

第一，这与宝宝的顺从行为的发展有关。简单地说，顺从行为就是服从或按照他人要求做事情的行为。这种行为的发展首先取决于宝宝抑制控制能力的发展。4～5岁的宝宝处于顺从行为发展阶段。儿童心理学研究发现，宝宝有能够用劲（努力）地去克制住自己的冲动与欲望能力。这种能力也是宝宝对自己进行小小自我约束的一种行为。这种行为开始于宝宝学习走路的时候。当宝宝刚刚会东走走、西逛逛时，父母自然要向他们提出一些要求，如“别碰着桌子”“别被板凳绊倒”等。宝宝面对父母温暖贴心的要求，第一反应就是服从。宝宝日复一日地服从着父母的要求，慢慢将他们的要求内化成一道控制自己行为的“圣旨”。在这道“圣旨”的要求下宝宝逐渐学会了做事情的原则，即什么时候应该做什么，不应该做什么。这种来自宝宝对父母要求的理解与内化是他们顺从社会规则的开始。心理学家将这个开始称为人良知（不违背他人的意愿）的开始。对于像宇宇这个阶段的宝宝，其良知取决于做正确的事情的意愿。这个意愿不仅来自父母说什么，主要是宝宝自己也相信这是正确的，这样宝宝才能顺从父母提出的要求，如果宝宝觉得父母的话是不对的或者违背他们的意愿，他们就不会按照父母提出的要求去做。在某些情况下，父母给宝宝提出的要求是和宝宝的意愿相违背的，如不要吃零食、不要看电视等，宝宝会认为这些并非要遵守的规则，而是父母强制自己停止做喜欢的事情，那么宝宝就会经常违背父母的要求。

第二，这与宝宝的顺从行为的发展过程有关。顺从行为的发展不是一蹴而就的，它有两种形式：约束性顺从和情境性顺从。如果儿童不需要提醒或未做出任何过失性行为，就自愿地听从指令，这种行为被称为约束性顺从，如果儿童需要成人的奖励才能做出顺从行为，那么这样的顺从行为被称为情境性顺从。约束性顺从产生的前提是内化父母的要求和准则。表现出约束性顺从的宝宝，在父母不在的情况下也能遵守规则；相反，表现出情境性顺从的宝宝，当父母不在视线之内时，便会禁不住诱惑。宝宝 13 个月时就能够区分两种顺从行为，但 2 ～ 4 岁的宝宝情境性顺从行为居多，需要父母不断提醒才能学会遵守规则，否则，就会出现一会儿听话一会儿不听话的情况。而在幼儿园，幼儿老师陪伴宝宝的一日活动，宝宝在老师的关注下情境性顺从保持的时间更长，并逐渐向约束性顺从行为过渡，因此在幼儿园宝宝更加“听话”。

心视界

宝宝顺从行为的测量

心理学家常采用收拾玩具和禁止玩玩具两个任务来考察宝宝是否听从母亲的要求去做或不做某件事。在收拾玩具任务中，宝宝和母亲先一起随意玩实验房间里的很多玩具，快结束时，母亲要求宝宝把玩具收拾到玩具箱里，这时母亲会和宝宝一起收拾，过一会儿后，母亲借机离开，让宝宝自己继续收拾玩具，时间一般为 5 分钟。禁止玩玩具任务的程序如，母亲带着宝宝进入一个橱架上摆着非常吸引人的玩具的实验房间，但母亲告诉宝宝不要碰那些玩具，过一会儿后，母亲借机离开，让宝宝独自待在房间，1 分钟后，一个陌生成人进来玩架子上的玩具，1 分钟后陌生成人离开，宝宝又被单独留在房间 5 分钟。研究者分别观察宝宝在母亲在场及不在场时对母亲要求的遵守情况。

第三，这与宝宝崇拜“权威”有关。幼儿园里的宝宝都视自己的老师为“权威”，对老师的话不仅不加怀疑，而且“言听计从”，这为宝宝遵守规则行为的形成奠定了基础。因此，宝宝会对老师产生更多的顺从行为。值得强调的是，幼儿园以宝宝们的集体活动为主，老师和宝宝们的关系是一对多。在这种关系中，老师提出规则后，一部分宝宝会跟着做，另一部分没做的宝宝会学着其他宝宝的样子跟着一起做。比如，老师经常会使用“请你跟我这样做”的提示语来鼓励宝宝听从其指令。久而久之，宝宝就会乖乖地模仿老师的动作，跟上其他宝宝的行为。这样的情境在家庭中是比较少见的，况且，父母或者祖辈对宝宝提出的规则还有不一致的时候，导致宝宝不知道该听谁的，没有具体的顺从“方向”。因此，宝宝在家与幼儿园有不一样的表现。

当遇到像宇宇这样在家里和幼儿园表现不一致的宝宝时，既不要惊讶紧张，又不要批评指责，而要用平常心对待。为了尊重宝宝的自然成长，一旦出现类似的情况，请父母从以下几个方面帮助宝宝学会遵守规则。

- 当宝宝出现在家里不听话的情况时，父母应仔细分析自己的要求是否违背宝宝的意愿，如果是，讲清楚提出这样的要求的原因，事先做好约定。
- 在宝宝从情境性顺从向约束性顺从过渡的过程中，父母与幼儿园老师要允许他们出现违背要求的行为，绝不能用“你怎么这么不听话”等过度批评他们。
- 当宝宝的顺从行为逐渐发展为约束性顺从之后，父母可利用生活中的事件讲明道理，使宝宝对家庭中应该遵守的规则熟记于心。
- 父母要为宝宝树立权威的形象，保持教养方式的一致性，让他们知道父母的话是可信的、需要遵守的。
- 父母可以和幼儿园老师进行沟通，让老师告诉宝宝在家里要听父母的话，将宝宝遵守规则的好习惯从幼儿园“搬”到家中。

名言录

只有顺从自然，才能驾驭自然。

——英国作家、哲学家弗朗西斯·培根

宝宝能说出皮球的多种用途，为什么？

小智是一个4岁的男孩，刚刚进入幼儿园，老师就发现他与其他的小朋友有很多不一样的地方。比如，老师描述，幼儿园里好好的报纸被他撕得一条一条的，小智还兴高采烈地展示给老师看，这是他做的面条，跟妈妈做的一样。他经常有一些古灵精怪的想法。当被问到皮球有什么用途时，小智除了回答可以踢之外，还回答可以拍、拿、坐，用来装水，用来画画涂鸦，用来作为汽车的轮子等。

小智能说出物体的好多用途是他认识事物过程中的一种正常表现。这种表现在心理学上叫创造性想象。创造想象是一种有意想象，也就是说，人在想象过程中有一定的目的性，并与要完成的任务相关，是新形象在头脑中形成的心理过程。这个心理过程在形成中是渐进式的，并表现出相应的年龄特点。比如，幼儿园的宝宝被儿童心理学家称为“创造性想象最丰富的天使”。那么，为什么幼儿园里的宝宝被称为“创造性想象最丰富的天使”呢？

首先，心理学家皮亚杰认为，宝宝在14个月左右就开始具有创造性想象。到了2～3岁的时候，随着语言的发展，宝宝能够进一步通过语言来表达自己的创造性想象，会对着玩具或者是自身进行对话，在这些对话中，他们通常会表现出一些成人难以理解的创造性想象的场景。3 ～ 5 岁宝宝的想象力会开启飞速发展的模式，在这个阶段，宝宝的好奇心和探索世界的欲望会更加强烈，有意想象在这个时期开始萌芽，表现出有目的、有主题的想象。但是，总的来说，6 岁以前宝宝的有意想象的水平还很低，主要表现在玩游戏的时候，同时，这个阶段的创造性想象有时会表现为想象和现实容易混淆。

其次，创造性想象是创造力发展的一部分。创造力是指人通过一定的智力活动，在现有知识和经验的基础上，通过对材料的重新组合和独特加工，在头脑中形成新产品的形象，并通过一定的行动使之成为新产品的能力。它受到个体所在环境的影响，并在很大程度上依赖于一个人的个性，比如，宝宝 2 岁左右时自我意识的发展对创造力就有一定影响。当宝宝有了小小的独立意识后就渴望掌控他们周围的人（父母、老师等）与物体（生活用品等）。在掌控能力不断发展的同时，他们的创造力也不断地得到发展。尤其是 4 岁左右的宝宝，像上文的小智，其创造力中的流畅性得到了发展，即对一个物体能说出多种用途（皮球能拍、坐、压、画画等）。流畅性就是人们能给一个问题提供多种答案的能力。美国心理学家托伦斯用“创造性思维测验”测得了儿童流畅性是存在的。

再次，宝宝创造力的发展还受到早期促进经验（游戏经验、多元文化经验等）的影响，特别是宝宝的假装游戏、角色扮演都对他们的创造性想象起促进作用。在假装游戏或角色扮演中，父母的教养方式及创造性等都对宝宝创造性想象的流畅性有影响。父母温和、民主的教养方式，以及具有更多指导性、建设性的支持行为会促进他们对眼前事物进行更好的创造性想象。

心视界

创造性的表现

心理学家吉尔福特认为创造性主要体现在发散性思维上，而发散性思维又主要体现在流畅性、变通性及独特性上。其中，流畅性针对发散的数量，比如，让宝宝说杯子可以用来干什么，宝宝说出的用途越多，就说明宝宝的流畅性越好；变通性针对发散的范围，比如，若宝宝能够不局限于杯子的容器功能，能说出杯子的一些非常规的用途（如压东西），就说明宝宝的变通性较好；独特性是指想法的新颖程度，比如，宝宝说出的杯子的用途越奇特，就说明宝宝的独特性越好。

最后，老师对于宝宝创造性想象的发展也有很大的影响。幼儿园老师需要为宝宝创设宽松的探索环境，能够根据宝宝的发展特点开展一些有助于创造性想象发展的活动。比如，对于较小的宝宝，多带领他们认识自然界的事物，多为儿童积累起激发创造性想象的场景；对于较大些的宝宝，多以接受、赞扬的态度对待他们的创造性想象，让他们感受到创造性想象所带来的乐趣，同时帮助他们养成良好的创造性想象的习惯。

宝宝的创造性想象是日后他们的创造力发展的基础。因此，教育者（老师与父母）要激发与促进宝宝的创造性想象的热情和火花，使他们的创造热情成为“星星之火”，以燎原其生命的创造之火。如果这个生命之火在宝宝刚刚以流畅性特征为“礼物”向我们的这个世界献礼的时候就被拒绝了，他们的挫败感会蔓延一生的。所以，我们要保护好宝宝看似天真、幼稚的创造性想象，让他们成为“创造性想象最丰富的天使”。那么，教育者该如何做呢？我们提供如下建议供您参考。

- 创设宝宝自由探索及操作的环境，提供丰富的环境刺激与玩具刺激，特别是需要在与宝宝互动的过程中，引导宝宝对新事物产生好奇，进行想象、发问等。
- 与宝宝玩一些设计好的游戏，鼓励宝宝注意物体的某些突出特征，说出物体的多种用途、多种特点。比如，水有多少种用途？纸都能做什么？哪些东西是圆形、长方形、三角形？等等。从游戏主题、内容、材料等不同角度对幼儿进行启发诱导。
- 尊重和鼓励宝宝的个性。具有一定创造性的宝宝通常具有独特的人格特征和气质水平，父母要特别尊重他们的想法和做法，当宝宝表现出创造性想象时，家长要鼓励宝宝继续下去，与宝宝共同讨论，培养他们的问题意识。
- 注意与宝宝形成良好的亲密关系，从而使宝宝感觉安全，并愿意与父母一起用小眼睛去打量这个世界，去发现这个世界的各种差异，形成属于宝宝自己独有的创造性想象。
- 合理引导宝宝将想象转化为现实。尽管宝宝的创造性想象千奇百怪，但是不能因此只将其停留在想象的水平，应当鼓励他们在适当的条件下将这些想象付诸行动，并且要为他们创设良好的实现环境。

名言录

我们发现了儿童有创造力，认识了儿童有创造力，就须进一步把儿童的创造力解放出来。

——教育家陶行知